·中央高校基本科研业务费专项资金项目
（项目编号：FRF-TP-14-082A2）资助·

尾矿库隐患与风险的表征
理论及模型

赵怡晴　李仲学　覃　璇　唐良勇　著

北　京
冶　金　工　业　出　版　社
2016

内 容 简 介

本书基于相关研究项目的成果,重点论述了矿山尾矿库隐患与风险的表征理论及模型,主要内容包括尾矿库事故致因分析、面向生命周期的尾矿库隐患辨识方法、尾矿库风险演化的复杂网络分析及系统动力学仿真模型、尾矿库安全评估的 Safety Case 方法以及尾矿库溃坝风险矩阵评价方法等。

本书可作为地质、采矿、矿山安全等相关学科及专业领域的研究生或本科生教学用书,也可作为矿山地质勘查、采选工程技术、风险管理及评估等相关领域的研究设计、支撑机构、安全保险、责任投资等工作人员的参考书。

图书在版编目(CIP)数据

尾矿库隐患与风险的表征理论及模型/赵怡晴等著. —北京:冶金工业出版社,2016.8

ISBN 978-7-5024-7305-1

Ⅰ.①尾⋯ Ⅱ.①赵⋯ Ⅲ.①尾矿设施—安全隐患—研究 ②尾矿设施—风险分析—研究 Ⅳ.①TD926.4

中国版本图书馆 CIP 数据核字 (2016) 第 179861 号

出 版 人 谭学余

地　　址　北京市东城区嵩祝院北巷 39 号　邮编　100009　电话　(010)64027926

网　　址　www.cnmip.com.cn　电子信箱　yjcbs@cnmip.com.cn

责任编辑　俞跃春　美术编辑　杨　帆　版式设计　杨　帆

责任校对　卿文春　责任印制　李玉山

ISBN 978-7-5024-7305-1

冶金工业出版社出版发行;各地新华书店经销;三河市双峰印刷装订有限公司印刷

2016 年 8 月第 1 版,2016 年 8 月第 1 次印刷

169mm×239mm;17.75 印张;344 千字;272 页

68.00 元

冶金工业出版社　投稿电话　(010)64027932　投稿信箱　tougao@cnmip.com.cn

冶金工业出版社营销中心　电话　(010)64044283　传真　(010)64027893

冶金书店　地址　北京市东四西大街 46 号(100010)　电话　(010)65289081(兼传真)

冶金工业出版社天猫旗舰店　yjgycbs.tmall.com

(本书如有印装质量问题,本社营销中心负责退换)

前　言

　　尾矿库是传统金属非金属矿山的重要工程与生产设施之一，主要用以堆存尾矿或其他工业废渣。设计、使用与维护得当，尾矿库可以起到存储矿产资源、保护生态环境、循环利用工业水等作用。同时，由于尾矿堆置体量大、稳定性差、对水力和地震等环境作用敏感性高，尾矿库也是矿山企业生产和区域环境的重大危险源，一旦失事，往往会导致企业生产运营、生命财产安全、区域生态环境等方面的损失、破坏甚至灾害。

　　尾矿库事故的发生一般具有突发性，表现形式主要为尾矿库及尾矿坝等工程结构瞬间失稳、伴随有大量泥石流的冲击及淹没。但尾矿库事故及灾害致因却是一个涉及勘查选址、规划设计、施工建设、运行使用、闭坑维护等尾矿库生命周期阶段的物理状态、人为操作及处置、环境条件影响等因素相互作用的动态发展及演化过程。因此，研究尾矿库由隐患经事故到灾害的动态演化过程及其相关因素的作用关系，给出隐患与风险的表征方法以及事故与灾害的防控手段，对于消减尾矿库隐患、降低尾矿库事故及灾害风险和保障尾矿库安全具有重要的理论与实践意义。

　　本书从尾矿库隐患入手，首先设计了面向尾矿库生命周期阶段的、基于过程—致因网格法的尾矿库隐患辨识方法，结合尾矿库的事故影响因素，较为系统地辨识与分析了尾矿库隐患，给出了尾矿库隐患清单；其次，构建了尾矿库风险演化过程的复杂网络模型和系统动力学模型，以隐患作为复杂网络模型的节点，以隐患（节点）间相互作用关系作为复杂网络模型的边，运用复杂网络模型分析了尾矿库隐患的相互作用，并对尾矿库风险演化进行了系统动力学仿真，初步得出了尾矿库风险的动力学特征；最后，提出了基于 Safety Case 和 PDCA 的尾矿库安全评估体系框架，给出了尾矿库溃坝风险评价的矩阵方法。

本书体现了作者及其研究团队近年的一些研究工作成果，其中面向尾矿库生命周期阶段的隐患辨识方法、基于复杂网络与系统动力学模型的尾矿库风险演化表征方法以及尾矿库 Safety Case 安全保障体系框架，为尾矿库隐患与风险表征和尾矿库事故与灾害防控研究提供了新的思路。

本书的研究工作得到了中央高校基本科研业务费专项资金项目"基于复杂网络的尾矿库风险演化动力学表征及应用"（项目编号：FRF-TP-14-082A2）的资助；书中部分案例、图表设计、文字编录、版面编排、书稿审校等工作，得到了王英博、束永保、曹志国、梁霄、周宝炉、张聪、舒杨、王帅旗、陈聪聪、魏怿昕、黄东旭、高爽等研究生的支持和帮助，在此致以衷心感谢。

由于作者水平所限，书中存在不妥之处，恳请读者批评和指正。

作 者

2016 年 4 月

目 录

1 国内外尾矿库安全现状

1.1 尾矿库概况

金属矿床开采后，一般都要经过选矿工艺，提取有用的金属元素，而将没有用或者暂时没有利用价值的其他金属、非金属元素以尾矿的形式进行排弃。因此，金属矿山都要修造足够容量的尾矿库，以容纳选矿后排弃的尾矿。尾矿库是矿山企业必不可少的处置废弃物的主体设施，如果管理得当，可以起到保护资源和环境的作用；不然，尾矿库有可能演化为高位泥石流危险源，在自然营力和人为活动等因素的持续作用下，形成对环境地质及居民社区的威胁。

1.1.1 尾矿库

尾矿库一般分为山谷型、傍山型、平地型和截河型等四种类型。

山谷型尾矿库是在山谷谷口处筑坝形成的尾矿库，如图 1-1 所示。它的特点是初期坝相对较短，坝体工程量较小，后期尾矿堆坝相对较易管理维护，当堆坝较高时或获得较大的库容；库区纵深较长，尾矿水澄清距离及干滩长度易满足设计要求；但汇水面积较大时，排洪设施工程量相对较大。我国现有的大、中型尾矿库大多属于这种类型。

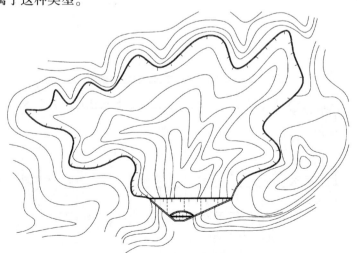

图 1-1 山谷型尾矿库

傍山型尾矿库在山坡脚下依山筑坝所围成的尾矿库，如图 1-2 所示。它的特点是初期坝相对较长，初期坝和后期尾矿堆坝工程量较大；由于库区纵深较短，尾矿水澄清距离及干滩长度受到限制，后期坝堆的高度一般不太高，故库容较小；汇水面积虽小，但调洪能力较低，排洪设施的进水构筑物较大；由于尾矿水的澄清条件和防洪控制条件较差，管理、维护相对比较复杂。国内低山丘陵地区中小矿山常选用这种类型尾矿库。

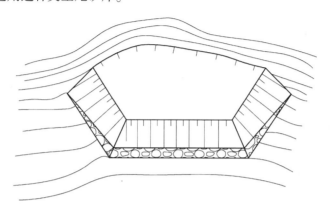

图 1-2 傍山型尾矿库

平地型尾矿库在平缓地形周边筑坝围成的尾矿库，如图 1-3 所示。其特点是初期坝和后期尾矿堆坝工程量大，维护管理比较麻烦；由于周边堆坝，库区面积越来越小，尾矿沉积滩坡度越来越缓，因而澄清距离、干滩长度以及调洪能力都随之减少，堆坝高度受到限制，一般不高；但汇水面积小，排水构筑物相对较小；国内平原或沙漠戈壁地区常采用这类尾矿库。例如金川、包钢和山东省一些金矿的尾矿库。

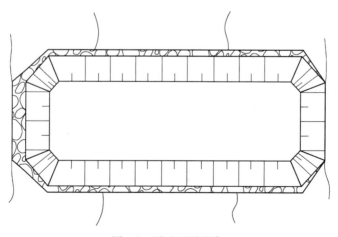

图 1-3 平地型尾矿库

截河型尾矿库是截取一段河床，在其上、下游两端分别筑坝形成的尾矿库，如图1-4所示。有的在宽浅式河床上留出一定的流水宽度，三面筑坝围成尾矿库，也属此类。它的特点是不占农田；库区汇水面积不太大，但尾矿库上游的汇水面积通常很大，库内和库上游都要设置排水系统，配置较复杂，规模庞大。这种类型的尾矿库维护管理比较复杂，国内采用的不多。

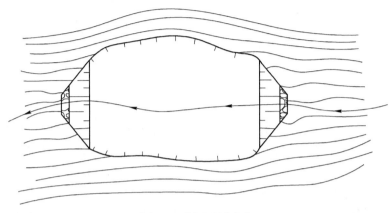

图1-4　截河型尾矿库

目前，我国根据尾矿库的坝高以及库容可以分为五个等级，如表1-1所示。其安全级别分为正常、病库、险库、危库四个级别。

表1-1　尾矿库等级

尾矿库级别	全库容 V/万立方米	坝高 H/m
1	二等库具备提高等别条件者	
2	$V \geqslant 10000$	$H \geqslant 100$
3	$1000 \leqslant V < 10000$	$60 \leqslant H < 100$
4	$100 \leqslant V < 1000$	$30 \leqslant H < 60$
5	$V < 100$	$H < 30$

1.1.2 尾矿库系统构成

尾矿库系统是由尾矿输送系统、尾矿堆存系统、排洪系统、回水系统和尾矿水净化系统等组成，其结构如图1-5所示。

1.1.2.1 输送系统

输送系统包括砂泵站、输送管道、浓缩池、尾矿自流沟、事故泵站及辅助设施等。

干式尾矿库选矿厂尾矿一般可采用箕斗或矿车、皮带运输机、架空索道或铁

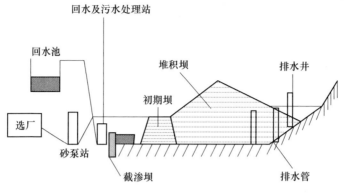

图 1-5　尾矿库组成

道列车等运输。利用箕斗或矿车沿斜坡轨道提升运输尾矿，然后倒卸在锥形尾矿堆上，这是一种常用的方法，根据尾矿输送量的大小可采用单轨或双轨运输，地形平坦，尾矿库距选矿厂较近时可采用此法输送；利用铁路自动翻车运输尾矿向尾矿场倾卸，此方案运输能力大，适用于尾矿库距选矿厂较远，且尾矿库是低于路面的斜坡场地；利用架空索道运输尾矿，适于起伏交错的山区，特别是业已采用架空索道输送原矿的条件，可沿索道回线输送废石，尾矿场在索道下方；利用移动胶带运输机输送尾矿，运至露天扇形底的尾矿堆场。适于气候暖和的地区，距选矿厂较近。

湿式选矿厂尾矿多以矿浆形式排出，所以必须采用水力输送。常见的尾矿输送方式有自流输送、压力输送和联合输送三种。自流输送是利用地形高差，使选厂的尾矿矿浆沿管道或溜槽自流到尾矿库。自流输送时，管道或溜槽的坡度应保证矿浆内的固体颗粒不会沉积下来，这种方式简单可靠，不需动力。压力输送是借助砂泵用压力强迫扬送矿浆的方式。由于砂泵扬程的限制，往往需设中间砂泵站和压力管道进行分段扬送，故比较复杂，在不能自流输送时，只能用这种方式。联合输送即自流输送与压力输送相结合的方式，某段若有高差可利用，可采取自流输送；某段不能自流，则采用砂泵扬送。

尾矿输送系统一般应有备用线路，特别是压力输送时应进行定期检修。为应付意外事故，应该在某些地段设事故沉淀池。正确选择尾矿库库址极为重要，设计时一般须选择多个库址，进行技术经济比较予以确定。

1.1.2.2　堆存系统

堆存系统包括初期坝、后期坝、浸润线观测、位移观测、放矿管道以及排渗设施等。

初期坝：选矿厂投产前，在尾矿库周边低凹地段用当地土石材料修筑成的较低的坝。初期坝用以拦挡选矿厂生产初期排出的尾矿，并为尾矿堆积后期坝创造条件。初期坝形成的库容，以容纳选矿厂半年到一年的尾矿量为宜。坝顶太高，基建费用大；坝顶太低，形成的调洪库容过小而增加排洪设施的费用。初期坝的合理高度必须根据地形条件、排洪系统的布置、尾矿堆积坝的上升速度、尾矿水澄清距离、蓄水容量及安全超高等因素和综合分析确定。

后期坝：在尾矿库运行过程中，利用尾矿本身的自然沉积而逐步加高形成的坝体，又称尾矿堆积坝。后期坝是尾矿库的重要围护构筑物，因此，在生产管理上首先应结合库区防洪要求，制定全年堆坝作业计划，严格按计划和有关技术规定进行放矿和筑坝，确保坝体质量；严格控制库内水位，保持足够的干滩长度，加强排水构筑物的检修，确保排洪系统的畅通；在尾矿堆坝的下游坡面应植草或用碎石土覆盖，以保护坝坡和减少尘土飞扬。后期坝的基本类型有上游式、下游式和中线式三种。无论哪一种，其外坡坡度均须通过稳定分析来确定。

浸润线观测：一般选择尾矿库坝上最大断面或者一旦发生事故将对下游造成重大危害的断面为监测剖面。大型尾矿库在一些薄坝段也应设有监测剖面。每个监测剖面应设置多个监测点，并应根据设计资料中坝体下游坡处的孔隙水压力变化梯度灵活选择监测点。尾矿坝坝坡浸润线监测是利用埋设特制传感器，进行自动观测。浸润线监测仪器埋设位置的选择，应根据规定的计算工况所得到的坝体浸润线位置来埋设。在作坝体抗滑稳定分析时，设计规范规定浸润线须按正常运行和洪水运行两种工况分别给出。设计时所给出的浸润线位置应是监测仪器埋设深度的最重要的依据。

位移观测：尾矿库坝体位移观测主要分为平面（水平）位移监测、沉降（垂直）位移监测等。平面位移监测是指对尾矿库坝体水平位移的监测，有以下几种方法：视准线法、真空激光准直法、小角度法和觇标法等。沉降位移监测是指监测尾矿库坝体的垂直位移情况，常用方法有精密水准法、静力水准法和分层沉降磁环法。

排渗设施：为排除尾矿坝坝体渗水，增强坝体稳定性，在坝内设置的排水系统。尾矿库内的水沿尾矿颗粒间的孔隙向坝体下游方向不断渗透形成渗流。稳定渗流的自由水面线称为浸润线。尾矿坝内浸润线位置越高，坝体稳定性越差，地震液化的可能性也越大。坝内设置排渗设施可有效地降低浸润线，并有利于尾矿泥的排水固结，是增强坝体稳定性的重要措施。

1.1.2.3 排洪系统

排洪系统包括排水井、排水斜槽、溢洪道、排水管、排水隧洞、山坡截洪沟等。

尾矿库设置排洪系统的作用有两个方面的原因：一是为了及时排除库内暴雨；二是兼作回收库内尾矿澄清水用。尾矿库库内排洪构筑物通常由进水构筑物和输水构筑物两部分组成。

进水构筑物的基本形式有排水井、排水斜槽、溢洪道以及山坡截洪沟等。排水井是最常用的进水构筑物，有窗口式、框架式、井圈叠装式和砌块式等形式；排水斜槽既是进水构筑物，又是输水构筑物，随着库水位的升高，进进水口的位置不断向上移动，它没有复杂的排水井，但毕竟进水量小，一般在排洪量较小时经常采用；溢洪道常用于一次性建库的排洪进水构筑物，为了尽量减小进水深度，往往做成宽浅式结构；山坡截洪沟也是进水沟筑物兼作输水构筑物，沿全部沟长均可进水，在较陡山坡处的截洪沟易遭暴雨冲毁，管理维护工作量大。

输水构筑物的基本形式有排水管、隧洞、排水斜槽及山坡截洪沟等。排水管是最常用的输水构筑物，一般埋设在库内最底层，荷载较大；隧洞由专门凿岩机械施工而成，结构稳定性好，是大、中型尾矿库常用的输水构筑物。

1.1.2.4　水处理系统

水处理系统包括尾矿水的净化设施和尾矿库澄清水的回水设施。

尾矿水的净化方法，取决于有害物质的成分、数量、排入水系的类别，以及对回水水质的要求。常用的方法有自然沉淀、物理净化和化学净化。自然沉淀是利用尾矿库（或其他形式沉淀池），将尾矿液中的尾矿颗粒沉淀除去；物理净化是利用吸附材料将某种有害物质吸附除去；化学净化是加入适量的化学药剂，促使有害物质转化为无害物质。

尾矿库澄清水回水设施可分为浓缩池回水、尾矿库回水和沉淀池回水。浓缩池回水，由于选矿厂排出的尾矿浓度一般都较低，为节省新水消耗，常在选矿厂内或选矿厂附近修建尾矿浓缩池或倾斜板浓缩池等回水设施进行尾矿脱水，尾矿砂沉淀在浓缩池底部，澄清水由池中溢出，并送回选矿厂。采用浓缩池回水，一方面可在浓缩池中取得大量回水，减小供水水源的负担；另一方面，由于提高了尾矿浓度而使尾矿矿浆量减小，因此可降低尾矿的输送费用。尾矿库回水，将尾矿排入尾矿库后，尾矿矿浆中所含水分一部分留在沉积尾矿的空隙中，一部分经坝体池底等渗透到池外，另一部分在池面蒸发。尾矿库回水就是把余留的这部分澄清水回收，供选矿石使用，由于尾矿库本身有一定的集水面积，因此尾矿库本身起着径流水的调节作用。沉淀池回水，一般只适用于小型选矿厂，由于沉淀在池底的尾矿砂，需要经常清除，花费大量人力，故选矿厂生产规模大、生产的年限长时，不宜采用沉淀池回水。

1.1.3　尾矿库危险模式

通过对国内外资料分析可知，尾矿坝是导致尾矿库事故的最主要原因，其中最主要的又是由尾矿坝溃坝而引起的。尾矿坝是由尾矿长期堆积而成的，分为初期坝以及后期尾矿堆积而成的堆积坝，尾矿坝的构成如图1-6所示。

图1-6中，初期坝用于支撑后来由尾矿堆积而成的堆积坝；堆积坝是由尾矿

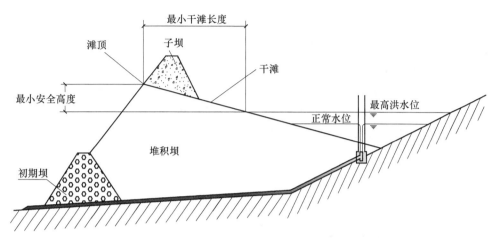

图 1-6　尾矿坝组成

堆存而成，不断存放尾矿；最高洪水位是指尾矿库水位的最高上限；干滩是指由水长期冲刷尾矿而形成的露出水面的部分；滩顶是指干滩与堆积坝的交线；最小安全高度和最小干滩长度均指允许的最小临界值。

典型的尾矿坝破坏模式主要分为地基破坏模式、结构破坏模式、漫顶破坏模式、渗流破坏模式、稳定性破坏模式等五种。具体的模式描述如下展开。

1.1.3.1　地基破坏模式

如果位于尾矿坝下浅层处的土壤或者岩石不足以支撑整个大坝，那么沿着地基将会发生一个水平运动，$500\sim700\mathrm{m}^3$ 的水和泥浆通过缝隙溢出，大坝突然破裂，坝体外围墙倒塌。这个运动会导致部分或完全的尾矿坝溃坝，如图 1-7 所示。

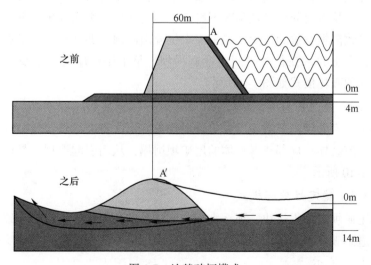

图 1-7　地基破坏模式

1.1.3.2　结构破坏模式

当类似地震等破坏性活动发生时，尾矿坝上游变得不稳定。根据以往地震中尾矿坝的状况来看，在长期的机械性压力的作用下，尾矿泥浆（包括用于尾矿建筑的材料）被液化。结果，大部分堆砌的尾矿的整体结构随着泥浆的运动而被破坏，为下游带来了灾难性的毁灭，导致溃坝。有时，震动或者重型机械设备也会引起尾矿库的结构性破坏，比如当起重机沿堤坝顶经过或者附近的矿山引爆引起的震动等。结构破坏模式如图 1-8 所示。

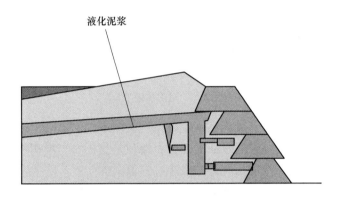

图 1-8　结构破坏模式

1.1.3.3　漫顶破坏模式

尾矿库中的蓄水不断增加，库水位不断升高，即使没有发生溢出现象也会引起上游溃坝。而蓄水的不断增加可能是由降雨量的持续增加引起，也可能是由于尾矿库管理人员的管理不当引起的。如果干滩长度变得太小，将会导致堤坝内的浸润线上升，从而引起尾矿坝顶部不稳定，继而从尾矿坝底开始，整个尾矿坝将会坍塌，导致溃坝事故的发生。如果库水位溢出漫顶，那么整个尾矿堤坝很容易完全倒塌，溢出的水在很短时间内冲刷堤坝，整个尾矿库的蓄水在几分钟内流失。具体漫顶破坏模式如图 1-9 所示。

1.1.3.4　渗流破坏模式

如果尾矿库堤坝内部或底部发生管涌现象，那么将会导致渗流破坏发生。连续不断的渗流会导致局部或者整体的尾矿坝坍塌，从而引起溃坝。具体渗流破坏模式如图 1-10 所示。

1.1.3.5　稳定性破坏模式

如果尾矿坝堆积得过快，那么大坝内部连续的孔隙水压力将会导致局部或整体稳定性遭到破坏引起滑坡的发生，从而导致尾矿库溃坝事故。具体稳定性破坏模式如图 1-11 所示。

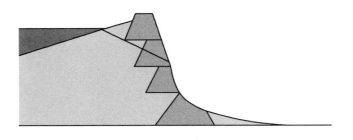

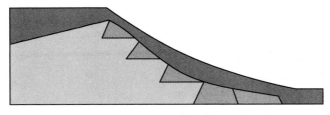

图 1-9　漫顶破坏模式

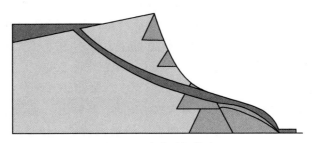

图 1-10　渗流破坏模式

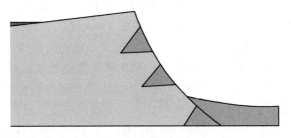

图 1-11　稳定性破坏模式

1.2　国内外尾矿库安全事故

美国克拉克大学公害评定小组的研究表明，尾矿库事故的危害在世界 93 种事故/公害的隐患中名列第 18 位，它仅次于核武器爆炸、DDT、神经毒气、核辐射等灾害，而比航空失事、火灾等其他 60 种灾害严重。矿石选矿过程中加入的药剂会残留在尾矿中，同时尾矿中也可能含有重金属离子，甚至有砷、汞等污染物质，会随尾矿水流入河流或渗入地下，污染水体、水系。尾矿库的溃坝事故更是不在少数，造成大量人员伤亡及财产损失。据不完全统计，导致尾矿库溃坝等事故的直接原因中，洪水约占 50%，坝体稳定性不足约占 20%，渗流破坏约占 20%，其他约占 10%。

1.2.1 国外尾矿库安全事故

国外矿山尾矿库的建造具有较长的历史，如 Brent 尾矿库于 1830 年中期建成。国外曾多次发生尾矿库重大事故，造成巨大的人员伤亡、财产损失和环境污染。譬如，2015 年 11 月 5 日下午，巴西 Samarco-Minas Gerais 矿区附近尾矿坝发生溃堤，Samarco 尾矿坝高达 100 m，之后又加高 30 m，此次事故有可能是尾矿坝裂缝引起，溃堤导致约 16 人遇难，45 人失踪；2006 年赞比亚 Nchanga 铜矿尾矿输送管道破裂污染饮用水源；2005 年，美国密西西比州 Bang Lake 磷矿，磷石膏堆积速度加快，加上大雨导致溃坝，64350m³ 泥石流流入沼泽地，导致沼泽内的植物全部死亡；2004 年加拿大 Teck Cominco 公司的一处尾矿库在复垦工作期间发生溃坝，大量泥石流对 Pinchi Lake 造成严重污染；2003 年智利 Cerro Negro 铜矿溃坝导致泥石流，5×10⁴t 尾砂下泄 20 km；2002 年在菲律宾 San Marcelino 铜矿，大雨导致了泥石流，下游 250 户居民被迫转移；2000 年在罗马尼亚 Baia Mare 金矿由于大雨和融雪发生溃坝和泥石流，污染物注入蒂萨河支流，导致鱼类大量死亡和下游匈牙利境内 200 万人饮水中毒；1998 年，西班牙 Aznalcóllar 的 Los Frailes 尾矿库溃坝，致使下游大面积区域受到污染；1995 年，圭亚那 Omai 金矿尾矿坝遭受破坏，使得 900 人因饮用氰化物污染水而致死；1994 年，California 地震引发 Tapo Canyon 尾矿库溃坝，带来了巨大的经济损失和环境污染；1994 年，南非 Merriesprui 尾矿库溃坝，导致 17 人死亡；1985 年，意大利 Stava 尾矿库溃坝，导致近 300 人死亡和巨大财产损失。此前，1974 年的南非某铂矿溃坝、1972 年的美国布法罗尼河矿溃坝、1970 年的赞比亚某铜矿溃坝、1965 年的智利某铜矿地震溃坝等事故，也都造成了人员伤亡、财产损失和环境污染。

据不完全统计，1940 年至 2006 年之间，美国尾矿库共发生 91 次事故、智利发生 23 次、英国发生 20 次、加拿大发生 19 次、菲律宾发生 12 次、南非发生 10 次、秘鲁发生 7 次、巴西发生 7 次、日本发生 7 次、澳大利亚发生 6 次、西班牙发生 6 次、保加利亚发生 5 次、赞比亚发生 5 次、俄罗斯发生 4 次、瑞典发生 3 次、罗马尼亚发生 3 次。国外尾矿库发生事故趋势如图 1-12 所示。

1.2.2 国内尾矿库安全事故

截至 2014 年 12 月底，我国尾矿库数量为 11897 座，尾矿库占有数量居前五

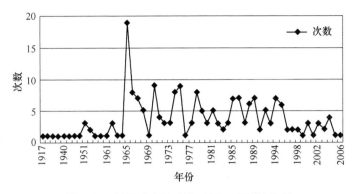

图 1-12　国外矿山尾矿库（坝）事故趋势图

位的省区是：河北 1806 座，占 22.8%；辽宁 1277 座，占 16.1%；河南 542 座，占 6.8%；山西 476 座，占 6%；内蒙古 451 座，占 5.7%。根据 2009 年，国家对尾矿库地调研结果显示私营尾矿库 3713 座，占 46.89%；国有的 567 座，占 7.1%。根据尾矿库的行业分布特点发现，冶金行业 3390 座，占 42.8%；有色 2149 座，占 27.1%。

由上面的数据可显示出我国尾矿库的整体特点：尾矿库的数量主要集中在河北、辽宁、河南、山西以及内蒙古等地，金属非金属矿山企业以私营为主。然而大多数的私营企业注重的是经济效益，忽视安全生产的投入，特别是对尾矿库的建设与管理则是根本没有引起这些企业的注意。然而，企业忽视尾矿库的安全建设与管理，很有可能引起尾矿库的安全事故。根据有关数据估计，我国的尾矿库中，正常运行者不足 70%，个别行业大约 44% 的尾矿库处于险、病、超期服务状态。此外，我国一些尾矿库位于生态敏感区或人口密集区，包括江湖水源、公交设施，密集居民区等上游。从统计数据可知，我国尾矿库安全形势依旧严峻，本质安全程度低，综合治理任务艰巨，需要企业投入资金和落实责任，加强环保和治理。

近年来，我国尾矿库事故及灾害时有发生。2001 年发生 3 起，2003 年发生 2 起，2004 年发生 3 起，2005 年发生 9 起，2006 年发生 12 起，2007 年发生 14 起，2008 年发生 18 起，2009 年发生 5 起，2010 年发生 6 起，2011 年发生 7 起，2012 年发生 2 起，2013 年发生 2 起，2014 年发生 8 起。如图 1-13 所示，显示了我国 2001～2014 年间的尾矿库事故统计数。

在这些事故中，发生的重大及以上事故的情况如下：

2001 年 7 月 10 日，云南省武定县近城镇豆沟武定县马豆沟德昌钛矿厂尾矿库发生溃坝事故，造成 7 人死亡；2005 年 11 月 8 日，山西省临汾市浮山县峰光、城南选矿厂合用的尾矿库发生溃坝事故，造成 7 人死亡；2006 年 4 月 23 日，河北省迁安市庙岭沟铁矿老尾矿库副坝溃坝，造成 6 人死亡；2006 年 8 月 15 日，

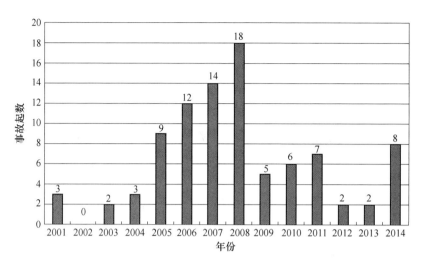

图 1-13   2001～2014 年间尾矿库事故统计分布

山西省太原市娄烦县马家庄乡蔡家庄村新阳光选矿厂、银岩选矿厂尾矿库发生溃坝事故，造成 7 人死亡；2007 年 5 月 18 日，山西省娄烦县宝山矿业有限公司尾矿库发生溃坝事故，造成直接经济损失 4500 万元；2007 年 11 月 25 日，辽宁省海城市鼎洋矿业有限公司选矿厂 5 号尾矿库发生溃坝事故，造成 15 人死亡，2 人失踪，38 人受伤，直接经济损失 1913.17 万元；2008 年 4 月 22 日，山东烟台市蓬莱县大柳行镇，金鑫实业公司庄沟子矿井，因矿区范围内一采空区塌陷，引起尾矿库泄漏进入矿井内，造成 8 人死亡；2008 年 9 月 8 日，山西省临汾市襄汾县新塔矿业有限公司尾矿库发生特别重大溃坝事故，造成 277 人死亡，4 人失踪，33 人受伤，直接经济损失达 9619 万元；2010 年 7 月 14 日，浙江淳安千岛湖支流尾矿库由于暴雨致溃坝，造成 6000m³ 矿渣泄漏；2010 年 9 月 21 日，广东信宜的台风强降雨造成信宜紫金矿业有限公司、银岩锡矿矿区尾矿库发生事故，死亡 4 人；2011 年湖北郧西县人和矿业开发有限公司柳家沟尾矿库由于建设不规范，造成 6000m³ 矿渣泄漏。

我国尾矿库的安全状况存在着以下问题。

1.2.2.1 尾矿库安全度水平低

根据 2009 年调查统计，按等别划分，五等库 8854 座和等别不明 88 座，共占 75.2%；按安全度划分，在我国现有尾矿库中危库 613 座，险库 1265 座，病库 3032 座，正常库 7745 座。危险库占 14.8%，病库占 24%。实际上，由于还存在许多尾矿库没有上报的情况，危险库以及病库的统计数字远大于上面所陈述的。可以认为，目前我国尾矿库安全度总体上处于较低水平。

1.2.2.2 尾矿库无正规设计以及无证运行

根据 2009 年全国尾矿库基本情况统计显示，有正规设计的尾矿库 7782 座，占 65.1%；已领取许可证的尾矿库有 5199 座，正在申请许可证的尾矿库有 1746 座，也就是说还有 45.1% 的尾矿库无证运行。即使是已取证的一些尾矿库的企业单位也会因为有证而思想麻痹，轻视尾矿库的安全管理，减少尾矿库的安全生产条件。

1.2.2.3 尾矿库的安全建设投入不够

近年来，受矿业经济持续低迷的影响，一些尾矿库企业由于经济效益差等原因，有的矿山企业单位，通过减少成本来增加经济效益，在尾矿库建设的时候，通过各种方式来降低尾矿库的建设以及运行维护成本，也就是减少安全投入来降低企业的成本。如自行设置尾矿库而不请具有资质的单位进行设计；尾矿库的监测人员没有进行专业的培训，仅从矿山调动几名矿工作为监测人员；没有购买或者少购买各种尾矿库监测仪器；日常安全运行和维护得不到有效保障，隐患排查治理不及时，长期停用的尾矿库未实施闭库，甚至存在一些尾矿库企业破产、业主逃逸的现象，把存在重大安全环保隐患的尾矿库甩给地方政府，给库区周边群众的生命财产和环境安全带来了新的威胁等。

1.2.2.4 库内违章情况严重，尾矿库安全环保形势依然严峻

许多尾矿库内建立了违章建筑，在库内建设违章建筑，有可能降低尾矿坝的稳定性以及破坏排洪防洪设施等，从而间接地引发矿山安全事故的发生。矿山企业在没有经过详细的设计以及安全评价论证的情况下，私自对尾矿库进行爆破以及再次开采等采掘活动。这些采掘活动影响到尾矿坝的稳定性，使得尾矿库安全事故的概率提高。2014 年全国尾矿库共发生事故 8 起，其中：4 起造成环境污染，4 起造成 5 人死亡。事故主要由非法生产、违章指挥或者违反操作规程等原因造成。

1.2.2.5 尾矿库数量多、规模小

根据尾矿库安全现状的统计，我国小型尾矿库居多，占 87%，并占用了大量的土地资源，严重影响到土地的使用，并对环境产生较大的负面影响。

1.2.2.6 安全评价与环境评价环节薄弱

目前尾矿库安全评价是一项十分突出的薄弱环节，到 2013 年为止，全国已做安全现状评价的尾矿库 6194 座，占 51.8%。安全评价由于缺少必要的专业人员，又在利益驱使下，淡化了责任感，致使提交的评价报告一般化、格式化，缺少对现状尾矿库坝体稳定性和防洪能力可靠性进行必要的定量分析，不能对现状尾矿库的安全度作出可靠的判断，对存在的安全隐患辨识不清，提出的对策措施针对性不强。

1.2.2.7 停用库大量存在，"头顶库"、"三边库"、废弃库治理难度大

截至 2014 年年底，全国有停用库 1872 座（其中废弃库 690 座），约占全国

尾矿库总数的 16.5%。部分停用尾矿库安全环保措施不落实，值班值守制度执行不到位，隐患比较严重。截至 2014 年年底，全国有 1451 座"头顶库"和 466 座"三边库"，风险高，易导致生产安全事故和突发环境事件，亟须治理。

1.2.2.8　一些地方及有关部门监管力度需要进一步加强

个别市（地、州）、县（市、区）尾矿库安全、环保监管责任不落实，对企业违法违规行为处理措施不严，处罚力度不够；中央财政支持的尾矿库隐患治理项目地方政府配套资金落实缓慢，影响了项目进度；安全生产许可证颁发管理工作相对滞后，部分尾矿库闭库措施不到位；一些地区监管力量薄弱、专业人才缺乏、部门联合执法机制不健全等问题比较突出。尾矿库问题已经成为制约一些地方经济发展和影响社会稳定的重要因素。一方面，尾矿库建设成为当地矿业发展的瓶颈，普遍存在选址难、审批难、费用高等问题，直接制约当地矿业和经济发展；另一方面，由于部分尾矿库存在安全环保隐患，群众上访情况时有发生，甚至引发群体性事件，在一定程度上影响了当地社会稳定和谐。

1.3　国内外尾矿库安全研究现状

国内外政府及有关组织制定了一系列关于尾矿库的政策和标准等，许多学者和相关技术人员还开展了尾矿库相关的技术研究，如尾矿坝的稳定性，尾矿库的防渗能力、尾矿库的排洪能力以及抗震强度等等，目的是为了减少与尾矿库相关的事故的发生。

1.3.1　国外尾矿库安全研究现状

从国外文献概括地看，自 20 世纪 90 年代以来，有关尾矿库的研究主要集中于尾矿库环境效应、尾矿坝失效分析、尾矿库管理等三方面。特别重视环境污染和环境保护，国外在尾矿坝安全管理，污染检查、污染治理以及生态复垦等技术上进行了很有成效的开创性的研究工作。

1.3.1.1　尾矿库环境效应

国外学者在尾矿库环境效应方面的研究是相当活跃，大多数学者主要是通过对尾矿库库区土壤样本、水样本或废水样本、沉淀物样本的分析来测定其细菌、化学成分及浓度，从而评估尾矿库废水对周边地理环境、地表水、地下水等的影响程度。也有学者研究了尾矿库土壤中的金属浓度对农业、牧业的影响。譬如，Omar Cano-Reséndiz 等研究了墨西哥的 Cata 矿山尾矿库土壤中硼浓度对农作物的影响；M. N. Rashed 等通过对尾矿、土壤和野生植物被取样和分析，研究了有毒金属（Hg、Cd、Pb 和 As）与重金属（Cr、Ag、Ni、Au、Mo、Zn、Mn 和 Cu）从尾矿库到周边土壤和野生植物的分布与流动规律，指出这些金属的浓度会随距离尾矿库的加大而减少，接近尾矿库的土壤和植物有很高的毒性，植物和土壤不能用于放牧或农业。另有少数学者重点研究尾矿库废水形成过程，以及消除废水中有毒有害物质的办法。如 Mihaela Sima 等解释了位于罗马尼亚 Apuseni 山脉南部正运行的两个尾矿库导致硫氧化物和酸性矿物废水形成的过程；Suiling Wang 等通过对加拿大 Bathurst 样本的使用，评估使用鼠李糖脂生物表面活性剂（JBR425）来提高砷和重金属从氧化矿山尾矿样本中除去的可能性，研究发现 0.1% 鼠李糖脂溶液能明显提高砷和重金属的除去率，70 孔隙容积冲洗后，累积除去 As、Cu、Pb 和 Zn 分别达到 148mg/kg、74mg/kg、2379mg/kg 和 259mg/kg；H. Mohamed 等提出使用基于环式糊精的聚合材料作为超分子吸附剂来对尾矿库水进行纳米过滤。

1.3.1.2 尾矿坝失效分析

M. Rico 等指出大坝失效影响取决于尾矿库溢出流动的距离和轨迹，以及尾矿库下游自然地区内物品、人口、土地利用、水利用和环境价值的暴露和脆弱性。尾矿坝特征（坝型、坝址、后期坝的类型、坝基、坝体充填材料、活动状态、储量、尾矿坝高、尾矿密度、库区水容量及其他）的多样性，能做出全面预测评估尾矿坝失效影响。而且，涉及时间、昂贵的土工技术、水文学和水利研究的详细的风险评估，由矿业公司和政府监管部门单独或联合进行。M. Rico 通过对世界范围内的 147 个尾矿坝灾难案例（包括发生在欧洲 26 起）的研究，指出欧洲发生的案例有 1/3 以上是发生坝高在 10~20m 的尾矿坝，失效的最多最平常的原因是与异常降雨有关，而很少发生在世界其他地方尾矿库溃坝的第二大原因——地震液化。并且指出这些事故 90% 是发生在运行的尾矿库，仅仅 10% 是发生在废弃的尾矿库。另外，C. Grangeia 等认为尾矿库的风险与尾矿库类型、稳定性、断裂、地表与地下水污染物、酸性矿井废水和间接矿物沉淀等有关，并且在尾矿库发生灾难性失效后，会向环境运送泥浆、溶解金属和活性金属颗粒。

由于尾矿库设施有着复杂的岩土结构，受水的影响较大，于是有一些学者侧重研究了地下水对坝体稳定性的影响。T. María 等利用耦合水力—机械有限元方法对古巴镍工业的尾矿坝进行研究，发现尾矿库在整个贮藏中，毛细管水引起的饱和程度处于高位，并在暴雨的作用下，毛细管水的出现导致地下水的水位会迅速增高，进而得到大坝的稳定性要严重依赖于毛细管现象的结论。

1.3.1.3 尾矿库管理

由于尾矿库管理在安全运营中的重要性，学者们也展开了对尾矿库管理的研究，如对尾矿库管理进行定量评价与分析，利用模糊理论对尾矿库地址进行选取等。

实现最优废物管理和现场补救是世界各地采矿业面临的主要挑战之一。Scott 等给出了 Highland Valley Copper 尾矿库的成功管理要点，包括尾矿坝的安全要素、环境保护措施、闭库后的复垦方法；在技术上，Highland Valley Copper 尾矿坝采用了较高的抗震、防洪设计标准及最优化筑坝方法，进行了尾矿库水管理及水质监测。P. Newman 等使用大范围土工织物来对尾矿和矿井膏浆的脱水的尾矿库管理方法，认为采用这种方法可大胆地设计采矿计划去抵消下跌的金属价格而不需巨大的资本支出。M. Gordon 等提出通过通风与中和来酸化挥发及硫化、酸化、再循环与变稠等方法来消除或循环利用金矿尾矿库氰化物。通过这些方法强化了对尾矿库废物的管理，有利于改进尾矿库水质，降低了尾矿库对生态环境的影响。

针对尾矿库风险，一些学者提出了从生产工艺上减少尾矿排放及缓解尾矿库的负面影响的对策建议，M. Benzaazoua 等提出最优废水管理和地表修复技术，并针对硫化物尾矿库管理，提出环境脱硫和膏浆后注技术，通过对环境脱硫产生非酸性、低硫化尾矿库和硫化浓缩物，用于生产有足够强度的膏浆充填物来充填采空区。并有研究者研究了矿井膏浆充填机理特性。这些技术能够在一定程度上减少尾矿的地表排放或缓解尾矿排放的负面影响，但是会使排废成本大幅上升，还会导致尾矿资源彻底废弃、未来难以再次利用等问题。正如 J. H. P Watson 等通过研究了南非威特沃特斯兰德 Witwatersrand 尾矿残渣过滤中铀和金的浓度，指出当经济条件适合，遍布世界各地的矿山倾倒物都是可以被开采的。可见，尾矿资源具有回采再利用的价值，在采用某种尾矿库技术时，应从降低尾矿库风险、尾矿资源回采利用等多方面综合考虑。此外，Catherine Reid 等介绍了加拿大的尾矿库生命周期评估方法。

国外在尾矿库安全管理（包括隐患辨识与风险预控）方面的研究和实践同时体现在安全管理体系包括法律法规及标准指南等的不断完善。美国联邦法典（Code of Federal Regulations，CFR）对矿山尾矿库安全管理做出了一系列规定；劳工部矿山安全健康管理局（Mine Safety and Health Administration，MSHA）组织制定了尾矿库安全检查指南，包括检查内容、方法、报告程序等；一些州政府还结合各州的具体情况，做出了相关的补充规定。在加拿大，有关矿山尾矿库的法规由各州（省）制定颁布；加拿大矿业协会于 1998 年颁布了尾矿库管理指南，提供了对尾矿库的设计、建设、运行、闭库等整个生命周期过程中各个阶段的安全、环境管理标准以及技术操作指南，并在 2009 年颁布了尾矿库管理审核和评价指南，提出了尾矿库安全和环境责任管理的度量方法。1999 年，加拿大大坝协会修订了包括尾矿库安全问题大坝安全指导方针，内容包括对尾矿坝的安全管理及事故案例分析。澳大利亚的矿山安全监管责任也在于州（地区）政府，并且通过行业组织发布了一系列有关矿山尾矿库安全管理的实施规范，如新南威尔士州关于坝体安全的风险管理政策框架。南非标准局 1998 年制定了《矿山废弃物处理守则》，规定尾矿库安全管理涉及尾矿库建设（勘察、设计、施工）、生产运行、闭库及闭库再利用等不同阶段，属于全过程管理；南非于 2000 年由矿产能源部发布了矿山尾矿库指南，规定尾矿库管理必须强制执行 SANS 10286 标准。从实践效果看，上述矿业发达国家的尾矿库管理机制和实施方法对保证尾矿库安全发挥了关键作用。

尾矿库隐患分析及识别方法在加拿大、澳大利亚、欧盟等国家及地区受到了高度重视。20 世纪 60 年代末出现了系统安全理论工程，其提供了定量、系统的事故预测和安全评价的理论和方法。到了 80 年代后期，系统安全工程的实践推动了系统安全工程的发展，在故障树分析与合成，危险源辨识、评价理论和方法等方面取得了很大的进展。系统安全分析的目的在于辨识危险源，以便在系统运行期间内控制或根除危险源。系统安全分析方法主要有以下几种：

（1）检查表法；

（2）预先危害分析法（PHA）；

（3）故障类型和影响分析（FMEA）；

（4）危险性和可操作性研究（HAZOP）；

（5）事件树分析（ETA）；

（6）故障树分析（FTA）。

1.3.2 国内尾矿库安全研究现状

在我国，由于过去经济社会发展水平较低，尾矿库的安全与环境影响在相当长的时期内没能够得到充分重视，企业对尾矿库疏于管理、社会对尾矿库风险评价不够、政府部门对尾矿库安全监管乏力、管理方法及标准体系缺位、专业技术力量薄弱等多重因素的长期积累导致了近年来尾矿库事故频发。

随着人民的生活水平的提高，国家对环境保护的要求也越来越高，即使在偏远的人烟稀少地区，也严禁将尾矿向江河湖海等处任意排放。而尾矿库又是矿山企业最大的环境保护工程项目，是矿山企业最为重视的事故危险源之一，一旦失事将对矿山企业及下游人民的生命财产造成严重的损失。所以国家政府及相关部门相当重视尾矿库的安全管理，国务院及相关安全部门颁布了《中华人民共和国安全生产法》、《中华人民共和国矿山安全法》以及《尾矿库安全技术规程》等相关法规和技术规范。由此可见，尾矿库安全管理的重要性和严肃性不言而喻。

《中华人民共和国安全生产法》（2002 年 6 月 29 日第九届人大常委会第 28 次会议通过，自 2002 年 11 月 1 日起施行）、《中华人民共和国矿山安全法》（1992年 11 月 7 日中华人民共和国第七届全国人民代表大会常务委员会第二十八次会议通过，自 1993 年 5 月 1 日起施行）、《中华人民共和国矿山安全实施条例》（1996 年 10 月 11 日经国务院批准，10 月 30 日劳动部发布）以及《尾矿库安全监督管理规定》（国家安全生产监督管理总局令第 38 号，自 2011 年 7 月 1 日起施行）是我国矿山安全的基本法规。除此之外，与尾矿库相关的法律、法规及有关规定有《中华人民共和国劳动法》、《中华人民共和国环境保护法》、《中华人民共和国水污染防治法》、《中华人民共和国固体废物污染环境防治法》、《中华人民共和国职业病防治法》、《中华人民共和国水土保持法》、《土地复垦条例》、《关于开展重大危险源监督管理工作的指导意见》、《建设项目安全设施"三同时"监督管理暂行办法》、《非煤矿矿山企业安全生产许可证实施办法》、《非煤矿矿山建设项目安全设施设计审查与竣工验收办法》、《安全生产许可证条例》、《非煤矿山安全评价导则》《矿山特种作业人员安全操作资格考核规定》等。

矿山尾矿库的设计、建设、运行以及管理都离不开相应的技术标准、规范，在我国现行的尾矿库标准和规范主要有《尾矿库安全技术规程》（AQ 2006—2005）、《尾矿设施施工及验收规程》（YS 5418—1995）、《金属非金属矿山安全标准化尾矿库实施指南》（AQ 2007.4—2006）、《选矿厂尾矿设施设计规范》（ZBJ 1—1990）、《尾矿库安全监测技术规范》（AQ 2030—2010）《核工业铀水冶厂尾矿库、尾渣库安全设计规范》（GB 50520—2009）、《矿山电力设计规范》（GB 50070—2009）、《安全评价通则》（AQ 8001—2007）、《建筑抗震设计规范》（GB 50011—2001）、《工业场所有害因素职业接触限值》（GBZ 2.1—2007）、《尾矿堆积坝岩土工程技术规范》（GB 50547—2010）以及《上游法尾矿堆积坝工程地质勘查规程》（YBJ 11—1986）等。

2007 年 5 月，国家安全监管总局、国家发展改革委、国土资源部、原环保总局等四部门联合印发《关于印发开展尾矿库专项整治行动工作方案的通知》（安监总管〔2007〕112 号）以来，连续 6 年开展全国尾矿库专项整治行动。为深化尾矿库专项治理行动，巩固扩大专项整治行动成果，解决尾矿库安全环保方面面临的新矛盾、新挑战和新要求，经国务院同意，从 2013 年起启动新一轮尾矿库综合治理行动，主要工作任务包括认真组织编制《深入开展尾矿库综合治理行动实施方案》；加大尾矿库隐患排查治理工作，重点治理已排查出的危、险、病库；加强对尾矿库企业日常监督检查，督促尾矿库企业严格执行尾矿库相关法律、法规和标准，开展隐患排查治理，编制完善事故应急预案并定期组织演练等。

在学术领域，对尾矿库事故及灾害的研究，大多集中在国内外案例分析、尾矿坝材料力学及机理、坝体稳定性、安全监测及评价等方面。从国内文献看，近年来有关尾矿库的研究主要集中于尾矿库安全评价、坝体稳定性、环境风险及监测预警等 4 个方面。

1.3.2.1 尾矿库安全评价

安全评价，又称风险评估、风险评价，起源于 20 世纪 30 年代的保险业。20世纪 60 年代，由于制造业向规模化、集约化方向发展，系统安全理论应运而生，逐渐形成了安全系统工程的理论与方法。由于安全评价在减少事故，特别是减少重大恶性事故方面取得巨大效率，我国于 20 世纪 80 年代初期引入安全系统工程，主要应用于石油、化工、机械等生产经营单位。最近这几年，国内对尾矿库安全评价的研究主要集中在两个方面：尾矿库危险有害因素辨识、尾矿库安全评价方法。

有关尾矿库危险有害因素辨识的研究主要集中于对尾矿库运行阶段存在的危险、有害因素进行识别分析，也有从尾矿库勘察、设计、施工、运行及维护等方面来分析尾矿面临的风险，或是根据事故原因或工艺流程进行辨识，并将安全事故分为不同的类型。还有少数学者分析了高寒地区冻土、降雨等气象灾害对尾矿库或其排洪设施的危害。

有关对尾矿库安全评价方法的研究主要集中在最近这几年，大多是借助事故树分析法、层次分析法、模糊数学、集对分析、灰色理论或相结合的方法，提出尾矿库安全评价指标体系。目前，对尾矿库的安全评价方法主要有事故树分析法、层次分析法、模糊评价法、集对分析法、灰色关联度评价法、风险评价指数矩阵法，分别对尾矿库安全运行做了定性或定量的评价，但各有其优缺点。也有一些学者探寻通过其他的定性、定量的方法对尾矿库的风险进行评价，譬如，李全明采用的基于有限元理论的定量评价方法对静力变形、静力稳定、动力变形、动力稳定以及防洪计算进行评价；王姝基于社会科学统计程序（SPSS）软件的回归分析功能，以矿山类别、规模、初期坝坝型、初期坝坝高、初期坝内边坡比、初期坝外边坡比、后期坝堆坝方式、后期坝坝高、后期坝内边坡比、后期坝外边坡比、汇水面积、库容、库级别、建库时间为 14 个自变量；尾矿库是否存在问题为一个因变量，建立其尾矿库事故预测模型；郑欣以尾矿坝规模、生命损失、经济损失和社会环境影响为主要影响因子，利用综合因子加权法构造了尾矿坝溃坝后果严重度的评价模型，并给出了判别严重程度的定量指标。彭康等建立尾矿库溃坝风险分级预测的未确知测度评价模型；李全明等建立了尾矿库溃坝风险指标体系和风险评价模型，可以应用于评估尾矿库运行期的安全等级；李仲学等研究与尾矿库生命周期各个阶段和 PDCA 各个环节之交集相对应的 Safety Case 的结构及要素，构建尾矿库及其各个阶段的 Safety Case 框架，给出了尾矿库及其各个阶段的安全合规、隐患识别、风险评价、事故防控、库灾应急及缓解、审核及报告等问题的解决方案，形成了一种基于 Safety Case 和 PDCA 方法的矿山尾矿库安全保障体系；王英博等采用和声搜索算法（HSA）和 BP 神经网络建立尾矿库安全评价模型，利用 HS 算法对 BP 神经网络权值进行优化，进而对尾矿库进行安全评价；束永保从生命损失、财产损失和环境资源损失 3 方面评估了尾矿库溃坝事故经济损失风险，利用尾矿库溃坝事故所造成的死亡人数和事故经济损失风险划分了尾矿库溃坝事故后果的严重性等级，并综合空间因素，使得不同区域内尾矿库溃坝事故对当地社会经济的损失影响具有可比性。

1.3.2.2　尾矿库坝体稳定性

关于尾矿堆积坝垮塌破坏机制及坝体稳定性等方面的研究，国内学者采用的研究方法主要包括理论计算、数值模拟和模型试验等方面，如张力霆对尾矿库溃坝研究进行了综述，总结人们对尾矿库失稳的研究工作主要集中在尾矿坝坝体静力抗滑稳定分析及地震作用下饱和尾矿砂的液化判别上。

尾矿库坝体稳定性分析方法有很多，主要分为两大类：一是极限平衡理论，以瑞典法、毕肖普法为代表，主要采用边坡稳定安全系数来衡量坝体边坡稳定性，如李国政等运用瑞典法与毕肖普法针对广东大顶矿业股份有限公司尾矿库坝体堆积至 510~520m 标高时的稳定性进行分析；二是数值技术方法，这是计算机技术与数值分析方法的发展而发展与提高的，产生了以有限元法、不连续变形分析法、流形元法、遗传进化算法、人工神经网络评价法等为代表的新的岩石坝体稳定性计算方法。一些学者借助数值技术方法，研究指出水位的急剧上升浸润线很陡，将导致不均匀沉降，从而引发裂缝滑坡，而当水位骤降时坝体的稳定安全系数先减小后增大，存在一极小值，此位置在滑体总高度的下 $1/3 \sim 1/4$ 处；在尾砂堆积坝坝高及分层条件相同的工况下，当上下层尾砂的渗透系数比大于 100 时，下层尾砂显现出较强的阻水作用，浸润线得到抬升，不利于坝体的稳定；坝体所受最大剪应力和最大位移均出现在坝顶处附近；坝体的流速场较稳定，坝体的渗流速度由坝体内部向初期坝逐渐增大，在初期坝脚处流速达到最大；李强等采用流固耦合和强度折减法相结合对其尾矿坝进行稳定性分析；路瑞利等建立了渗流有限元模型。

受系统安全工程的启示，在坝体边坡安全性指标方面，除了传统的确定安全系数法，又引入了可靠性、模糊综合评判的一些实用方法。如王飞跃等将模糊可靠度理论应用到尾矿坝的稳定性研究中，提出模糊随机可靠度分析方法，建立了浸润线叠加影响函数，归纳出与尾矿坝坝体特征相关的阶段影响因子。

由于尾矿坝既是储存尾矿，又是储存水的构筑物，且几乎所有的尾矿坝事故均与水有关，说明了水是影响坝体变形与稳定性的关键因素，一些学者开始关注水在尾矿坝中的渗流问题，如马池香等鉴于浸润线位置对坝体稳定性的重要影响，从尾矿库坝体渗透稳定性分析出发，提出通过坝体渗流稳定分析计算坝体稳定性的理论，并给出坝坡面出现渗水的临界条件；敬小非等采用现场排放尾矿砂为试验材料，进行了尾矿堆积坝在洪水情况下发生垮塌破坏的模型试验。

1.3.2.3　环境风险评价

环境风险评价是指对人类的各种社会经济活动所引发或面临的危害（包括自然灾害）对人体健康、社会经济、生态系统等所造成的可能损失进行评估，并据此进行管理和决策的过程。它主要考虑建设项目在建设和营运过程中的突发性灾难事故。目前，对尾矿库环境风险评价研究的热点主要集中在尾矿库溃坝对环境的影响为主。也有一些学者就尾矿库建设工程对库区生态环境影响进行了研究，将库区生态环境因子系统分为生态资源、生态污染、生态环境等3个子系统，采用层次分析法得出生态因子重要性排序为环境风险、土壤、地面水、地貌景观、生产（生活）环境、农田、地压构造、山地、池塘、空气、地下水和环境噪声。另外，对于尾矿库环境效应的研究，也有少数学者开始检测分析尾矿库库区土壤中重金属元素的含量，提出尾矿库重金属富集、迁移的规律，提出尾矿库库区重金属均能从尾矿砂向上层覆土中迁移，且均能沿着"土壤——生产者——初级消费者——次级消费者"生态链迁移等规律。

1.3.2.4 安全监测预警

目前，将日趋成熟的自动化技术与水工建筑物安全监测理论有机地结合起来，建立尾矿库安全监测的自动化系统，及时直观地掌握尾矿库的实际动态，进行安全评价、预警预报，为安全生产和消除隐患提供依据，也呈研究发展趋势。譬如，通过分析国内外尾矿库事故原因，确定了浸润线、防洪能力、坝体位移和降雨量作为尾矿库安全运行的主要监测指标，并结合现代监测技术设计开发了尾矿库溃坝监测预警系统。谢旭阳建立了尾矿库区域预警指标体系，选取尾矿库危险等级、地形坡度、地质构造及条件、最新日雨量、5日累积雨量、采矿现象、爆破现象、下游人数、下游财产等9个指标作为尾矿库区域预警指标。同时，尾矿坝或尾矿库库区水情等安全监测预警系统也在一些矿山企业得到应用，为保障尾矿库安全发挥了良好的作用。此外，于广明等论述了尾矿坝安全监测信息化的关键问题。

综上文献来看，国内学者对尾矿库安全进行了很多有益的探讨，研究广度和深度也逐渐提高，并取得了一定的成果。但尾矿库安全涉及设计参数、环境因素、专业技术力量、企业管理、政府监管等多个方面，而且很多方面还需要进一步完善提高。目前，该领域研究主要存在以下几个方面的不足：

（1）对坝体安全研究较多，对全库区安全研究较少。

（2）对单一事故评价指标体系研究较多，缺乏系统性综合评价。

（3）对尾矿库运行阶段研究较多，对整个生命周期的研究较少。

（4）对单一尾矿库安全的研究较多，对提供普适性的风险管理解决方案研究少。

（5）尾矿库生命周期研究的理论和方法上还有待突破。

（6）对尾矿库安全管理体系、机制和实施方法研究欠缺。

（7）研究重心偏向于尾矿库风险识别和安全评价，其研究成果主要是静态、孤立地观察风险造成的损失，而忽略了风险本身存在动态转移的属性。

近几年，受矿业发达国家的尾矿库管理机制和实施方法对保证尾矿库安全发挥关键作用的影响，有关尾矿库事故致因、风险评价方法、溃坝灾害链等安全管理的研究方兴未艾，同时，通过构建演化模型的方式，动态地考察尾矿库风险的传播规律和后果，动态表征事故隐患关联与风险演化过程正在成为矿山安全管理及灾害防控研究的前沿领域。

1.4 中非尾矿库安全标准比对

主要对比我国的《尾矿库安全技术规程》(AQ 2006—2005)以及《金属非金属矿山安全标准化规范尾矿库实施指南》(AQ 2007.4—2006)与南非矿产能源部法规《矿山废弃物处理实施规范编制指南》(Guideline of the Compilation of A mandatory code of Practice onmine Residue)和南非标准《矿山废弃物处理导则》(mine residue，SANS 10286)。

1.4.1 比对技术指标选取依据

(1)《尾矿库安全技术规程》(AQ 2006—2005)和南非矿产能源部法规《矿山废弃物处理实施规范编制指南》、南非标准《矿山废弃物处理导则》。

《尾矿库安全技术规程》规定了尾矿库在建设、生产运行、安全检查、安全度、闭库、再利用、安全评价等方面的安全要求，在选取具体的比对指标时，采取以我国标准为基础，采取尽量覆盖尾矿库整个生命周期的原则来选取对比指标。

(2)《金属非金属矿山安全标准化规范尾矿库实施指南》(AQ 2007.4—2006)和南非矿产能源部法规《矿山废弃物处理实施规范编制指南》。

《金属非金属矿山安全标准化规范尾矿库实施指南》规定了创建尾矿库安全标准化系统的要求，考虑到不同国家的标准在制定具体技术指标上的较大差异，采取以我国标准为基础，提取国外标准可对比性指标的原则进行选取。

1.4.2 具体指标明细

(1)《尾矿库安全技术规程》(AQ 2006—2005)和南非矿产能源部法规《矿山废弃物处理实施规范编制指南》、南非标准《矿山废弃物处理导则》。

1)《尾矿库安全技术规程》和《矿山废弃物处理实施规范编制指南》。在整理和总结以后，将《尾矿库安全技术规程》(AQ 2006—2005)与南非指南具有可比性方面整理如下，具体见表 1-2。

表 1-2   AQ 2006—2005 与南非标准技术指标比对

序号	AQ 2006—2005	南非指南
1	5.1 尾矿库勘察 5.2 尾矿库设计 5.3 尾矿坝设计 5.4 排洪设计 5.5 尾矿库安全设施施工及验收	PART C 12.4 site selection（地点选择） 12.5 design（设计）

序号	AQ 2006—2005	南非指南
2	6.2 应急救援预案	PART C 12.12 emergency preparedness（应急预案）
3	8.1 尾矿库安全度分类	PART C 11.2 safety classification（安全分级）
4	9 尾矿库闭库	PART C 12.9 decommissioning（关闭）
5	10 尾矿再利用及尾矿库闭库后再利用	PART C 12.8 modification to an existing mrd（对现有矿山废弃物堆积场所进行改建） 12.13 recommissioning（再使用）
6	11 尾矿库安全评价	PART C 11.1 risk assessment（风险评估）

总的来说，AQ 2006—2005 矿库安全技术规程基本上满足了南非的《矿山废弃物处理实施规范编制指南》的要求，在整体构架安排上也较为相似。但是由于南非指南是用于指导编制实施规范的，在这里只能对 AQ 2006—2005 标准在制定的内容范围上有所指导。

2）《尾矿库安全技术规程》和《矿山废弃物处理导则》。《尾矿库安全技术规程》属于安全行业技术标准。由于尾矿库安全管理应贯彻全过程，因此该标准总体上按照时间顺序分别对尾矿库建设（勘察、设计、施工）、生产运行（包括安全检查）、闭库及闭库再利用等不同阶段的安全技术要求和技术标准作了规定，同时还对尾矿库安全评价的要求和尾矿库安全度的划分做了规定。同样《矿山废弃物处理导则》也涉及尾矿库安全管理的全过程，但其更侧重于对尾矿库的管理，对每个阶段做出要求，以保证其尾矿设施达到最终的安全目标，但是不会做出具体的技术性指导。

（2）《金属非金属矿山安全标准化规范尾矿库实施指南》（AQ 2007.4—2006）和南非矿产能源部法规《矿山废弃物处理实施规范编制指南》。

《金属非金属矿山安全标准化规范尾矿库实施指南》是尾矿库实施指南，也是指导企业尾矿库建设运营管理的指导性文件，在性质上和南非指南很接近，但不同的是南非指南是用来指导企业来制定本企业尾矿库的实施规范，而《金属非金属矿山安全标准化规范尾矿库实施指南》则直接用来指导企业尾矿库安全生产管理。相比起来，南非指南与后者可以相比，可以结合企业的实际情况，更具有灵活性。在整理和总结以后，将两个标准具有可比性方面整理如下，具体见表 1-3。

表 1-3 AQ 2007.4—2006 与南非指南具体技术指标比对

序号	AQ 2007.4—2006	南非指南
1	3.1 目标 3.2 安全生产法律法规与其他要求	PART C 5 objective（目的） 7 members of drating committee（起草委员会成员） PART D implementation（执行）

续表 1-3

序号	AQ 2007.4—2006	南非指南
2	4 危险源辨识与风险评价 4.1 辨识与评价要求 4.2 尾矿库风险评价	PART C　10 risk management（风险管理） 11 risk assessment（风险评估）
3	6.2 尾矿库设计	PART C　12.5 design（设计）
4	6.4 尾矿库闭库	PART C　12.9 decommissioning（关闭）12.6.3
5	6.5 尾矿库的再使用	PART C　12.8 modification to an existing mrd（对现有矿山废弃物堆积场所进行改建） 12.13 recommissioning（再使用）
6	6.3 尾矿库的施工及验收	PART C　12.6 construction and operation（施工和管理）
7	8 检查	PART C　12.10 inspections by mine personnel（矿山员工检查） 12.11 audit inspections by professional engineer（专业工程师的审计检查）
8	9 应急管理	PART C　12.12 emergency Preparedness（紧急预案）

经过对比，总体上来说 AQ 2007.4—2006 基本包括了南非指南所规定的所有项目，但不同的是 AQ 2007.4—2006 从开始就对本标准的目标、识别获取、融入、评审更新等作了规定，与我国前几个行业标准相比更具有可操作性，它涉及了南非标准 PART D 的内容，增强了标准的贯彻力度，也更有利于标准的趋于完善。

1.4.3　指标比对结果分析

（1）《尾矿库安全技术规程》（AQ 2006-2005）和南非标准《矿山废弃物处理导则》。

在安全度划分方面，《尾矿库安全技术规程》第 8 款规定"尾矿库安全度应当根据尾矿库防洪能力和尾矿坝坝体稳定性确定，分为危库、险库、病库、正常库四级。"南非标准 SANS 10286 第 7.4 款规定"尾矿堆存设施的安全等级应当分为高风险、中风险和低风险三级，每个尾矿设施可以属于其中的一种或者介于两者之间。"具体的分类依据主要有四个方面，分别是影响区域内的居民数量、工作人员数量、资产数额以及距离地下巷道的垂直距离。具体见表 1-4。我国和南非在划分尾矿堆存设施安全度的分类依据和分类等级都具有很大的差别，可能是由于国情不同，所以在标准制定前所沿用的体制有所差别所导致，在我国《尾矿库安全技术规程》中除了对尾矿库的安全度等级做出划分，还对尾矿坝依据坝高和库容划分为一至五等库。这是南非标准所没有的。另外，在 SANS 10286 标准中,对尾矿堆存设施安全等级的划分是进行选址、设计、建设等项目的基础,安全等级决定了尾矿库在选址、设计、建设、运行、闭库及闭库管理等整个生命周期进行地质勘查、尾矿性能分析、设计人员的资质,决定了对其实施监管手段的差别。在我国标准中没有体现出这一点。

表1-4 南非尾矿堆存设施安全分级体系

影响范围内的居民数量/人	影响范围内的工作人员数量/人	影响范围内的资产数额/百万	距离地下巷道的垂直距离/m	分级
0	<10	0~R2	>200	低风险
1~10	11~100	R2~R20	50~200	中风险
>10	>100	>R20	<50	高风险

注:R指南非货币单位兰特。

在尾矿库建设方面,《尾矿库安全技术规程》"5 尾矿库建设"一节包括了尾矿库勘察、尾矿库设计、尾矿坝设计、排洪设计和尾矿库安全设施施工及验收五个方面,与南非标准第8、10、11部分的内容相对应,从以下几个方面进行对比。在勘察方面,两国标准都规定进行工程地质及水文地质的勘察要提供足够的基础数据,为设计提供可靠依据。在库址选择方面,《尾矿库安全技术规程》的5.2.1规定"尾矿库库址选择应当遵守下列原则:不宜在工矿企业、大型水源地、水产基地和大型居民区上游;不应位于全国和省重点保护名胜古迹的上游;应避开地质构造复杂、不良地质现象严重的区域;不宜位于有开采价值的矿床上面;汇水面积小,有足够的库容和初、终期库长。"SANS 10286 的 8.2.4 规定"库址选择应当考虑以下五个因素:资金、环境影响、风险、资源利用情况以及技术可行性。"规定的较为宽泛,只列述了应当考虑的因素,没有我国标准规定的具体,但是我国标准没有考虑到资金、资源利用和技术可行性这些方面。在设计方面,我国标准的技术性较强,多为对一些技术参数的规定,比如尾矿坝的坝体稳定性计算方法,可用简化毕肖普法与瑞典圆弧法进行比较确定等。而南非的SANS 10286 只是对设计作出一般性的规定,要求设计能够降低对生命、健康和财产的危害,较少对环境的影响,降低成本以及设计人员的资质应当与安全分级相适应。在这一方面两国标准的立足点还是有很大差别的。在排洪设计方面,南非标准没有单独对排洪设计作出详细的规定,只是将其列入在设计应当考虑的因素当中。而矿库安全设施施工及验收是中国特色的规定,是便于监管部门对其实施监督管理的条款。

在尾矿库生产运行方面,规程对尾矿库安全管理职责、尾矿排放与筑坝、水位控制与防汛、渗流控制、防震与抗震、库区及周边条件控制作了规定,并对出现不符合安全要求工况时应采取的对策也作出了规定。南非 SANS 10286 的第11

部分也对尾矿库的建设、调试和运行作出规定，其中 11.2.3 规定"尾矿堆存设施的运行应当确保它本身及与其相关基础设施能够保持安全稳定的状态，并且运行管理要符合设计和操作手册的要求，同时遵循有关法律规定，尾矿堆存设施的运行应当能够实现规定的不影响环境的目标，并最终实现安全闭库。"而且还规定尾矿堆存设施的管理者应当注意控制尾矿分级、保持安全超高、控制排放速度以保持坝体整体形态和抗剪切强度。在这一方面我国标注规定的更为具体。

在尾矿库闭库方面，《尾矿库安全技术规程》对闭库设计、闭库整治工程及验收、闭库后维护及管理等作了规定。南非同我国标准所遵循的原则是相同的，都是通过对尾矿库实施闭库程序，并通过有效的监管来保证尾矿库不会对人和动物的生命、健康和财产造成危害。有一点不同，南非标准还对闭库后的尾矿库检查周期做了规定，要求对与高风险的尾矿库每年进行一次审计，中风险的每两年进行一次检查。

综上所述，两国的标准都围绕尾矿库安全管理的全过程作出了相应的固定，但是由于我国《尾矿库安全技术规程》具有较强的技术性，可能不存在多少可以直接进行对比的方面，但是我们还是可以看出，两个标准所体现的内容精髓是大体一致的。

（2）《金属非金属矿山安全标准化规范尾矿库实施指南》（AQ 2007.4—2006）和南非矿产能源部法规《矿山废弃物处理实施规范编制指南》

在风险管理方面，两个标准都要求对各类危险源进行辨识，并进行系统的危害及其影响分析和评估，而且都规定要求对评估结果进行记录。不同的是我国的AQ 2007.4—2006 规定的更为具体，对辨识和评价的方法选择，流程等都做了规定。

在风险评估方面，都规定了评价过程要考虑外界和内部的因素，并且根据评估结果进行分级，但在具体规定的因素内容上有所差别，南非还要求评估要包括废弃物堆放的物理安全性、危险污染物的泄露安全分析以及关闭后的影响管理等，此外南非指南还对评估的时间、更新、特定区域性等问题作了说明。

在设计等方面，两个标准的侧重点有所不同，南非标准主要对地点选择和设计应考虑因素做出规定，而 AQ 2007.4—2006 只是对设计的管理制度、审查等做出规定。在尾矿库闭库方面，两者都规定要制定相应的计划对闭库进行有效控制，并且在闭库前对尾矿库进行维护，以保证闭库后的长期安全稳定。差别在于我国 AQ 2007.4—2006 规定对闭库后的尾矿库未经论证和批准不得储水，但是南非在其指南 12.6.3 部分也作出了相应的规定。在再使用方面，都要求在重新使用或者改建前对尾矿库重新进行检查和评价，不同的是南非指南对不同风险等级做不同的规定，并且规定对超过 6 个月没有使用需再使用的尾矿库也要进行重新检查，而 AQ 2007.4—2006 则是对再次使用前、使用中以及再次闭库方面做了规定。

在施工方面，总体要求是一样的，都要求按照设计进行施工并做相应的记录，但是 AQ 2007.4—2006 规定的更为细致一些。在检查方面，我国规定也都更详细，分为了防洪安全检查、坝体安全检查、库区安全检查等多个方面，不同的是 AQ 2007.4—2006 没有规定出日产巡检和定期观测的周期。在应急管理方面，我国在认定紧急情况、应急准备管理、应急计划等方面进行了详细的规定，满足南非指南要求对此方面的要求。具体对比见表 1-5。

表 1-5　AQ 2007.4—2006 与南非指南具体技术指标对比

AQ 2007.4—2006	南非指南	对　比	差别所在条款	差别
4.1 辨识与评价要求	10 风险管理	都要求对各类危险源进行辨识，并进行系统的危害及其影响分析和评估，而且都规定要求对评估结果进行记录，但是我国规定的更为具体	中国 4.12 4.13 4.14 4.15	不大
4.2 尾矿库风险评估	11 风险评估	都规定了评价过程要考虑外界和内部的因素，但在具体规定的因素内容上有所差别，南非还规定了评估的时间、更新、特定区域性等问题	南非 11.2.2 11.2.4 11.2.5	较大
6.2 尾矿库设计	12.5 设计	侧重点不同		大
6.4 尾矿库闭库	12.9 关闭 12.6.3	规定内容差不多		很小
6.5 尾矿库的再使用	12.8 对现有矿山废弃物堆积场所进行改建 12.13 再使用	都要求在重新使用或者改建前对尾矿库重新进行检查和评价，不同的是南非指南对不同风险等级做不同的规定，并且规定对超过 6 个月没有使用需再使用的尾矿库也要进行重新检查	12.13	较大
8 检查	12.10 矿山员工检查 12.11 专业工程师的审计检查	AQ 2007.4—2006 更为细致，但是没有规定出日产巡检和定期观测的周期	南非 12.10 12.11	大
9 应急管理	12.12 紧急预案	更为细致		

综上所述，《金属非金属矿山安全标准化规范尾矿库实施指南》（AQ 2007.4—2006）基本上满足了南非指南对建立矿山废弃物处理实施规范的要求，而且 AQ 2007.4—2006 规定的更为细致一些。

2 尾矿库事故致因分析

尾矿库事故发生的原因情况甚多，通过查阅大量有关尾矿库事故的相关文献，不难发现，现有的尾矿库事故致因分类方法门类庞杂。山西新塔"9·8"尾矿库溃坝事故等，损失巨大、教训深刻，反映了我国尾矿库安全的管理局限性和研究必要性。所以，分析尾矿库事故发生的原因，及时准确地找出尾矿库中存在的危险源，采取有效的措施对尾矿库进行防护，是降低尾矿库事故的重要途径之一。

2.1 事故致因理论

事故致因理论是从大量典型事故的本质原因的分析中所提炼出的事故机理和事故模型。这些机理和模型反映了事故发生的规律性，能够为事故原因的定性、定量分析，为事故的预测预防，为改进安全管理工作，从理论上提供科学的、完整的依据。随着科学技术和生产方式的发展，人们对事故的发生、发展过程和后果的认识也不断深入，在危险性分析、安全性评价、监控管理、事故调查分析、事故预防等方面得到广泛运用。到目前为止，人们已提出十几种具有代表性的事故致因理论和事故模型。其中影响较大的主要有如下几种。

2.1.1 事故频发倾向理论

1919 年英国的格林伍德（M. Greenwood）和伍兹（H. H. Woods）对许多工厂里的伤亡事故数据中的事故发生次数按不同的分布进行了统计，结果发现工人中的某些人较其他人更容易发生事故。从这种现象出发，他们提出"事故倾向性格"论。后来，纽伯尔德（Newboid）在 1926 年及法默（Farmer）在 1939 年提出事故频发倾向概念。所谓事故频发倾向，是指个人容易发生事故的、稳定的、个人的内在倾向。根据这种观点，事故频发倾向是由个人内在因素决定的，并且长时间不会变化的容易发生事故的倾向，即有些人的本性就是容易发生事故。具有事故频发倾向的人被称为事故频发者，他们的存在被认为是工业事故发生的原因。这种理论把事故致因归咎于人的天性，但是后来的许多研究结果并没有证实此理论的正确性。

2.1.2 事故因果连锁理论

海因里希（W. H. Heinrich）于 1936 年提出事故因果连锁理论，其理论的核心思想是：伤亡事故的发生不是一个孤立的事件，而是一系列原因事件相继发生的结果，即伤害与各原因相互之间具有连锁关系。海因里希提出的事故因果连锁过程包括遗传及社会环境、人的缺点、人的不安全行为或物的不安全状态、事故、损害或伤害五种因素。上述事故因果连锁关系，可以用 5 块多米诺骨牌形象地加以描述。如果第一块骨牌倒下（即第一个原因出现），则发生连锁反应，后面的骨牌相继被碰倒（相继发生）。因此，该理论又被称为多米诺理论（domino theory），如图 2-1 所示。

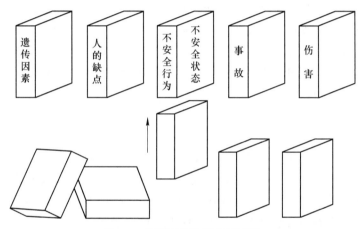

图 2-1 海因里希事故连锁理论

海因里希认为，企业安全工作的中心就是要移去中间的骨牌——防止人的不安全行为或消除物的不安全状态，从而中断事故连锁的进程，避免伤害。海因里希的理论虽然对事故致因连锁关系的描述过于绝对化、简单化，但他建立了事故致因的事件链（Chain of Events）这一重要概念，促进了事故致因理论的发展，成为事故研究科学化的先导，具有重要历史地位。

此后，博德在海因里希事故因果连锁理论的基础上，提出了与现代安全观点更加吻合的事故因果连锁理论，其事故因果连锁过程包含管理缺陷、个人及工作条件的原因、直接原因、事故、损失 5 个因素。亚当斯提出与博德相似的事故因果连锁理论，分别为管理体系、管理失误、现场失误、事故、伤害或损坏 5 个因素。

2.1.3 能量意外转移理论

1961 年由吉布森（Gibson）提出了"事故是一种不正常的或不希望的能量转

移"的观点。1966 年由美国运输部国家安全局局长哈登（Hadden）引申了这一观点，提出了"能量转移"论，指出了事故是一种不正常的，或不希望的能量转移，各种形式的能量构成了伤害的直接原因。麦克法兰特（McFarland）认为："所有的伤害事故（或损坏事故）都是因为：（1）接触了超过机体组织（或结构）抵抗力的某种形式的过量的能量；（2）有机体与周围环境的正常能量交换受到了干扰（如窒息、淹溺）。因而，各种形式的能量构成伤害的直接原因。"根据此观点，可以将能量引起的伤害分为两大类：第一类伤害是由于转移到人体的能量超过了局部或全身性损伤阈值而产生的，第二类伤害则是由于影响局部或全身性能量交换引起的。

由于每一次能量转变都存在一个能量源、一条路径和一个接受者，从而决定了应该通过控制能量源或者切断能量转移的路径的载体，或帮助能量接受者采取防范措施来预防伤害事故的发生。在工业生产中，经常采用的防止能量意外释放的措施有用较安全的能源替代危险大的能源、限制能量、防止能量蓄积、降低能量释放速度、开辟能量异常释放的渠道、设置屏障、从时间和空间上将人与能量隔离、设置警告信息等。

2.1.4　系统理论

系统理论把人、机和环境作为一个系统（整体），研究人、机、环境之间的相互作用、反馈和调整，从中发现事故的致因，揭示出预防事故的途径。系统理论有多种事故致因模型，其中具有代表性的是瑟利模型。瑟利模型是由瑟利（J·Slldy）在 1969 年提出的一种事故致因理论。它是把人、机、物、环境组成的一个系统整体归化为人（主体）与环境（客体）两个方面，事故发生的过程分为是否产生迫近的危险（危险构成——指形成潜在危险）和是否造成伤害或损坏（出现危险的紧急期间——指危险由潜在状态变为现实状态）这两个阶段。事故是否发生，取决于人与环境的相互匹配和适应情况。具体的描述如图 2-2 所示。

2.1.5　动态变化理论

动态变化理论主要包含扰动起源事故理论和变化——失误理论。扰动起源事故理论本尼尔（Benner）于 1972 年提出的，是指在处于动态平衡的生产系统中，由于"扰动"（Perturbation）导致事故的理论。本尼尔称外界影响的变化为"扰动"，扰动将作用于行为者，产生扰动的事件称为起源事件。如果一个行为者不能适应这种扰动，则自动平衡的过程被破坏，开始一个新的事件过程，即事故过程。因此，可以将事故看做由事件链中的扰动开始，以伤害或损害为结束的过程。这种事故理论也称为"P 理论"（P—Theory of Accident），如图 2-3 所示。

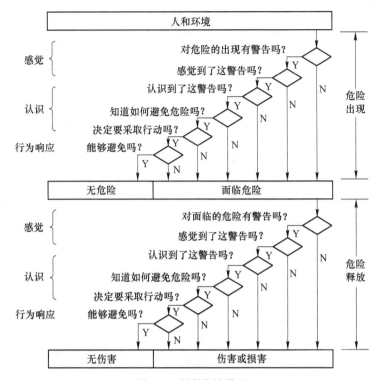

图 2-2 瑟利事故模型

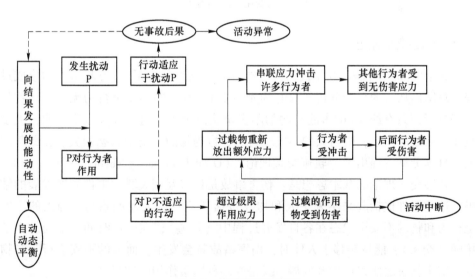

图 2-3 扰动理论示意图

变化-失误理论是约翰逊（Johnson）于 1975 年提出的，是指事故是由意外的能量释放引起的，这种能量释放的发生是由于管理者或操作者没有适应生产过程

中物的或人的因素的变化，产生了计划错误或
人为失误，从而导致不安全行为或不安全状
态，破坏了对能量的屏蔽或控制，即发生了事
故，由事故造成生产过程中人员伤亡或财产损
失。约翰逊的变化-失误理论示意图，如图 2-4
所示。

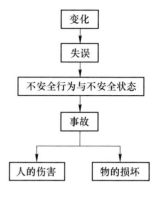

图 2-4　变化-失误理论

约翰逊认为，事故的发生一般是多重原因
造成的，包含着一系列的变化-失误连锁。从
管理层次上看，有企业领导的失误、计划人员
的失误、监督者的失误及操作者的失误等。该
连锁的模型如图 2-5 所示。

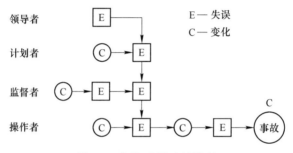

图 2-5　变化-失误连锁模型

2.1.6　轨迹交叉理论

20 世纪 60 年代末 70 年代初，日本劳动省调查分析了 50 万起事故的形成过
程，总结出从人的系列分析，只有约 4% 的事故与人的不安全行为无关；从物的
系列分析，只有约 9% 的事故与物的不安全状态无关。这些统计数字表明，大多
数伤害事故的发生，既与人的不安全行为，也与物的不安全状态相关。在此基础
上，日本劳动省提出了"轨迹交叉理论"（Orbit Intersecting Theory）。

轨迹交叉理论的基本思想是：伤害事故是许多互相关联的事件顺序发展的结
果。这些事件概括起来不外乎人和物（包括环境）两大发展系列。当人的不安
全行为和物的不安全状态在各自发展过程中（轨迹），在一定时间、空间发生了
接触（交叉），能量转移于人体时，伤害事故就会发生。而人的不安全行为和物
的不安全状态之所以产生和发展，又是受多种因素作用的结果。

轨迹交叉理论作为一种事故致因理论，在实质上仍属于海因里希因果连锁理
论的发展。轨迹交叉论事故模型如图 2-6 所示。

在人和物两大系列的运动中，两者往往是相互关联，互为因果，相互转化

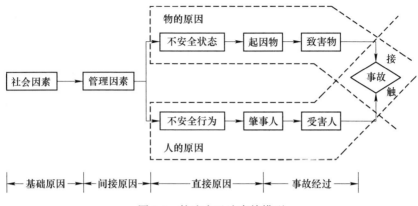

图 2-6 轨迹交叉论事故模型

的。虽然人的不安全行为会造成物的不安全状态，物的不安全状态又会导致人的不安全行为，从而导致事故的发生可能呈现较为复杂的因果关系，但该理论通过避免人与物两种因素运动轨迹交叉来预防事故的发生也是一种较好的选择。

2.2 尾矿库事故致因及规律

2.2.1 典型尾矿库事故案例分析

为了进一步明确我国尾矿库事故发生的各种原因，理清各种原因的层次和因果联系，并找出导致我国尾矿库事故发生的本质原因，我们对近年来发生的几起在社会上造成重大影响的典型尾矿库事故展开深入细致的剖析和反思，希望从中得出我国尾矿库事故发生的普遍性的规律，从而构建符合我国尾矿库安全管理实际的尾矿库事故致因模型。对这几起典型尾矿库事故的分析结果见表 2-1。

表 2-1 典型尾矿库事故案例分析

尾矿库事故名称	直接原因	间接原因
广西南丹县大厂镇鸿图选矿厂尾矿库"广西南丹县大厂重大垮坝事故"（2000）	（1）基础坝不透水，在基础坝与后期堆积坝之间形成一个抗剪能力极低的滑动面；（2）库内蓄水过多，干滩长度不够，致使坝内尾砂含水饱和、坝面沼泽化，坝体始终处于浸泡状态而得不到固结	（1）严重违反基本建设程序，审批把关不严；（2）企业急功近利，降低安全投入，超量排放尾砂，人为使库内蓄水增多；（3）尾砂粒径过小，导致透水性差，不易固结；（4）业主、从业人员和政府部门监管人员没有经过专业培训，素质低，法律意识、安全意识差，仅凭经验办事；（5）安全生产责任制不落实，安全生产职责不清，监管不力，没有认真把好审批关，没能及时发现隐患；（6）政府安全监管不力，安全审查不严

尾矿库事故名称	直接原因	间接原因
山西省宝山矿业有限公司尾矿库	回水塔堵塞不严，从回水塔漏出的尾矿将排水管堵塞，库内水位通过回水塔和排水管，从已经埋没的处于尾矿堆积坝外坡下的回水塔顶渗出，从而引起尾矿的流土破坏，造成尾矿坝坝坡局部滑坡。由于压力渗水不断，滑坡面积不断扩大，造成最终垮坝。	设计不规范；自然因素影响（冰雪融化）；现场安全管理不到位
辽宁省鞍山市海城西洋鼎洋矿业有限公司选矿厂尾矿库"11·25"溃坝事故（2007）	该库擅自加高坝体，改变坡比，造成坝体超高、边坡过陡，超过极限平衡，致使 5 号库南坝体最大坝高处坝体失稳，引发深层滑坡溃坝	设计单位管理不规范。建设单位严重违反设计施工。施工单位管理混乱。监理单位失职。验收评价机构不认真，不负责。安全生产许可工作审查把关不严
山阳县恒源矿业有限公司"4·11"尾矿库泄漏事故（2008）	排洪涵洞支洞盖板厚度较薄，盖板强度不足；企业在试生产前不按设计图纸拆除涵洞重建，致使盖板发生断裂	企业对尾矿库排洪涵洞可能发生及造成的危害认识不足，尾矿库工程施工与企业试生产顺序安排不当，干滩长度不足，库区积水过多，排洪涵洞压力增大，施工单位和监理单位履行职责不到位
山西襄汾"9·8"特大尾矿库溃坝事故(2008)	非法矿主违法生产、尾矿库超储	地方政府存在安全监管不落实；企业隐患排查治理不认真、安全监督管理工作不实

通过对我国尾矿库主要事故统计分析，以及上述几起典型尾矿库事故的原因进行分析和归纳，得出以下结论：

（1）尾矿库事故是许多相互联系的事件顺序发展的结果。当人的不安全行为、物的不安全状态（包括尾矿坝、排洪与排渗设施、尾矿输送管路等）、环境的不安全条件出现时，它们各自发展或是相互作用，导致事故隐患的发生。这类事故隐患有危险但未演化为事故，但如果对危险认识不足，又不采取行动或干预无效，则会导致事故隐患向事故转化，导致事故的发生，造成伤害或损坏。

（2）人的不安全行为、物的不安全状态及环境的不安全条件是事故发生的直接原因，但造成这一直接原因的却是由于尾矿库生命周期过程中存在的管理失误所导致的。后者虽是间接原因，但却是本质原因。人的不安全行为可以促成物的不安全状态和环境的不安全条件的形成，而环境的不安全条件又会促成物的不安全状态的形成。

（3）管理失误又由社会因素、自然因素所导致，其中社会因素包括经济、文化、教育培训、民族习惯、法律，设计、制造、标准等；自然因素，也称环境因素，主要包括地质、气候等因素。社会因素和自然因素是事故发生的基础原因，这些因素的存在和作用影响着尾矿库安全管理体系、管理者的态度的形成和改变，造成在尾矿库安全管理工作出现差错、疏忽或决策失误。

（4）尾矿库生命周期过程中发生的事故，一般都是由于事故隐患转化为事故而造成的。事故隐患是引起事故的征兆，它是由物的不安全状态和环境的不安全条件相互作用而形成的。所以，事故隐患未经人工干预，或是因人的不安全行为或管理失误导致人工干预无效，就必然发生事故。

（5）当出现事故隐患时，如果能够认识到危险，采取相应的干预行动，则有可能避免事故的发生。

通过对尾矿事故的深入细致的原因分析，得出我国尾矿库事故发生的普遍性的规律，从而构建出尾矿库事故致因模型，用以指导我国尾矿库安全管理的实践，从而有效控制和预防尾矿库事故的发生，保障人民的生命财产安全和生态环境。

2.2.2 尾矿库事故的主要特点

生产需求和满足需求能力的不协调，导致我国尾矿库的正常运行比例偏低，病害不断，时有重大事故发生，有的引发了巨大的灾害。这些事故的主要表现是：溃坝及因溃坝引起的泥石流、泥浆流、滑坡和水土污染等次生事故灾害；尾砂泄漏事故；尾矿水跑浑、尾矿水处理不达标排放等造成天然水体及环境污染等事故。通过对大量尾矿库事故案例的总结和分析，尾矿库事故主要具有以下特点：

（1）事故的偶然性、因果性和必然性。从本质上讲，伤亡事故属于在一定条件下可能发生也可能不发生的随机事件，具有偶然性，且是客观存在的。这种偶然性不仅表现在特定事故发生的时间、地点、状况等无法预测，也表现在事故是否造成生命财产损失及损失严重程度难以预测。可见，事故偶然性决定了要完全杜绝事故发生是困难的。事故的因果性决定了事故的必然性。尾矿库事故的发生是许多因素互为因果连续发生的结果，即一个因素是前一个因素的结果，又是后一因素的原因。这些因素及其因果关系的存在决定事故或迟或早的发生。掌握事故的因果关系，砍断事故链，就消除了事故发生的必然性，就可能防止事故的发生。

（2）事故的阶段性、潜在性、周期性。阶段性反映了事故演化发展的不同阶段的特征，当事故链的形成初期，对尾矿库的破坏作用力度及其微小或尚未形成破坏力，随着时间的推移，这种破坏力逐级形成，一旦诱发条件具备，事故立即发生。这种阶段性表现在尾矿库生命周期各阶段，尤其是在运行阶段、闭库阶段事故发生的概率会明显增加。潜在性表现在导致事故发生的不安全因素，处于隐蔽或潜存状态，未显露出来，或是显露未被发现、未受到重视，一旦条件成熟，这种隐蔽或潜存关系会以某一状态显现，如失稳、漫顶等。尾矿库事故还受到客观环境因素的周期性影响，如汛期山洪、冰冻、冰融等，这些会诱发事故的发生。

（3）事故的相关性、链发性、破坏性。尾矿库是一个复杂的系统，涉及人、物、环境和管理因素，且构成系统的各因素之间都存在着相互联系、相互依赖、相互作用的特殊关系，因此所引发的事故在成因上具有一定的相关性。尾矿库事故具有链发性特征，表现为库区里环境因素的作用，引发一系列相关类型的事故灾害，或是某一类型事故灾害发生，会触发其他类型事故灾难的发生。如汛期时库区山体滑坡、泥石流等地质灾害，引发尾矿库事故的发生；尾矿库溃坝事故伴生、次生泥石流、泥浆流等地质灾害，进一步造成生态环境破坏、水土污染。据统计，70%以上的尾矿库垮坝（溃坝）伴生泥石流或泥浆流灾害，正在运行的尾矿库因库区积水则比例更高。尾砂泄漏事故也常引起水土污染等次生灾害。由于尾矿库事故的链发性特征，导致尾矿库事故状态演化的扩大和事故能量量级的急剧增加，将对尾矿库下游生命财产造成更大范围和更强力度的破坏性。

2.2.3　尾矿库事故致因模型的构建

事故致因是从大量典型事故的本质原因的分析中所提炼出的事故机理和事故模型。这些机理和模型反映了事故发生的规律性，能够为事故原因分析及预测预防，为改进安全管理工作，从理论上提供科学的、完整的依据。

通过剖析尾矿库事故特点，研究尾矿库事故的规律，同时结合对历史尾矿库事故案例分析及现场调查，构建了尾矿库事故致因理论模型，如图2-7所示。该模型强调社会因素、环境因素是导致我国尾矿库事故发生的基础原因，管理失误是其间接原因、本质原因。管理失误引发人的不安全行为、物的不安全状态（包括尾矿坝、排洪与排渗设施、尾矿输送管路等）、环境的不安全条件，这些不安全因素单一或相互作用，使得潜在危险显现为事故隐患，后又因人的不安全行为的直接影响或管理失误的潜在影响使得干预无效，导致尾矿库事故的发生，造成生命财产和环境损失。

2.2.4　尾矿库事故致因模型分析

为了能够更好地理解上述尾矿库事故致因理论模型，以便应用于尾矿库安全管理实践，将对该模型的事件链中的主要要素进行详细的界定和特征描述。

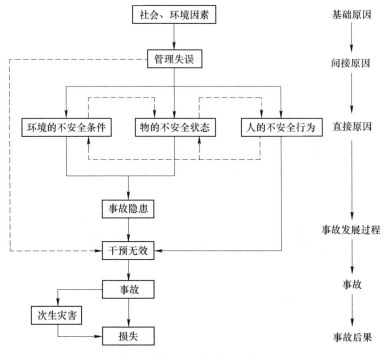

图 2-7 尾矿库事故致因理论模型

2.2.4.1 基础原因

虽然人的不安全行为、物的不安全状态、环境的不安全条件是造成事故的表面的直接原因，但对其进行进一步的考虑，则可以发现在它们后面还有更深层次的背景原因。这些背景原因的示例见表2-2。

表 2-2 事故发生的原因

序号	基础原因	间接原因	直接原因
1	遗传、经济文化、教育培训、民族习惯、法律法规	身体、生理、心理状况、知识技能情况、工作态度、决策水平、规章制度	人的不安全行为
2	设计、制造缺陷、标准缺乏	材料选择、维修、保养、保管、使用状况	物的不安全状态
3	地形、地质、水文气象、生物群活动	水文地质变异、气候异常、生物破坏、环境管理	环境的不安全条件

2.2.4.2 间接原因

管理失误是导致尾矿库事故发生的间接原因，但却是本质原因。主要是指选矿厂企业在尾矿库设计、建设、运行和闭库阶段，安全管理人员和企业领导人在安全管理或安全决策中的管理失误，以及政府安全监管部门对尾矿库实施的监督和管理的管理失误。管理失误行为特征描述见表2-3。

管理因素贯穿于尾矿库生命周期过程，它直接影响着人的不安全行为、物的不安全状态、环境的不安全条件的产生，可见，管理措施得当可以制约事故的出现。

2.2.4.3　直接原因

由于人的不安全行为、物的不安全状态和环境的不安全条件的相互联系或彼此影响，触发事故隐患，经干预无效后，导致事故的发生，造成损失。可见，这些不安全因素是尾矿库事故发生的直接原因。

A　人的不安全行为

人的不安全行为是指尾矿库从业人员（包括尾矿库设计者、施工者、安全管理人员、操作者等）违反安全生产规章制度和安全操作规程的行为。在尾矿库生命周期中，人的不安全行为特征描述见表2-4。

表 2-3　管理失误行为特征描述

序号	管理失误行为描述	序号	管理失误行为描述
1	组织结构不合理	14	安全设施设计未经审查，擅自施工建设
2	组织机构不完备，机构职责不明晰	15	施工作业未严格按照设计施工，甚至无施工方案
3	安全管理规章制度制定程序不合理、不符合实际情况	16	施工工程质量低劣
4	安全管理规章制度贯彻不到位	17	违章指挥蛮干
5	安全生产责任制未落实，安全管理责任不明确	18	使用不安全设备
6	文件、各类记录、操作规程不齐全	19	设备管理不完善，未及时检修、更换
7	操作标准与规程错误或不合理	20	对现场工作缺乏检查指导，或检查指导错误
8	安全措施、应急预案不完善、不合理	21	未取得安全生产许可证擅自投入运行
9	安全管理人员配备不足	22	环境管理落后
10	安全教育和安全培训工作滞后	23	安全生产投入不足
11	安全生产检查工作开展不彻底	24	安全监管机构建设不完善
12	无正规设计	25	监管手段乏力、监管方式落后
13	工程地质勘察不清，资料不全	26	监管不到位

表 2-4 人的不安全行为特征描述

序号	人的不安全行为描述	序号	人的不安全行为描述
1	设计人员工作失职	10	生产管理人员缺乏技术培训，对有关尾矿库安全方面的法律、法规、标准、规定等不了解、不熟悉
2	施工人员不按设计施工、偷工减料	11	从业人员安全责任意识弱
3	施工人员的盲目操作	12	专业技术知识薄弱，不能及时发现安全隐患或操作不当
4	施工时带病作业、酒后驾车	13	无证上岗
5	施工时雾天和雨天，开快车	14	现场管理者的违章指挥
6	电气人员进行操作时，未穿戴和使用防护用具或非专业工作人员操作	15	库区或坝附近爆破活动
7	在给设备加注燃油时，有人员吸烟和有明火	16	库区或坝附近乱采滥挖
8	身体上、精神上的缺陷或处于过度疲劳、思想不集中的状态下工作	17	库区炸鱼
9	违反安全操作规程和劳动纪律	18	政府监管部门监管不力，审批把关不严

B 物的不安全状态

物的不安全状态，指由于尾矿库自身质量缺陷、安全设施配置上的缺陷，或由于对尾矿库维护不当，而可能直接导致尾矿库事故的状态。物的不安全状态特征描述见表 2-5。

表 2-5 物的不安全状态描述

序号	物的不安全状态描述	序号	物的不安全状态描述
1	初期坝、堆积坝强度不够，坝堤不牢固	20	库内未设水位观测标尺
2	坝体位移、塌陷	21	库区周围未设置安全警示标志
3	坝体沉降不均、坝体或坝基漏矿	22	未按设计要求设置排洪设施，如溢洪道、溢流井
4	坝的构造、筑坝工艺及材料选择不合理	23	未实行坝前放矿，或放矿支管开启太少
5	尾矿坝内、外坡比不足或较陡	24	独头放矿或长时间不调换放矿点
6	坝顶宽度不足	25	矿浆冲刷子坝内坡
7	坝顶不平坦、未夯实	26	巡查不及时，放矿管件漏矿冲刷坝体
8	坝体外坡未设截水沟和排水沟	27	坝体内的浸润线过高
9	坝体外坡基本无植被	28	排洪构筑物堵塞、塌陷，未及时发现进行维修
10	坝端截水沟不符合要求，山坡雨水冲刷坝肩	29	片面追求回水水质而抬高库水位，造成调洪库容不足
11	坝面局部出现纵向或横向裂缝	30	尾矿输送管路磨蚀、损坏
12	坝面维护不善，雨水冲刷拉沟	31	尾矿输送逆止阀失效
13	坡面反滤层未铺筑完全，土工布外露	32	尾矿管路布置不合理，在经过的路段可能存在山体滑坡、洪水或架高位置的地基存在节理裂隙发育
14	坝前有积水	33	砂泵、回水泵等设备故障
15	初期坝未形成或违规用尾矿砂筑坝	34	安全防护装置失灵
16	违反规定在尾矿库内建立堆积坝	35	库区电气设备、导线等绝缘层老化、开裂
17	安全超高，局部坝体不能满足要求	36	电气设备有能为人所触及的裸露带电部分，且未设置保护罩或遮拦及警示标志等安全装置
18	干滩长度不足，如不均匀放矿，沉积滩此起彼伏	37	在带电的导线、设备、油开关附近，有损坏电气绝缘或热源
19	干滩面与尾矿库高度不足		

C　环境的不安全条件

造成尾矿库事故发生的另一个重要的直接原因，在于环境的不安全条件。环境的不安全条件是指可能是因尾矿库库区、坝体附近的地质、水文气象等自然因素的直接或间接影响尾矿库作业环境的不安全因素。此外，选矿厂生产中在库区或坝体周边乱采滥挖等人为因素也会破坏尾矿库作业环境，增加事故发生率。环境的不安全条件特征描述见表2-6。

表2-6　环境的不安全条件描述

序号	环境的不安全条件描述	序号	环境的不安全条件描述
1	库区地层、地质构造、水文等恶劣变异，导致山体滑坡、泥石流等	5	不良的气候，如特殊洪水、冰冻、冰融等
2	遇洪水时周围山体的山洪可能会向库内汇集	6	地震
3	较陡山体的泄流或沟谷内的潜流对坝体产生冲刷	7	生物群活动频繁，如白蚁，会严重破坏坝体的密实性及构筑物
4	库体底部的地质条件复杂，可能存在溶洞、发育的节理和裂隙、断层及强透水层	8	其他自然灾害（如雷击、陨石雨等）

2.2.4.4　事故隐患

人、物、环境不安全因素的单一或联合作用使得尾矿库出现事故隐患，促使尾矿库系统由危险状态朝着破坏状态的方向快速发展，导致尾矿库事故的发生。这类事故隐患，有重大危险，但未造成人员伤害或财产损失。事故隐患特征描述见表2-7。

表2-7　事故隐患描述

序号	事故隐患描述	序号	事故隐患描述
1	滑坡（岸坡坍塌）	7	地震（震动）液化
2	泥石流	8	管涌
3	洪水漫顶	9	流土
4	坝坡及坝基失稳	10	事故尾矿漫流
5	渗流破坏	11	矿浆漫顶
6	结构破坏		

2.2.4.5　干预失效

在当事故隐患出现时，尾矿库安全监测设施会发出警告信息，或是库区、坝体出现事故征兆，如库区山体局部滑坡、坝体突然出现或不断扩大的裂缝等。如果尾矿库从业人员能够发现这些事故隐患，并及时采取一定的干预行动，则仍然有可能避免事故的发生；反之，如果对事故隐患的危险程度估计不足，采取的干预行动无效，如干预行动延迟、力度不足、未采取干预行动等，则会导致事故的发生，后果极其严重。

事故隐患使得尾矿库系统朝着事故状态的方向发展，这事故发展阶段的干预行动主要是对人、物、环境不安全因素以及两者或三者之间关系的干预，使得尾矿库系统保持在安全状态之中，避免系统由危险状态进一步演化为事故。

出现事故隐患时，主要是人工干预，干预是否成功与干预时人的行为是相关的，如出现人的不安全行为，则会导致干预无效。同时，由于干预无效与尾矿工日常安全检查中能否发现事故隐患、管理人员接到危险或隐患通知时能否做出正确决策等密切相关，可见干预无效也是因为管理失误造成的。

2.2.4.6　事故

事故是人（个人或集体）在为实现某一目的而采取行动的过程中，突然发生的、违反人的意志的、迫使其有目的的行动暂时或永久停止的事件。事故是一种动态事件，它开始于危险的激化，并以一系列原因事件按一定的逻辑顺序流经系统而造成的损失，即事故是指造成人员伤害、死亡、职业病或设备设施等财产损失和其他损失的意外事件。事故分为生产事故和非生产事故，本书研究的尾矿库事故属于生产事故，即尾矿库在生产活动（包括与生产有关的活动）过程中突然发生的、伤害人体的、损失财物和影响生产正常进行，导致原活动暂时中止或永远终止的意外事件。

2.2.4.7　次生灾害

许多自然灾害，特别是等级高、强度大的自然灾害发生以后，常常诱发出一连串的其他灾害接连发生，这种现象称为灾害链。灾害链中最早发生的起作用的灾害称为原生灾害；而由原生灾害所诱导出来的灾害则称为次生灾害。尾矿库次生灾害是指因尾矿库事故诱导引发的库区山体滑坡、泥石流、泥浆流等对生命财产产生威胁的灾害。

2.2.4.8　损失

人员伤害及财物损坏统称为损失。损失分为初始损失和最终损失。初始损失是指在采取应急措施之前尾矿库事故所造成的直接损失，如坝体破坏、溃坝所导致的人员伤亡等。初始损失因事故而产生，如果不采取适当的应急措施，则可能向更大的损失发展，即最终损失。最终损失是指在采取应急行动之后，尾矿库事故最终所造成的损失。最终损失是尾矿库事故所造成的直接损失和间接损失的总和，体现为人员伤亡和经济损失。

事故和初始损失具有多重性，一个事故可以产生一个或多个初始损失，而初始损失可能成为另一个事故并向最终损失发展，如尾矿库溃坝事故常伴生次生地质灾害。最终损失是初始损失的发展，最终损失发生与否及其大小取决于应急行动的成效。尾矿库事故发生之后，首先造成了一定的初始损失，如坝体破坏、环境破坏等情况，此时如果采取积极有效的应急措施，将尾矿库下游的遇险人员及时进行转移，则可将最终损失控制在最低的程度，使人员伤亡和经济损失降低到最小。

2.3　基于事故树的尾矿库溃坝事故因素分析

事故树分析（Accident Tree Analysis，ATA）是安全系统工程的重要分析方法之一，它是运用逻辑推理对各种系统的危险性进行辨识和评价，不仅能分析出事故的直接原因，而且能深入地揭示出事故的潜在原因。用它描述事故的因果关系直观、明了思路清晰，逻辑性强，既可定性分析，又可定量分析，在风险管理领域常用于企业风险的识别和衡量。尾矿库事故风险中，最大的危险是溃坝，一旦发生溃坝还会引发泥石流或泥浆流等地质灾害。因此，通过事故树分析法对尾矿库溃坝灾害因素分析，不但有助于分析溃坝事故原因，还能有针对性地制定安全对策措施，消除和控制尾矿库溃坝事故致因因素，保证尾矿坝安全运行。

2.3.1　尾矿库事故灾害统计分析

根据我国主要尾矿库事故的统计（见表2-8），尾矿库事故类型主要有三类：(1)溃坝，以及因溃坝引起的泥石流、泥浆流、滑坡和水土污染等次生事故灾害；(2)尾砂泄漏事故；(3)尾矿环境污染事故(指尾矿水跑浑、尾矿水处理不达标排放等造成天然水体及环境污染)。导致尾矿库事故的危险因素主要有：滑坡(岸坡坍塌)、洪水漫顶、坝坡及坝基失稳、渗流破坏、结构破坏、地震(震动)液化等，见表2-9。引起这些危险因素主要如下：

（1）滑坡(岸坡坍塌)。由于尾矿库建在陡峭山体上，采矿活动、岩体风化、尾矿库水淹浸泡而导致山体失稳，最终引起滑坡。

（2）洪水漫坝。防洪设防标准低于现行标准，造成尾矿库防洪能力不足；尾矿库调洪能力或排洪能力不足，安全超高和干滩长度不能满足要求；排洪设施结构原因和阻塞造成尾矿库减少或丧失排洪能力；大气降水量短时间内骤增、库区周围山体发生大面积滑坡、塌方，特大暴雨、库区周围山体滑坡、塌方导致库水位猛涨。

（3）坝坡及坝基失稳。裂缝、坝基下存在软基或岩溶、管涌、流土及库区内乱采滥挖等引起坝体沉陷、滑坡；坝体抗剪强度低，边坡过陡，抗滑稳定性不足；地表径流和库内水冲刷和切割坝坡，形成裂隙或断口，抗滑稳定性降低。

（4）渗流破坏。坝体浸润线过高，尾矿沉积滩的长度过短，形成坝面或下游沼泽化、管涌、流土等。

（5）结构破坏。溢流斜槽、排洪管道、输送管路等堵塞，或发生变形、破损、断裂；坝面排水沟及坝端截水沟护砌变形、破损、断裂，沟内淤堵。

（6）地震(震动)液化，当筑坝尾矿粒度不符合要求，坝坡处于饱和状态，地震(震动)时会引起坝体液化。

表 2-8　我国尾矿库主要事故统计表

时　间	尾矿库名称	伤亡人数		事故直接原因与主要灾害
		死亡	受伤	
1962-7-2	江西铜业银山铅锌矿尾矿库			施工质量差—排洪排水管断裂—洪水漫顶—溃坝—泥石流
1962-9-26	云南锡业公司火谷都尾矿库	171	95	洪水漫顶—溃坝—泥石流
1985-8-25	湖南省柿竹园有色矿牛角垄尾矿库	49		洪水漫顶—垮坝—泥石流
1986-4-30	安徽黄梅山铁矿金山尾矿库	19	97	坝体中部滑坡—垮坝—泥石流
1988-4-13	陕西西华县金堆城栗西尾矿库			排水隧洞塌陷—泄漏
1992-5-24	河南栾川县赤土店钼矿尾矿库	12		排洪洞破坏—库区塌陷—泥石流
1993-6-13	福建潘洛铁矿尾矿库	14	4	库区滑坡—垮坝
1994-5-7	云南永福锡矿尾矿库	13		坝下挖沙—溃坝—泥石流
1994-5-10	江苏省连云港市锦屏磷矿尾矿库			排水井盖坍塌—尾矿外泄
1994-7-12	湖北新冶铜矿尾矿库	28		洪水漫顶—溃坝—泥石流
2000-10-18	广西南丹县大厂镇鸿图选矿厂尾矿库	28	56	基础坝不透水、人为蓄水过多—干滩长度不够—坝体浸泡—垮坝—泥石流
2004-4-22	陕西风县安河铅锌选厂尾矿			库排水管破裂—泄漏：水体污染
2004-8-28	陕西渭南华西矿业公司黄村铅锌矿尾矿库			垮坝—泥石流
2005-9-21	广西平乐县二塘锰矿尾矿库		3	非法修筑尾水坝—溃坝—泥石流
2005-11-8	山西临汾市浮山县峰光选矿厂尾矿库	9		溃坝—泥石流
2006-4-23	河北唐山市迁安市蔡园镇蔡园村庙岭沟铁矿—闭库尾矿库	6		渗流、临近矿采矿活动—溃坝—泥石流
2006-4-30	陕西省镇安县黄金矿业有限责任公司尾矿库	19	5	自行设计、自行施工违章操作—坝体抗滑强度低—坝体失稳—溃坝—泥石流
2006-8-15	山西太原市娄烦县马家庄乡银岩选矿厂尾矿库	7	21	坝体坍塌—垮坝—泥石流
2007-5-18	山西省宝山矿业有限公司尾矿库			排水管堵塞—回水侵蚀坝体—坝坡局部滑坡—垮坝—泥石流

续表2-8

时间	尾矿库名称	伤亡人数		事故直接原因与主要灾害
		死亡	受伤	
2007-11-25	辽宁省鞍山市海城市西洋集团鼎洋矿业公司选矿厂尾矿库	17		人为改动坡比—坝体超高、边坡过陡—坝体失稳—溃坝—泥石流
2008-4-11	陕西省山阳县恒源矿业有限公司尾矿库			未按设计施工—盖板断裂—泄漏；河水污染
2008-9-8	山西省临汾市襄汾县新塔矿业有限公司尾矿库	276		违规筑坝、违规生产、尾矿库违规储水—溃坝—泥石流
2008-10-20	安徽省霍邱县大昌公司长山尾矿库			排水涵道渗漏—涵道局部坍塌—尾砂泄漏
2009-4-15	河北承德市平泉县富有铁矿尾矿库	3		局部管涌—部分坝体塌陷
2009-5-14	湖南湘西州花垣县花垣镇狮子桥兴银锰业有限责任公司锰渣尾矿库	3	4	垮塌
2009-6-16	河北省承德市隆化县顺达矿业有限责任公司尾矿库			工人操作失误—管涌—泥浆流
2009-8-29	湖南湘西州泸溪县武溪镇绿源公司电解锰公共尾渣库	3	1	漫坝
2009-8-29	陕西省汉阴县黄龙金矿尾矿库			暴雨—排洪涵洞塌陷—尾砂泄漏

表2-9　国内尾矿库病害分类统计表

病害分类	病害描述	百分率/%			
		黑色	其他	全国	灾害
		49件	29件	78件	45件
Ⅰ	坝坡失稳	0	3.4	1.3	0
Ⅱ	初期坝漏矿	8.2	0	5.1	4.5
Ⅲ	雨水造成坝面溃决	14.3	0	9.0	2.2
Ⅳ	库内滑坡，坝址问题	14.3	13.8	14.1	11.1
Ⅴ	管涌，流土	20.4	3.4	14.1	4.5
Ⅵ	排洪系统破坏	32.7	20.8	28.2	33.3
Ⅶ	洪水漫顶	6.1	58.6	25.6	44.4
Ⅷ	地震液化、裂缝	4.1	0	2.6	0

从尾矿库事故原因分析来看，尾矿库事故的安全因素众多，包括自然因素、设计因素、施工因素、管理因素等，大多数因素具有随机性、模糊性等特征，且各因素之间相互作用。从尾矿库生命周期来看，前一阶段的某一个因素会对后各个阶段的另一个因素产生影响，前者促进后者的发生或是与之相互作用而形成事故。从本质安全化的角度分析，尾矿库事故涉及人、尾矿库、环境三者的安全问题，是行为、物质、环境等诸多因素的多元函数。综合来看，尾矿库事故原因涉及环境因素、技术因素、人为因素和管理因素，需要从这四个方面入手，才能保证尾矿库的安全运行。

（1）环境因素。主要是指地形、地质条件的影响；坝区水文气象条件的影响；坝基地质构成、尾矿性质及地震的影响。环境因素主要考虑自然环境因素，不考虑生态环境因素、社会环境因素。

（2）技术因素。主要是指涉及尾矿库设计参数、筑坝工艺及材料、尾矿排放、排洪、库内水位、渗流、坝体及构筑物状况等因素，以及所采取的监测设备及措施。

（3）人为因素。主要是指对尾矿库重要性的认识、专业技术水平的高低、事故隐患治理措施是否得当、施工过程是否按设计进行、施工质量等方面。

（4）管理因素。主要是指日常管理机构、安全生产制度、安全操作规程、应急预案等方面的建立与执行情况，以及尾矿库生命周期各阶段中是否遵守基本程序、标准和规范，或在管理环节中严格把关的情况等。

2.3.2 尾矿库溃坝灾害因素分析

尾矿库事故中，最大的危险是溃坝，一旦发生溃坝还会伴生次生地质灾害，如泥石流或泥浆流等。据统计，70%以上的尾矿库垮坝伴生泥石流或泥浆流灾害，正在运行的尾矿库因库区积水则比例更高。美国大坝委员会（USCOLD）、美国国家环境保护局（UNEPA）、国际大坝委员会（ICOLD）数据显示：88%以上的尾矿坝失事都发生在活动坝，坝坡失稳、漫顶和地震破坏是活动坝失事的主要原因。李全明等对 2001～2007 年尾矿库溃坝事故成因分析指出洪水漫坝、坝坡失稳、渗流破坏、结构破坏是我国尾矿库溃坝的主要类型。通过对我国主要尾矿库溃（垮）坝灾害统计分析（见表 2-10）来看，引起尾矿库溃坝灾害的主要事件有：（1）自然事件，包括地震、汛期洪水、采区山体滑坡等;（2）坝体潜在的失稳和渗流事件，包括尾矿坝勘察、设计、施工、材料选择存在的隐患，如尾矿库选址地质勘察不清、坝体浸润线过高等;（3）尾矿库排洪、排渗构筑物损坏的事件，包括排洪或排渗管道堵塞、破坏等;（4）人因管理事件，包括日常维护管理的失察、失修或工程措施不当等。

表 2-10　我国主要尾矿库溃（垮）坝事故统计表

时间	尾矿库名称	伤亡人数		事故直接原因与主要灾害
		死亡（含失踪）	受伤	
1962-7-2	银山铅锌矿尾矿库			施工质量差—排洪排水管断裂—洪水漫顶—溃坝—泥石流
1962-9-26	云锡火谷都尾矿库	171	95	洪水漫顶—溃坝—泥石流
1985-8-25	柿竹园有色矿牛角垄尾矿库	49		洪水漫顶—垮坝—泥石流
1986-4-30	黄梅山铁矿尾矿库	19	97	坝体中部滑坡—垮坝—泥石流
1994-5-7	云南永福锡矿尾矿库	13		坝下挖沙—溃坝—泥石流
1994-7-12	湖北大冶铜矿尾矿库	28		洪水漫顶—溃坝—泥石流
2000-10-18	广西南丹尾矿库	28	56	基础坝不透水、人为蓄水过多—干滩长度不够—坝体浸泡—垮坝—泥石流
2005-9-21	广西平乐锰矿尾矿库		3	非法筑坝—溃坝—泥石流
2005-11-8	山西浮山峰光选矿厂尾矿库	9		溃坝—泥石流
2006-4-23	河北迁安铁矿尾矿库	6		渗流、临近矿采矿活动—溃坝—泥石流
2006-4-30	陕西镇安黄金尾矿库	17	5	自行设计、施工违章操作—坝体抗滑强度低—坝体失稳—溃坝—泥石流
2006-8-15	山西娄烦银岩选矿厂尾矿库	7	21	坝体坍塌—垮坝—泥石流
2006-12-27	贵州贞丰金矿尾矿库			尾矿液化—坝体失稳—垮坝—尾矿浆
2007-5-18	山西宝山矿业有限公司尾矿库			排水管堵塞—回水侵蚀坝体—坝坡局部滑坡—垮坝—泥石流
2007-11-25	辽宁海城尾矿库	16		人为改动坡比—坝体超高、边坡过陡—坝体失稳—溃坝—泥石流
2008-9-8	山西襄汾新塔矿业有限公司尾矿库	281		违规筑坝、违规生产、尾矿库违规储水—溃坝—泥石流

2.3.3　尾矿库溃坝事故树分析

通过对以往尾矿库溃坝灾害的统计分析，概括导致尾矿库溃坝灾害的主要因素，并从自然灾害、坝体质量问题和人因管理缺陷三方面概括出导致尾矿库溃坝事故的因素，建立起尾矿库溃坝事故树分析图，如图 2-8 所示。

根据图 2-8，可以求出 48 组最小割集，表明发生尾矿库溃坝灾害有 48 种途

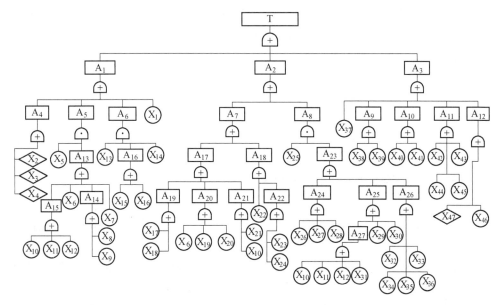

图 2-8 尾矿库溃坝事故树分析图

T—尾矿库溃坝灾害；A_1—自然灾害；A_2—坝体质量问题；A_3—人因管理缺陷；A_4—库区山体滑坡；A_5—洪水漫坝；A_6—地震液化；A_7—坝体失稳；A_8—渗流破坏；A_9—人为干扰；A_{10}—现场操作失误；A_{11}—日常管理缺陷；A_{12}—水位监测设施缺陷；A_{13}—排洪能力不足或丧失；A_{14}—排洪设施堵塞；A_{15}—排洪设施破坏；A_{16}—动荷条件；A_{17}—初期坝缺陷；A_{18}—尾矿筑坝缺陷；A_{19}—选址缺陷；A_{20}—设计缺陷；A_{21}—施工缺陷；A_{22}—边坡过陡；A_{23}—浸润线位置过高；A_{24}—反滤层失效；A_{25}—排渗设施失效；A_{26}—安全超高、干滩长度不足；A_{27}—排渗设施破坏；X_1—发生超过设计地震烈度的地震；X_2—采矿活动；X_3—岩体风化；X_4—尾矿库水淹浸泡；X_5—汛期雨量大；X_6—无设计或设计不规范；X_7—设计防洪设防低于现行标准；X_8—进水口杂物淤积；X_9—构筑物垮塌；X_{10}—施工质量差；X_{11}—不均匀或集中载荷；X_{12}—地基不均匀沉陷；X_{13}—尾矿颗粒细；X_{14}—有效覆盖压力过小；X_{15}—震动频率高；X_{16}—震动持续时间长；X_{17}—勘察质量差；X_{18}—坝基处于不良地质构造；X_{19}—无设计或设计不当；X_{20}—设计单位不具备资质；X_{21}—设计参数与实际不符；X_{22}—不按设计施工；X_{23}—放矿工艺不合理；X_{24}—人为改动陡坡比；X_{25}—未采取措施处理；X_{26}—反滤层设计不当；X_{27}—反滤料选择不当；X_{28}—尾矿浆及雨水冲刷反滤层；X_{29}—无排渗设施或设计不合理；X_{30}—排渗设施堵塞；X_{31}—压力管道强度不够；X_{32}—库区水位控制不当；X_{33}—调洪库容不足；X_{34}—坝前放矿不均匀；X_{35}—滩顶高程不一；X_{36}—干滩坡度过小；X_{37}—安全投入不足；X_{38}—矿区乱采滥挖；X_{39}—库区爆破；X_{40}—安全意识薄弱；X_{41}—技术水平低；X_{42}—未进行定期维护；X_{43}—未对坝体进行检查；X_{44}—发现隐患未处理；

X_{45}—未执行法律法规及技术规范；X_{46}—无水位监测设施；X_{47}—监测设施失效

径，这说明尾矿库溃坝灾害的危险性很大。最小径集是不导致尾矿库溃坝灾害发生的有效途径，本事故树中有 12 组最小径集，其中任一组最小径集的基本事件不发生，则顶上事件就不可能发生，这表明有 12 类控制尾矿库溃坝灾害的途径。

为了掌握各基本事故的发生对顶上事件发生所产生的影响程度，需进行结构重要度分析，以便确定出各基本事件的重要度排序，从而结合客观实际的可能性，从大到小选定，制定出有效地预防事故发生的措施。结构重要度可根据下式计算：

$$I_{\phi(i)} = \sum_{x_i \varepsilon K_j} \frac{1}{2^{n_j-1}} \tag{2-1}$$

式中，$I_{\phi(i)}$ 为第 i 个基本事件的结构重要度系数；K_j 为第 j 个割集；$n_j - 1$ 为第 i 个基本事件所在 K_j 中各基本事件总数减去 1。

经计算，结构重要度大小的排列顺序为：

$I_{\phi(1)} = \cdots = I_{\phi(4)} = I_{\phi(6)} = I_{\phi(10)} = \cdots = I_{\phi(12)} = I_{\phi(17)} = \cdots = I_{\phi(24)} = I_{\phi(37)} = \cdots = I_{\phi(47)}$
$> I_{\phi(25)} > I_{\phi(5)} > I_{\phi(7)} = \cdots = I_{\phi(9)} > I_{\phi(26)} = \cdots = I_{\phi(36)} > I_{\phi(13)} = I_{\phi(14)} > I_{\phi(15)} =$
$I_{\phi(16)}$

通过对引起尾矿库溃坝事故的事故树分析，从各基本事件的结构重要度而言，发生超过设计地震烈度的地震（X_1）、无设计或设计不规范（X_6），以及人因管理缺陷（A_3）、库区山体滑坡（A_4）、坝体失稳（A_7）和排洪设施破坏（A_{15}）的各基本事件结构重要度最大，对顶上事件发生影响最重要，是关键的基本事件。根据最小径集来看，当发生超过设计地震烈度的地震（X_1）时、无设计或设计不规范（X_6），以及人因管理缺陷（A_3）、库区山体滑坡（A_4）、坝体失稳（A_7）和排洪能力不足或丧失（A_{13}）的各基本事件能被控制，则事故可以避免。但发生超过设计地震烈度的地震（X_1）是小概率事件，目前技术还无法做到预报，所以不能作为控制事件，而只能根据库区选址的地震烈度严格按照技术规范进行尾矿库设计。对无设计或设计不规范（X_6）及人因管理缺陷（A_3）和坝体失稳（A_7）的各基本事件而言，它是人为可以控制的，故应该把它作为重点控制的对象。库区山体滑坡（A_4）是因为自然灾害引发事故的发生，所以在设计时应尽量考虑这些因素，并做好科学预报。排洪能力不足或丧失（A_{13}）的各基本事件大多是人为可以控制的，所以在设计时应考虑到库区的水文气象，严格控制施工质量。

3 尾矿库隐患辨识

　　我国的尾矿库安全评价和环境评价环节薄弱，且管理不规范。所以，尾矿库的安全水平亟须提升。尾矿库事故产生原因的复杂多样，譬如：发生事故的原因可分为自然因素、技术因素、社会因素、管理因素等方面；又可以按照尾矿设施系统的各个单元进行危险源辨识；还可分为导致事故的直接原因和间接原因，缺乏系统性和全面性。而本书尾矿库隐患辨识的方法从两个维度出发，考虑尾矿库的整个生命周期和事故影响因素，给出了尾矿库隐患的系统清单。

3.1　尾矿库隐患识别研究

　　在我国，相关学者通过借鉴系统安全理论工程的方法，辨识尾矿库的危险源。如李兆东运用预先危险性分析法，将尾矿库的诸多危险源的危险性进行分级，并详细地论述了触发危险的原因。通过建立尾矿库事故影响因素的检查表并对其赋分，辨别出危险有害因素，对尾矿库的安全性进行评价，采取相应的事故防范和灾害控制措施，降低事故的发生几率。

　　除此之外，国内相关学者及技术人员对影响尾矿库安全的因素进行了总结，如柴建设、王姝、门永生将其分为自然因素、技术因素、设计因素、施工因素、社会因素、管理因素六个方面，但是设计、施工因素中包含了技术因素和管理因素，无法界定它们之间的关系；并从尾矿库的勘探、设计、施工、生产管理和操作的全过程辨识了危险因素，介绍了危害的表现形式，但对隐患的分类不够系统。有的学者从放矿、尾矿坝、排水、水力输送和回水等单元对尾矿库的危险源进行辨识，得到放矿单元的危险源有干滩长度过短、沉积滩面出现侧坡、浸润线过高等；尾矿坝单元的危险源有渗流破坏、滑坡、坝坡失稳等；排水单元的危险源有泄漏尾砂、排泄不顺畅、排洪隧洞出现坍塌等；尾矿输送和回水单元的危险源有由于安全意识不强、操作不熟练、地点不安全、安全防护设施不全、作业前安全检查不到位等原因导致的人员接触机械设备运转部位而受到伤害等。文献区分了危险因素和有害因素，表明了在尾矿库安全监管中需要重点预防和控制的危险因素有：尾矿堆积坝边坡太陡，裂缝，滑坡，排洪构筑物遭到破坏，排洪能力不满足安全标准要求，渗漏，抗震能力不足等；有害因素包括：尾矿输送管道破裂泄漏矿浆污染环境，坝面扬尘污染大气，超标准排放废水污染水体等。

　　国内目前已有的尾矿库事故致因方法的分类复杂多样，并且缺乏全面性。基于过程的尾矿库安全管理涉及了尾矿库的整个生命周期，对事故的致灾因素分析必须体现出完整性和系统性，因此，研究尾矿库事故隐患的辨识十分必要。

3.2   面向生命周期的尾矿库隐患辨识方法

尾矿库是一个复杂而庞大的系统，包括了尾矿库系统内部（尾矿与尾矿废水）、尾矿库系统与环境之间（渗漏水—基础土壤—地下水或地表水体）复杂的物理、化学、生物地球化学反应等过程；涉及了尾矿库勘察、设计、施工、运行、闭库和土地恢复以及后期污染治理等工程问题；反映出岩土工程问题与环境工程问题的相互交织、渗透、一体化和时空广大的工程特点。

尾矿库安全管理是一个全过程管理，它涉及了整个尾矿库的生命过程，对于事故的致因分类必须要体现出完整性和系统性。所以，本书作者提出了一种基于过程——致因网格法的尾矿库隐患识别方法，面向尾矿库生命周期的各个阶段，结合尾矿库的事故影响因素，对尾矿库隐患进行系统地辨识与分析，得到包括过程环节与影响因素以及它们之间的关系的尾矿库隐患辨识网格，如图 3-1 所示。其中，x 轴按照尾矿库的生命周期划分为 4 个

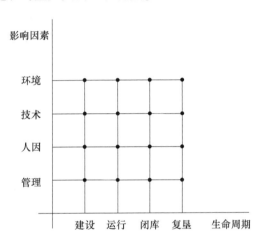

图 3-1   尾矿库隐患辨识的二维体系结构

环节，y 轴按照事故的影响因素集分为 4 个集合，形成一个包含 16 个交点的基于过程的隐患辨识二维体系。该网格中每一个交点都是一个隐患集合，分别表征在尾矿库生命周期各个阶段的事故致因集中的关键因素。

在建立了基于过程的尾矿库隐患辨识的致因网格法架构的基础上，查阅尾矿库的相关标准、规程、规范、办法、事故案例等，总结出尾矿库事故的主要隐患清单。

3.3   建设阶段的隐患辨识及清单

在建设阶段按照规范进行勘察、设计和施工，严格监管施工质量，便可以从根本上保障尾矿库的安全运行。

3.3.1   环境因素

如图 3-2 所示，在建设阶段，影响尾矿库安全的环境因素主要有地形地质条

件、水文气象条件、地震、库周山体的稳定性、尾矿的物理性质等。坝址的地形地质与尾矿坝的坝肩、坝基的渗漏和稳定有密切关系。由于岩溶地区溶洞发育或常成为漏矿的通道，或在库区形成落水洞，选择在此筑坝容易发生尾矿渗漏甚至塌陷，而黄土地质由于黄土具有孔隙大及节理多的特点，雨水多发时容易发生湿陷变形和裂缝，若尾矿库选址在黄土地区，便很可能出现滑塌和渗漏等情况。因此，在库址选择时要做好地质勘察工作，尽量避开岩溶和黄土地区以及节理裂隙发育的地层，为尾矿库的安全提供基础保障。

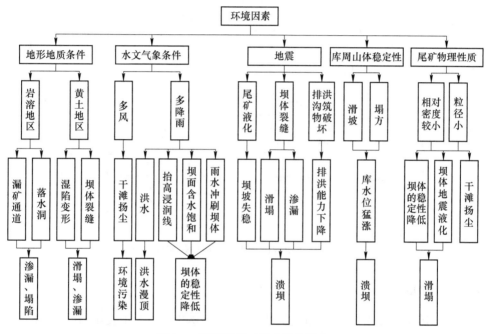

图 3-2　环境因素对尾矿库的影响

在多降雨区，大暴雨若是形成山洪，在排洪设施能力不够的情况下容易引发洪水漫顶的事故。雨量增多还会提高尾矿坝的浸润线，甚至使得坝面含水饱和，降低坝体的稳定性。雨水长期冲刷坝面会破坏坝体的整体性和稳定性。干燥地区，大风会导致尾矿库干滩扬尘，污染大气和工作环境，影响工作人员的健康。

地震对尾矿库的破坏是灾难性的，它是人类无法掌控和排除的自然因素。地震若达到一定的强度，并在没有防震措施的情况下，将会很容易引发尾矿坝液化，坝体产生裂缝，排洪构筑物发生破坏失去原本的效用，进而导致坝体失稳产生溃坝。

库周山体若是发生大面积的滑坡或塌方，就有可能导致库内水位上涨进而有漫坝危险。由于受尾矿处理技术的影响，尾矿趋向于越磨越细，粒度太小的尾矿如果用来筑坝，容易影响坝体的稳定性，在地震来临时容易产生坝体液化，有滑塌的风险。

3.3.2 技术因素

在勘察过程中，先进的勘察手段、优良的勘察设备和资质经验丰富的勘察人员是勘察数据准确的重要保障。基于精确的勘察数据，尾矿库的设计才有可能科学合理，尾矿库（坝）的安全才有保证。

如图 3-3 所示，在初期坝施工过程中，为了节省成本，各项技术指标未达到，采取的结构措施不恰当，最终会给坝体及其构筑物的安全埋下隐患，造成不必要的事故。为了确保施工质量，企业应该建立质量安全保证体系，组织员工在明确质量标准的基础上，熟悉各项技术要求，认真按照设计意图施工，按正规的程序通过验收，经验收合格后再使用。

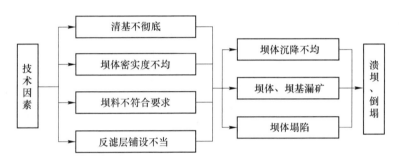

图 3-3　施工阶段的技术因素对尾矿库的影响

3.3.3 人为因素

人为因素主要考虑单位和人员的资质与经验以及人的不安全行为这两个方面。选择资质合格和经验丰富的单位为尾矿库进行初期建设，科学合理地进行勘察和坝址选择，按照相关标准和规程进行坝体设计和施工，遇到问题考虑周详，给出的解决方案经济、适用、合规，是尾矿库安全的重要保证。图 3-4 表明了人员资质经验不足、素质不高给尾矿库安全带来的影响。

尾矿库的工作人员可能因为操作上的不当或注意力分散导致人员本身受伤，或者给尾矿库运行埋下安全隐患，应当制定准则规范技术和管理人员的行为，并定期进行安全培训教育。《企业职工伤亡事故分类》将人的不安全行为分为 13 种，如图 3-5 所示。

3.3.4 管理因素

导致建设阶段隐患的管理因素主要包括法律法规、安全投入、安全评价和安全监管等。图 3-6 分析的是法律法规对尾矿库的影响。勘察、设计、施工、验收

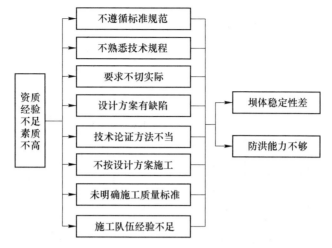

图 3-4　人员资质经验不足对尾矿库的影响

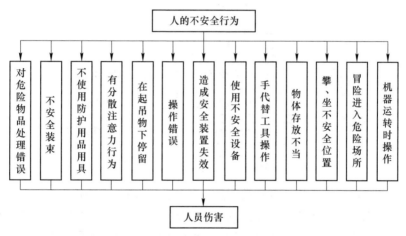

图 3-5　人的不安全行为对尾矿库的影响

的技术标准及规范陈旧，安全监管体系不健全，安全监管力度不大，都会影响尾矿库的建设质量和安全。企业基于国家法律法规，也会制定内部的规范，规范员工的行为。企业需明确安全生产主体责任，建立健全管理机构，加大监管处罚力度，才能最有成效地提升尾矿库的安全水平。

安全生产资金投入不足是影响尾矿库安全的重要因素。譬如：勘查时资金不足会造成勘查数据不准备，误导后续的工作，设计时资金不足会影响设计的安全合理性，施工时资金不足直接导致技术不过关，质量不良，如果发生事故反而造成后续更大的经济损失。图 3-7 表明安全生产资金投入不足对尾矿库的影响。

通过安全评价，分析尾矿库在运行、维护和管理过程中固有的或潜在的危险

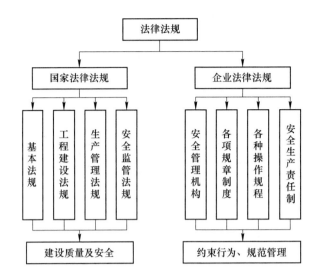

图 3-6　法律法规对尾矿库的影响

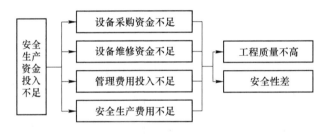

图 3-7　安全生产资金投入不足对尾矿库的影响

有害因素及其可能产生事故的危险程度，分析其产生的主要原因，并及时提出消除危险有害因素及其主要触发原因的最佳方案或对策；有利于企业在尾矿库运行过程中具体落实安全措施，控制或者防范上述危险有害因素，有效预防事故产生，降低人员伤亡与财物损失，从而提高尾矿库运营、维护和管理过程中的安全水平。尾矿库安全评价贯穿于整个生命周期，是矿山企业掌握尾矿库安全现况的重要途径，有利于发现各个阶段存在的重大事故隐患，提出合理防治措施，提高矿山企业对重大灾害事故的应变能力。安全评价不到位的表现，如图 3-8 所示。

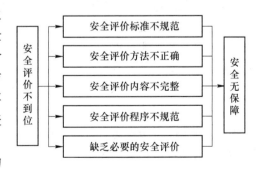

图 3-8　安全评价不到位对尾矿库的影响

综上所述，建设阶段中尾矿库的事故致因及主要隐患清单如图 3-9 所示，其中圆角矩形表示事故致因，直角矩形表示主要隐患。

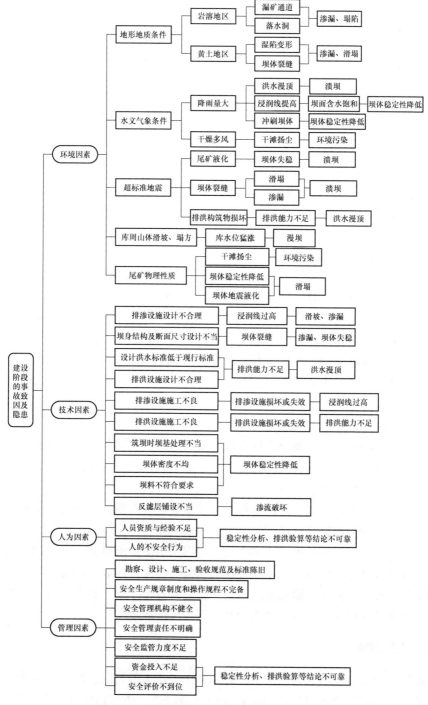

图 3-9　建设阶段的事故致因及主要隐患清单

3.4 运行阶段的隐患辨识及清单

3.4.1 环境因素

在尾矿库运行中，尾矿砂脱水后不容易黏结，散落在干滩或是堆积坝坡上，在大风天气里容易被卷起，如果没有及时采取有效的防尘措施，极易对附近环境产生大气污染，对人的健康造成威胁。而如果遇到连续降雨的天气，尾矿库的排洪措施不到位，排水系统过载，排水不及时，将会致使库内调洪库容不足，可能因为洪水漫顶造成溃坝；雨水冲刷坝体，夹带尾矿砂的污水排入下游水体，超过一定的浓度时，则会引起水土污染，对下游地区的工农业生产、居民健康和生态环境造成危害。尾矿库所在的地区如果发生剧烈的地震，可能诱发坝体变形，甚至产生滑塌溃坝。雷电及其他不良气候也是运行阶段的不利环境因素，它们不仅能够破坏、损毁尾矿库构筑物和机械设备，特别严重时还会威胁到人的生命。

3.4.2 技术因素

在监测系统方面，对位移、干滩、浸润线、库内水位、渗流、降水量等监测监控如若不当，会导致坝体变形、干滩的长度不足、浸润线抬高、渗流破坏、雨水冲刷坝体等现象；如若长时期不对排洪构筑物进行维检工作，未能及时发现存在的隐患，当山洪暴发时容易引发洪水漫顶和水土污染等事故；排洪构筑物局部结构存在问题，如排水井挡板封堵不严，矿浆从排洪系统泄漏出去，造成下游水土污染，日积月累，泄漏矿浆的情况愈发严重，甚至会诱发排洪系统淤堵或坍塌，进一步影响尾矿库的排洪能力和周边环境。

在尾矿筑坝方面，每级子坝高度超过技术标准，会削弱坝体的抗剪强度；所用矿泥的渗透性太差，会致使浸润线抬升，影响坝体的稳定性；坝坡比设计得太陡，也对坝体的稳定十分不利。

在尾矿排放方面，由于放矿不规范，譬如放矿管件漏矿、长期独头放矿、放矿支管启用数量不够以及放矿不均匀等会影响坝体的稳定性和抗洪能力。

其他方面的隐患有：由于用水不足，对回水水质要求过高，无限制抬高库内水位，导致调洪库容的不足；坝面维护出现漏洞，大雨连续冲刷易在坝面形成拉沟甚至是局部坝段滑坡；输送尾矿的管道破裂，若得不到及时的维修，导致大量的矿浆泄漏到环境中，将对生产生活和生态环境造成危害。

3.4.3 人为因素

此阶段导致事故的人为因素主要有：由于工作人员失职、职责不明确或相应资质条件不具备导致运营管理中存在漏洞或者隐患，还包括库区内人为的干扰，诸如库区内乱采乱挖、随意放牧开垦、破坏坝坡植被和废水超标准排放等违规行为。在尾矿库的运行阶段，人的不安全行为还会导致人身伤害等事故的发生。因此，为减少企业的人员伤亡需要加强安全教育培训，规范工作人员的行为，增强工作人员的安全意识，提高工作人员的素质。

3.4.4 管理因素

导致运行阶段隐患的管理因素主要包括法律法规不完善、安全投入不足、安全评价不到位、安全培训和应急管理不到位、安全监管力度不强等。

法律法规不完善表现在法规及标准陈旧，安全管理机构不健全，安全管理责任不明确，安全生产规章制度和操作规程不完备。企业要制定详尽的工作计划表，统筹规划并执行尾矿设施系统各单元的运营管理，落实定期观测和日常巡检工作，并且及时做好记录，一旦发现潜在的危险因素，要及时、正确地处置。企业想要获得安全生产许可证，应该具备重大危险源的检查、评价、监测控制措施和事故应急预案，同时，还应该具有生产安全的事故应急救援预案、应急救援小组，并配置必需的应急救援设施和器具等。

综上所述，运行阶段中尾矿库的事故致因及主要隐患清单如图 3-10 所示，其中圆角矩形表示事故致因，直角矩形表示主要隐患。

3.5 闭库阶段的隐患辨识及清单

3.5.1 环境因素

即使尾矿库已停止运行，且库区内已没有积水，但是地震仍将威胁坝体的稳定性和整体性。在常年风吹雨打的作用下，库内沉积滩面的坡度逐步趋于平缓，调洪库容随之降低，尾矿库的排洪能力下降，洪水灾害依然会成为漫顶事故的诱因。

此外，排洪构筑物也不会一直被使用下去，滩面表面干燥，甚至裂开，但内部仍处在饱和的状态，一旦发生事故，它导致的后果跟正在使用着的尾矿库一样严重。在其他方面，譬如白蚁、蛇、鼠等动物在坝体中打洞筑巢，破坏坝体的完整性，可能会引起坝体渗漏。

3.5.2 技术因素

如果尾矿坝整治设计、排洪系统整治设计不科学、不合理，会影响尾矿坝的稳定、安全以及排洪能力；而如果尾矿库闭库的设计超过了其服务期限，不及时闭库，就很有可能发生尾矿库事故。另外，如果坝体观测设施不完善，也会致使相应的尾矿库事故产生。

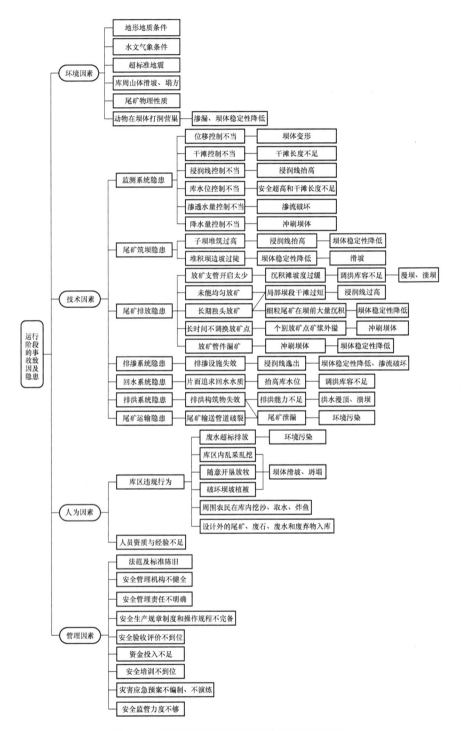

图 3-10　运行阶段的事故致因及主要隐患清单

3.5.3 人为因素

闭库之后的尾矿库，维护不当，闭库设计人员资质与经验不足都会影响尾矿库的安全稳定。因此，闭库后必须依旧维护好坝体及排洪设施，以防发生洪水漫顶。根据《尾矿库安全技术规程》中有关尾矿库闭库的规定，严令禁止在尾矿库闭库后进行乱挖、滥采、违章建筑与作业，以免发生泥石流和溃坝等事故。尾矿库在实施闭库处理后，没有经过相关的设计和准许，任何人不能擅自重新启用或者改为其他用途。

3.5.4 管理因素

导致闭库阶段隐患的管理因素主要包括闭库法规的不完善、闭库安全投入不足、安全评价不到位、安全监管力度不强和应急管理不到位等。

综上所述，闭库阶段中尾矿库的事故致因及主要隐患清单如图 3-11 所示，其中圆角矩形表示事故致因，直角矩形表示主要隐患。

3.6 复垦阶段的隐患辨识及清单

（1）环境因素。复垦阶段的环境因素在之间阶段的基础上需要关注降雨和地震的影响。过于频繁的生物活动也可能给坝体的稳定带来致命的影响。

（2）技术因素。在某些引子的作用下，潜在的风险隐患很可能变成事故，这是由于没有经过复垦的技术论证、工程设计和安全可靠性分析就一味地进行开采。复垦方式的技术不达标也会引发事故。

尾矿库作为农林用地复垦时技术不到位，会导致复垦土壤中含有大量的尾矿砂，其中重金属的含量严重超标，不仅污染土壤，还影响土质和植物的生长，甚至危害到人体的健康。

建筑复垦时，地基处理不得当常常埋下事故隐患，应收集齐全尾矿特性、地质构造等设计所需的基础资料，在结构上采取合理、有效的策略和手段，才能保证安全，如尾矿库上修建的建筑物一般以 2~4 层为宜，最好不要超过 5 层。而设备的先进性也会导致技术的不合格，这一点归属于尾矿库的危险因素。

（3）人为因素。人员的资质和经验以及人的不安全行为，为尾矿库事故埋下潜在的隐患。

（4）管理因素。导致复垦阶段隐患的管理因素主要包括复垦的法规陈旧、复垦投入不足、安全评价不到位、应急管理不到位、安全监管力度不强等。

综上所述，复垦阶段尾矿库的事故致因及主要隐患清单如图 3-12 所示，其中圆角矩形表示事故致因，直角矩形表示主要隐患。

本章结合尾矿库历史事故案例、法律法规、标准规范、应急预案等文献资料，基于尾矿库生命周期的主要阶段——建设、运行、闭库、复垦等，面向尾矿

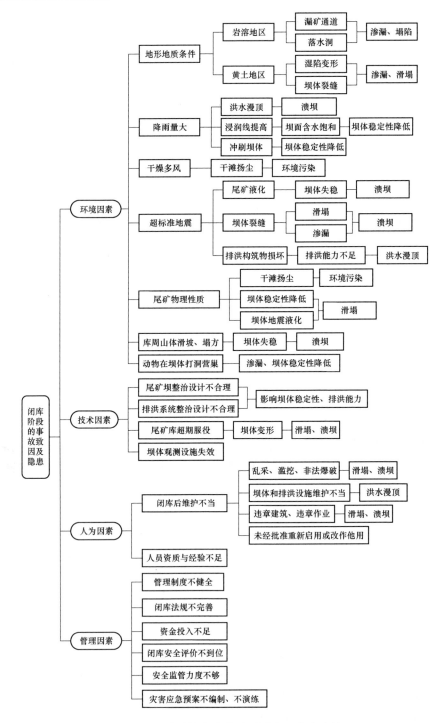

图 3-11　闭库阶段的事故致因及主要隐患清单

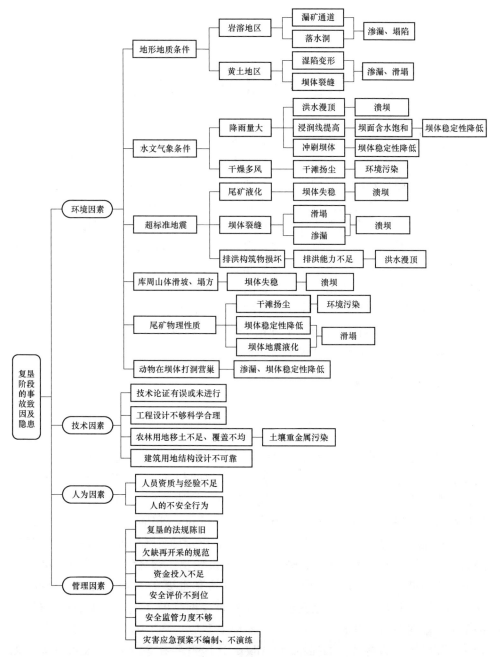

图 3-12　复垦阶段的事故致因及主要隐患清单

库事故的主要影响因素——环境、技术、人因和管理等因素，系统地辨识了尾矿库隐患，并得出了隐患清单。如果及时准确地识别出风险隐患，预测隐患的演化过程，提前制定出可行的安全防范措施，才有可能减少不必要的伤亡和损失。

4 尾矿库风险演化模型

根据事故致因理论，把尾矿库事故及灾害的发生看成是事故影响因素和隐患等诸多因素耦合作用与动态演化的结果。本章以复杂网络的视角重新审视尾矿库的风险，并通过构建演化模型的方式，动态地考察尾矿库风险的传播规律和后果并提出尾矿库风险传播的控制策略。当我们把尾矿库生命周期中的一系列人的不安全行为、物的不安全状态、环境的不利条件、管理的规章缺失等以及由此引发的一系列后果都抽象为网络节点，并将它们间的复杂耦合和演化关系抽象为连接边，那么就能够构建一个可以反映尾矿库隐患的风险演化网络。在此基础上建立风险演化动力学模型，得出尾矿库隐患的动态演化规律，对于提高尾矿库事故隐患与风险的认知，为表征影响尾矿库事故及灾害的因素关系与作用机制提供一种全新的系统方法，具有重要的科学理论价值与实际应用潜力，同时也能为复杂、大型、高难度工程的风险管理提供新的思路。

4.1 复杂网络理论

4.1.1 复杂网络概念

1736 年，欧拉向圣彼得堡科学院递交了《哥尼斯堡的七座桥》的论文，提出了著名的"七桥问题"，开创了数学的一个新的分支——图论与几何拓扑。随着该问题的提出，很多人对此很感兴趣，进行相关的研究，使得复杂网络的研究得以起步和发展。随后，1959 年匈牙利数学家 Erdös 和 Rényi 建立了随机图模型（称为 ER 随机图），该模型被公认为是数学上开创复杂网络理论的系统性研究，是研究复杂网络的基本理论。1967 年，Milgram 给出了著名的"六度分离推理"，形成了小世界实验，其在社会网络分析中具有重要的影响。随后，Watts 和 Strogatz 于 1998 年在 Nature 上发表的关于小世界网络的文章提出了小世界模型，揭示了复杂网络的小世界特性，小世界网络模型是一类具有较短平均路径长度和较高的聚类系数的网络。Barabási 和 Albert 于 1999 年在 Science 上发表了关于无标度网络的文章，以及其他关于小世界和无标度网络的文章。小世界网络和无标度网络成为了复杂网络研究的主要方向。除了经典的小世界和无标度模型外，学者们也提出了一些其他的网络模型来描述真实世界的网络结构，如局域世界演化模型、确定性网络模型等。随着复杂网络的兴起，其被越来越多的研究者应用到不同的科学领域，如计算机病毒在计算机网络上的蔓延、谣言在社会中的扩散、交通网络、生态网络以及电力通信网络等等。复杂网络理论已经成为了科学界关注的一个热点研究问题，在信息通信、疾病防控以及人类社会中对突发事件的预测和处理等方面具有重要意义。

随着科技进步与互联网等信息技术的迅猛发展，复杂网络理论的研究方兴未艾，它正受到来自从数学、物理学、生物学到信息科学、工程技术科学以及管理科学和社会科学等众多领域学者及研究人员的越来越多的关注。复杂网络是具有大量的节点以及由节点构成的复杂拓扑结构的网络。复杂网络注重研究系统结构的拓扑特征，它可以帮助人们加深对系统结构以及结构演化的深入了解。

从统计物理的角度来看，网络是一个由大量相互作用的个体组成的系统，而从图论的角度来看，网络是一个由节点（或称顶点）集和边集构成的图。复杂网络作为节点与边的集合，其含义主要涉及三个层面：一是复杂网络是真实系统的抽象表达与拓扑，二是相比随即图和规则网络而言，复杂网络的形成及演化机制更为复杂，并展现出动态演化特性，三是复杂网络是实际复杂系统存在的拓扑基础。

4.1.2 复杂网络统计特性

为了清晰地刻画网络的性质及拓扑结构，可以考察网络的以下统计特性，主要涉及网络节点的度（包括出度、入度和总度值）和网络节点的中介性等网络个体属性，以及网络的整体属性，诸如网络的小世界特性、聚类属性、密度、节点度分布等。

4.1.2.1 网络节点的度

网络节点的度是与该节点所连接的边的数目。在不同的网络中度所代表的具体含义不相同，譬如人际关系网络中，度代表个体的影响力，其值越大表示在整个关系网络中它的地位及影响力越大。在有向网络中，度可分为出度和入度。

4.1.2.2 网络节点的中介性

网络节点的中介中心性可以用介数表示，它是网络中所有最短路径中经过该节点的路径的数目占最短路径总数的比例。介数能够反映节点在整个网络中的影响力。如果人为删除这些介数较高的节点，会使得其他大量节点之间的平均最短路径长度变长。

网络节点 i 的介数 $B(i)$ 可表示为：

$$B(i) = \sum_{i \neq k, \, j \neq k} \frac{M_{jk}(i)}{M_{jk}}$$

式中，M_{jk} 为网络中节点 j 到节点 k 的最短路径的数目；$M_{jk}(i)$ 为网络中节点 j 到节点 k 的最短路径中通过节点 i 的数目。

4.1.2.3 网络直径与平均路径长度

网络的直径是指网络中任意两节点间距离的最大值，用 D 表示：

$$D = \max_{i,\,j} d_{ij}$$

网络的平均路径长度则是任意两个节点的距离 d_{ij} 的平均值，用 L 表示：

$$L = \frac{2}{N(N+1)} \sum_{i \geqslant j} d_{ij}$$

网络的直径与平均路径长度可以衡量网络的传输效率，往往一个拥有大量节点的网络，其 L 却很小，反映了该网络的连通性较好。

4.1.2.4 网络的聚类属性

网络的聚类属性是指与节点 i 相连的两个节点 j 与 k 也可能相连。网络节点的聚类属性可以用聚类系数（clustering coefficient）表示，简写为 C_i。

$$C_i = \frac{2E_i}{k_i(k_i - 1)}$$

式中，k_i 为从节点 i 出发，与其他节点相连的边数（亦即节点 i 的邻居点个数）；E_i 为 k_i 个节点之间实际存在的边数。

从几何意义的角度出发，网络节点的聚类系数还可以表示为：

$$C_i = \frac{与节点\ i\ 连接的三角形数量}{与节点\ i\ 连接的三元组数量}$$

整个网络的聚类系数 C 为：

$$C = \frac{1}{N} \sum_{i=1}^{N} C_i$$

由此可知，网络节点聚类系数的取值范围为 $[0, 1]$ ，当 $C_i = 0$ 时，网络中任意两节点之间均没有连边，即各个节点是孤立存在的；当 $C_i = 1$ 时，网络中任意两节点之间均有连边，即网络属于规则网络中的全局耦合网络形式。

4.1.2.5 网络的密度

网络的密度可以直观地表达网络的凝聚性，即网络中拥有的连边关系越多，网络的凝聚性越高。网络密度一般指简单网络中实际存在的连线数量占所有可能出现连线的百分比，表示为：

$$Den = \frac{网络实际连边数}{理论最大连边数} = \frac{2M}{N(N-1)}$$

4.1.2.6 网络节点度分布

网络节点的度分布是复杂网络的一个重要统计特性，指网络中任意选定的节

点 i 的度恰好为 k 的概率。从统计意义上来看，度分布特征 $P(k)$ 表示网络中度数为 k 的节点个数与网络节点总数的比值：

$$P(k) = \frac{度数为\ k\ 的节点个数}{网络的规模} = \frac{n_k}{N}$$

较为常见的分布函数一种是指数分布，其特点是在平均度 $<k>$ 的值处表现为波峰，之后呈指数衰减，如 ER 随机网络和 WS 小世界网络的度分布，另外一种是幂律分布，其分布曲线比泊松指数分布曲线下降要缓慢得多，如 BA 无标度网络的度分布，具有典型的无标度性质。

实证研究表明，现实生活中的许多网络，譬如引用网络、电子电路网络、电影演员网络、WWW 网络等的度分布服从幂律分布形式 $P(k) \sim k^{-\gamma}$，该分布描述了网络中绝大部分节点度数较小，极少部分节点度数较大的度分布特征。

4.1.3 复杂网络拓扑模型

自复杂网络研究在人类社会的诸多领域开展以来，人们针对不同领域从多个角度提出了网络拓扑结构模型，主要包括规则网络、随机图、小世界网络以及无标度网络模型等，具体介绍如下。

4.1.3.1 规则网络

规则网络中的节点与边按确定的规则进行连接，它具有规则的拓扑结构。较为典型的规则网络有全局耦合网络、最邻近耦合网络及星形网络等。

全局耦合网络中的任意节点两两相连。在该网络中，由于每个节点都与其他所有节点相连，因此全局耦合网络具有最大的 $C_{全局} = 1$，同时也具有最小的 $L_{全局} = 1$。

最邻近耦合网络的特点是节点只与它左右邻近的节点相连。网络的聚类系数为：

$$C_{最邻近} = \frac{3(K-2)}{4(K-1)}$$

K 为偶数，网络中的每个节点与其相邻的 $K/2$ 个相邻的节点连接，当 K 取值较大时，该网络的聚类系数 $C \approx 3/4$，聚类系数较高，当 K 值固定时，最邻近耦合网络的平均路径长度为：

$$L_{最邻近} \approx \frac{N}{2K} \to \infty \qquad (N \to \infty)$$

星形网络的特点是具有一个中心点，其余所有节点都与该中心点相连，同时该 $N-1$ 个节点彼此均不连接，其聚类系数为：

$$C_{星形} = \frac{N-1}{N} \to 1 \qquad (N \to \infty)$$

平均路径长度为：

$$L_{星形} = 2 - \frac{2(N-1)}{N(N-1)} \to 2 \quad (N \to \infty)$$

4.1.3.2　随机图

随机网络与确定的规则网络相反，即它是节点之间以一定概率 p 随机相连而构成的网络。

较为典型的随机网络是匈牙利数学家 Erdös 和 Rényi 于 1959 年提出的以他们名字命名的 ER 随机网络，随机图就是起源于此。他们认为在以图或网络所表征的复杂系统内，每个实体都以相等的概率 p 与其他实体之间建立某种有意义的联系，在这类网络中，网络度分布通常服从泊松分布，其节点之间通过很短的平均路径即可互相到达。

一个具有 N 个节点和连边概率为 p 的 ER 随机网络具有 $pN(N-1)/2$ 个边，该 ER 随机网络的平均度为 $<k>=p(N-1) \approx pN$，平均路径长度为：

$$L_{ER} \sim \frac{nN}{\langle k \rangle} \quad 且 \quad L_{ER} \propto \frac{\ln N}{\ln \langle k \rangle}$$

$\ln N$ 随节点数 N 的增大而增长较为缓慢，表明即使较大节点数的随机网络也可能拥有较小的平均路径长度，即小世界特性。

当 ER 随机网络的平均度 $<k>$ 不变，对于充分大的节点数 N，ER 随机网络的度分布近似于泊松（Poission）分布：

$$P(k) = \binom{N}{k} p^k (1-p)^{N-k} \approx \frac{\langle k \rangle^k e^{-\langle k \rangle}}{k!}$$

4.1.3.3　小世界网络

在现实生活中的网络，如电话网、人际关系网、电力线路网等既不是确定的规则网络，也不是完全的随机网络，如表 4-1 所示。作为两者的过渡，Watts 和 Strogatz 在著名期刊 Nature 上提出了小世界模型（WS 模型），揭示了复杂网络的小世界特性。

表 4-1　三类网络特征比较

连接概率 p	聚类系数 C	平均路径长度 L	网络特征
0	较大	$L_{规则} \sim N$	规则网络
1	较小	$L_{随机} \sim \ln N$	随机网络
(0, 1)	较大	较小	小世界特性

WS 小世界网络是基于具有 N 个节点的规则网络，以一定的概率 p，断开网络中的某条边，重连一端节点与网络中的其他节点。

小世界网络的突出特点是具有较短的 L 的同时又具有较高的聚类系数 C，小世界网络能够显示网络的平均路径长度与聚类系数随着网络重连概率 p 的变化情况。

4.1.3.4 无标度网络

由上文可知，ER 随机网络和 WS 小世界网络的度分布均近似于泊松分布，其特点是在平均度<k>的值处表现为波峰，之后呈指数衰减。而现实的许多网络，如万维网，Internet 网络的度分布却呈现幂律形式。其中，随机网络的度分布区间较小，对于较大的度呈指数下降；BA 无标度网络的度分布曲线会在右侧呈现出一个很大的摆尾，说明网络中存在度数较大的节点，网络节点的度分布区间也较大。

由此，Barabási 和 Albert 于 1999 年对万维网的数据统计分析，发现万维网的度分布服从幂律分布 $P(k) \sim k^{-\gamma}$。此类网络的节点的度没有明显的特征长度，即为无标度网络，称为 BA 模型。

无标度网络所具有的两个较为重要的特性主要包括增长性，即网络是动态变化的，是非静止的，可以有新的节点和边的加入；优先连接性，即新的节点会倾向于连接原本网络中度数较大的节点，使得网络不断演化而形成自组织过程。

BA 无标度网络的平均路径长度与网络的节点或规模之间的关系可表示为：

$$L_{BA} \propto \frac{\ln N}{\ln\ln N}$$

可以看出，BA 无标度网络也具有小世界特征。

BA 无标度网络的聚类系数参考文献可表示为：

$$C_{BA} = \frac{n^2(n+1)^2}{4(n-1)}\left[\ln\left(\frac{n+1}{n}\right) - \frac{1}{n+1}\right]\frac{[\ln(t)]^2}{t}$$

式中，n 为已存在节点；t 为演化步骤。该式表明，当网络规模 N 充分大时，BA 无标度网络类似于随机网络（$C_{\text{随机}} = p = <k>/N \ll 1$），聚类系数趋近于 0，即不具有明显的聚类特性。

复杂网络的研究可以简单概括为三方面密切相关却又依次深入的内容：通过实证方法度量网络的统计性质（即网络结构的描述方式）；构建相应的网络模型来理解这些统计性质；在已知网络结构特征及其形成规则的基础上，预测网络系统的行为（即网络结构特征与演化机制）。

目前，国内关于复杂网络研究主要分为以下四个方面：

（1）复杂网络理论研究。朱涵的《网络"建筑学"》被认为是国内期刊中

第一篇关于复杂网络的介绍。这篇文章以小世界网络和无标度网络等典型复杂网络结构模型为切入点，对复杂网络研究进展进行了梳理。之后吴金闪等以统计物理学的视角观察网络，认为网络是包含了大量个体及个体与个体之间相互作用的系统，并整理和总结了复杂网络的主要研究结果，对无向网络、有向网络和加权网络三种网络的静态几何量研究的现状分别做了综述。刘涛等从统计特性、结构模型和网络动力学行为三个层次简述了复杂网络相关研究，并着重介绍了网络传播行为。

（2）复杂网络特性及模型研究。谭跃进等提出节点重要度、网络结构熵和标准网络结构熵的概念并描述网络结构熵与连接度分布之间的关系；李昊等以因特网为研究对象得到了平均路径长度的计算公式；吕金虎等以时变复杂动力网络模型为基础，提出了基本的网络同步准则。对复杂网络的演化模型，比较具有代表性的研究有李翔等在 BA 网络模型基础上提出局域世界的概念，得到了局域世界演化网络模型；陈庆华等通过对 BA 网络模型进行拓展，得到了网络节点重连后的两个新型模型。

（3）复杂网络理论的应用研究。朱志探讨了复杂网络引入到社会网络研究的合理性，并给出了社会谣言传播网络研究的方向。王静等建立了基于小世界网络手机短信息的传播模型，并利用该模型研究了网络的近邻数和手机用户的信息转发概率对手机短信息传播的影响。江可申等将小世界网络应用到企业动态联盟中，研究了网络全局功能优化的目标下实现最大化企业利益的方法；邓丹等在对新产品开发（NPD）团队交流网络的特征参数进行深入分析的基础上，研究了NPD 团队交流网络的交流频率和交流集中度等对团队创新的影响。

（4）复杂网络理论的实证研究。具有代表性的有周辉利用我国广东地区 SARS 疫区相关调查历史数据证明了流言传播具有小世界和无标度特性。陈洁等以中国电力网为研究对象，统计相关数据得出该网络也具有小世界效应和无标度特性。陈永洲应用复杂网络工具研究了城市公交巴士复杂网络的结构性质及其演化规律，发现三种空间下的城市公交巴士复杂网络都具有"小世界现象"以及城市公交巴士拓扑网络中的连接节点间存在着"正相关关系"。

经过十余年的迅猛发展，复杂网络理论在国内外学术界得到了广泛而深入的研究，并应用到计算机、经济管理、医药等领域且取得了令人瞩目的研究成果。但是，不论从理论研究还是实证、应用研究方面，国内关于复杂网络研究的发展空间仍然很大。针对这种现状，以下三个方面有待深入开展：（1）考虑具有层次结构特征的加权演化模型和动态演化模型以进一步契合真实网络的发展特征；（2）以无向网络为研究基石，进一步发掘有向网络的结构特征和网络规律；（3）在将复杂网络和真实网络结合的过程中，不断修正其网络参数的度量方法并探索新的网络参数。

4.2 尾矿库风险演化的复杂网络分析

4.2.1 尾矿库隐患关联复杂网络构建

在尾矿库隐患辨识的基础上，运用复杂网络的节点来表示环境的不利条件、技术的隐患状态、人的不安全行为、法规标准作业程序的管理缺失等因素及其引发的隐患和事故/后果，同时运用复杂网络的边来表示节点间的影响及作用关系。根据尾矿库风险演化网络中节点与节点之间的有向连接，形成邻接矩阵，并采用 Pajek 复杂网络软件，形成尾矿库隐患关联复杂网络的拓扑结构图。

Pajek 可视化技术为用户提供一套快速有效的分析复杂网络的算法，还提供一个可视化的界面。所以本文采用 Pajek 可视化技术实现网络图的可视化。在实现网络的可视化之前，需要对相关数据进行处理，本文采用邻接矩阵法来处理相关数据。

邻接矩阵法能够对尾矿库复杂网络所需的相关数据进行处理，即用一维数组表示网络节点属性（编号、名称等），用二维数组表示节点之间关系（边的权值、方向等），以便运用 Pajek 可视化技术对复杂网络进行分区、聚类等分析。这里的邻接矩阵是一个与复杂网络及其节点数量 n 对应的 $n \times n$ 矩阵，反映了节点之间或者隐患之间的两两关联，其中矩阵元素 a_{ij} 表示网络边的权值，与节点隐患自身属性、其他影响因素及作用有关，其值域为 $[0, 1]$ 。

将尾矿库的三类隐患看做是复杂网络的相关节点，而三类隐患之间的耦合与演化关系，看做是复杂网络的连接边。且着三类节点之间的联系是有向的，也就是说该尾矿库的复杂网络是有向网络，边的权值暂取为 $a_{ij}=1$ ，以便进行网络统计分析，在实际应用时，采用德尔菲法，由专家打分给出。然后利用邻接矩阵建立数据，如图 4-1 所示。

    * Vertices   76

1 "不良气候区（如多降雨地区、多风地区、昼夜温差大地区等)"

2 "生物活动频繁区（如白蚁，会导致坝体的稳定性降低等)"

3 "不良地质区（如黄土地区、岩溶地区，节理裂隙发育地区)"

4 "地震多发区"

5 "地质地形条件产生变异"

6 "其他自然灾害（泥石流、山体滑坡等)"

7 "初期坝形式采用不透水子坝"

8 "坝体尺寸不满足相关要求"

9 "筑坝方式不合理"

10 "坝基处理不当或未处理"
11 "安全运行控制参数不明确"
12 "设计基础资料不完善"
13 构筑物有蜂窝及麻面"
14 "坝体位移监测设施不达标"
15 "浸润线监测设施不达标"
16 "库内水位监测设施不达标"
17 "清基不彻底"
18 "坝体密度不实"
19 "坝料不符合要求"
20 "反滤层铺设不当"
21 "岸坡杂物未清除"
22 "放矿支管少"
23 "非均匀放矿"
24 "长期独头放矿"
25 "雨水冲刷坝面"
26 "子坝堆筑过高"
27 "设计外的大量尾矿、废料或废水入库"
28 "库水位控制不当或过高"
29 "人员单位资质及经验"

```
*Matrix
0 0 0 0 0 0 0 0 0 0 0 0 0 0 0 0 0 0 0 0 0 0 0 0 0 0 0 0 0 0 0 0 0 0 0 0 0 0 0 0 0 0 0 0 0 0 0 0 0 0 0 0 0 0 0 1 0 0 0 0 0
0 0 0 0 0 0 0 0 0 0 0 0 0 0 0 0 0 0 0 0 0 0 0 0 0 0 0 0 0 0 0 0 0 0 0 0 0 0 0 0 0 0 0 0 0 0 0 0 0 0 0 0 0 0 0 0 0 1 0 1 0
0 0 0 0 0 0 0 0 0 0 0 0 0 0 0 0 0 0 0 0 0 0 0 0 0 0 0 0 0 0 0 0 0 0 0 0 0 0 0 0 0 0 0 0 0 0 0 0 0 1 0 0 1 1 1 0 1 1 0 1 0
0 0 0 0 0 0 0 0 0 0 0 0 0 0 0 0 0 0 0 0 0 0 0 0 0 0 0 0 0 0 0 0 0 0 0 0 0 0 0 0 0 0 0 0 0 0 0 0 0 0 0 0 1 0 1 0 1 1 0 1 1
0 0 0 0 0 0 0 0 0 0 0 0 0 0 0 0 0 0 0 0 0 0 0 0 0 0 0 0 0 0 0 0 0 0 0 0 0 0 0 0 0 0 0 0 0 0 0 0 0 1 0 0 1 0 1 0 1 1 0 1 0
0 0 0 0 0 0 0 0 0 0 0 0 0 0 0 0 0 0 0 0 0 0 0 0 0 0 0 0 0 0 0 0 0 0 0 0 0 0 0 0 0 0 0 0 0 0 0 0 1 0 1 0 0 0 1 0 0 1 0 1 0
0 0 0 0 0 0 0 0 0 0 0 0 0 0 0 0 0 0 0 0 0 0 0 0 0 0 0 0 0 0 0 0 0 0 0 0 0 0 0 0 0 0 0 0 0 0 0 0 0 0 1 0 0 0 0 0 0 0 1 0 0
0 0 0 0 0 0 0 0 0 0 0 0 0 0 0 0 0 0 0 0 0 0 0 0 0 0 0 0 0 0 0 0 0 0 0 0 0 0 0 0 0 0 0 0 0 0 0 0 0 1 0 1 0 0 0 0 0 1 0 1 0
0 0 0 0 0 0 0 0 0 0 0 0 0 0 0 0 0 0 0 0 0 0 0 0 0 0 0 0 0 0 0 0 0 0 0 0 0 0 0 0 0 0 0 0 0 0 0 0 0 0 0 0 0 0 0 0 0 0 1 0 0
0 0 0 0 0 0 0 0 0 0 0 0 0 0 0 0 0 0 0 0 0 0 0 0 0 0 0 0 0 0 0 0 0 0 0 0 0 0 0 0 0 0 0 0 0 0 0 0 0 1 0 0 0 0 0 0 0 0 0 1 0
0 0 0 0 0 0 0 0 0 0 0 0 0 0 0 0 0 0 0 0 0 0 0 0 0 0 0 0 0 0 0 0 0 0 0 0 0 0 0 0 0 0 0 0 0 0 0 0 1 1 0 1 0 0 0 0 0 0 0 0 0
0 0 0 0 0 0 0 0 0 0 0 0 0 0 0 0 0 0 0 0 0 0 0 0 0 0 0 0 0 0 0 0 0 0 0 0 0 0 0 0 0 0 0 0 0 0 0 0 0 0 0 0 0 0 0 0 0 0 0 0 0
0 0 0 0 0 0 0 0 0 0 0 0 0 0 0 0 0 0 0 0 0 0 0 0 0 0 0 0 0 0 0 0 0 0 0 0 0 0 0 0 0 0 0 0 0 0 0 0 0 0 0 0 0 1 0 0 0 0 0 0 0
0 0 0 0 0 0 0 0 0 0 0 0 0 0 0 0 0 0 0 0 0 0 0 0 0 0 0 0 0 0 0 0 0 0 0 0 0 0 0 0 0 0 0 0 0 0 0 0 0 0 0 0 0 0 0 0 0 0 0 0 0
0 0 0 0 0 0 0 0 0 0 0 0 0 0 0 0 0 0 0 0 0 0 0 0 0 0 0 0 0 0 0 0 0 0 0 0 0 0 0 0 0 0 0 0 0 0 0 0 0 0 0 0 0 0 0 0 0 0 0 0 0
0 0 0 0 0 0 0 0 0 0 0 0 0 0 0 0 0 0 0 0 0 0 0 0 0 0 0 0 0 0 0 0 0 0 0 0 0 0 0 0 0 0 0 0 0 0 0 0 1 0 0 0 0 0 0 0 0 0 0 0 0
0 0 0 0 0 0 0 0 0 0 0 0 0 0 0 0 0 0 0 0 0 0 0 0 0 0 0 0 0 0 0 0 0 0 0 0 0 0 0 0 0 0 0 0 0 0 0 0 0 0 0 0 0 0 1 0 0 0 0 0 0
0 0 0 0 0 0 0 0 0 0 0 0 0 0 0 0 0 0 0 0 0 0 0 0 0 0 0 0 0 0 0 0 0 0 0 0 0 0 0 0 0 0 0 0 0 0 0 0 0 1 0 0 0 1 1 0 0 1 0 1 0
0 0 0 0 0 0 0 0 0 0 0 0 0 0 0 0 0 0 0 0 0 0 0 0 0 0 0 0 0 0 0 0 0 0 0 0 0 0 0 0 0 0 0 0 0 0 0 0 0 1 0 0 0 1 1 0 0 1 0 1 0
0 0 0 0 0 0 0 0 0 0 0 0 0 0 0 0 0 0 0 0 0 0 0 0 0 0 0 0 0 0 0 0 0 0 0 0 0 0 0 0 0 0 0 0 0 0 0 0 0 0 0 0 0 1 1 0 0 0 1 0 0
0 0 0 0 0 0 0 0 0 0 0 0 0 0 0 0 0 0 0 0 0 0 0 0 0 0 0 0 0 0 0 0 0 0 0 0 0 0 0 0 0 0 0 0 0 0 0 0 0 0 0 0 0 0 0 0 0 0 0 0 0
```

图 4-1 邻接矩阵法数据处理

最后，利用 Pajek 可视化技术，对邻接矩阵所处理的数据进行转化，Pajek 可视化界面如图 4-2 所示。

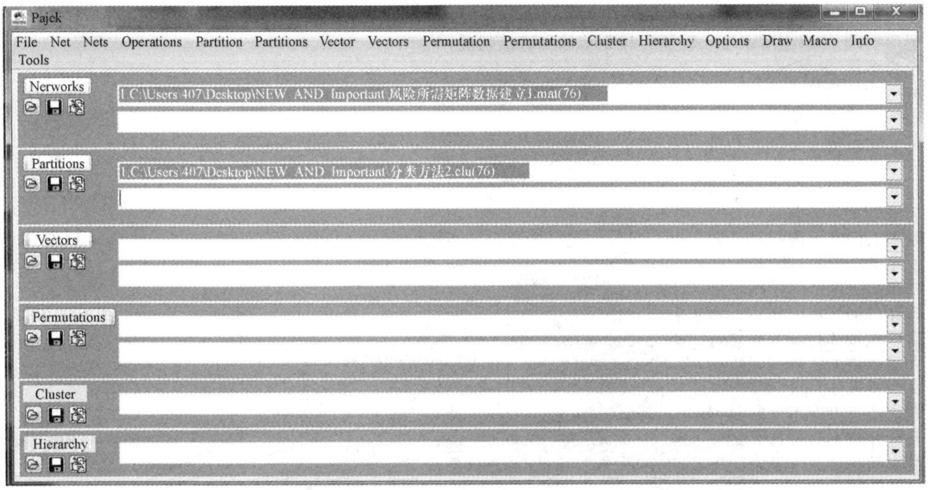

图 4-2 Pajek 可视化技术的处理界面

根据复杂网络理论及上述方法，绘制形成尾矿库隐患的风险演化网络，如图 4-3 所示。

尾矿库风险演化复杂网络比较系统地表征了尾矿库风险演化的三层节点（蛰伏隐患、威胁隐患和事故）、两个阶段（由蛰伏隐患到威胁隐患和由威胁隐患到活动隐患）和 228 种直接关联。左边的黄色节点层反映初始蛰伏（Dormant）隐患，包括环境的不利条件、技术的隐患状态、人的不安全行为、法规标准作业程序的管理缺失等因素，诸如监测设施不可靠、坝体密度不均、超标准的强降雨、安全评价不到位等；中间的橙色节点层反映次生威胁（Armed）隐患，是由初始蛰伏隐患经过演化而形成的、在某些工作环境或条件下会导致损害事故的隐患，诸如浸润线过高、调洪库容不足、排洪措施损坏或失效等，这些威胁隐患意味着事故及灾害后果的迫近；右边的红色节点层反映最终活动（Active）隐患，是正在或已经发生了的事故，若不能得到有效抑制，会导致不同程度的后果及灾害。

4.2.2 尾矿库风险演化网络结构分析

复杂网络具有一系列结构特性，运用复杂网络分析方法及结构特征参数，可以有效地分析和表示尾矿库风险演化复杂网络的一些系统特性及规律性。

以尾矿库复杂网络为例，图 4-3 右侧的尾矿库最终活动隐患或事故包括五类——洪水漫顶、滑塌/塌陷、渗流破坏、溃坝和环境污染。为了进一步分析尾矿库复杂网络特性，将这些最终隐患或事故以及导致其发生的蛰伏隐患和威胁隐患分别组成五个尾矿库事故的子网，再运用复杂网络分析软件 Pajek 进行计算，便可得出尾矿库风险演化网络与五个事故子网的有关特征参数值。

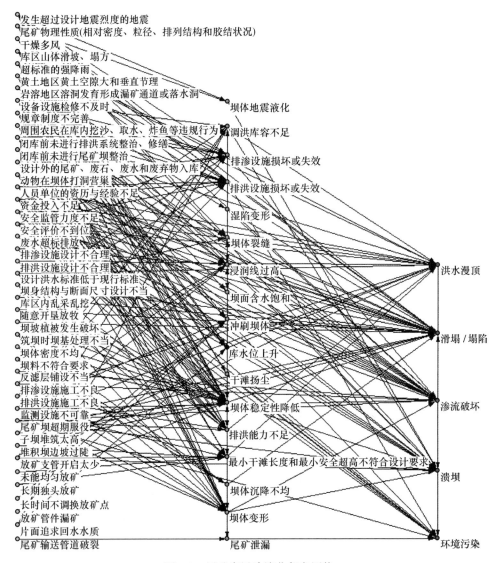

图 4-3　尾矿库风险演化复杂网络

通过 Pajek 软件建立尾矿库风险演化网络并计算网络密度、网络平均度、度数中心势、特征路径长度、网络直径、全局效率、集聚系数等参数，分析尾矿库风险演化网络的结构特性，得到各项结构特征参数值，如表 4-2 所示。

分析表 4-2 可以得出有关尾矿库风险演化网络的主要特性和特征如下。

4.2.2.1　网络密度与尾矿库隐患作用关系

在尾矿库风险演化网络中，节点表示隐患，连接边表示隐患之间的影响及作用关系，网络密度指网络中的实际边数与理论上的最大值之比，反映隐患之间的

表 4-2　尾矿库风险演化网络结构特性

参数名称	数　　值	参数名称	数　　值
节点数/个	65	特征路径长度	1.61
边数/条	228	网络直径	3
网络密度/%	6	全局效率	0.08
网络平均度	7.02	集聚系数	0.21
度数中心势（出/入）	10%/39%		

联系紧密程度。一个网络密度为 1 的网络，表示这个网络各点两两邻接。由表 4-2中的结果可以看出，尾矿库风险演化网络的节点总数 65 个，连接边总数 228 条，网络密度 6%，说明尾矿库风险演化网络总共包含 65 个隐患节点，隐患节点之间的直接因果关系有 228 种，两两隐患互为因果的可能性为 6%，表明尾矿库风险演化网络整体紧密程度度较低，结构较为分散，隐患及事故演化途径比较单一、独特，相互影响及作用关系一般。

4.2.2.2　网络平均度、度中心势与尾矿库事故特征

网络中节点的度（Degree），是指与该节点直接相连的其他节点的个数，包括入度和出度，反映节点的直接影响力；网络平均度是指网络中所有节点度数的平均值，反映节点直接影响力的平均水平；度数中心势（Degree centralization），测度网络对于某个或某些特殊节点的集中程度，反映全网节点度数的集中趋势情况。尾矿库风险演化网络平均度为 7.02，表明网络中每个隐患平均和 7 个隐患之间有直接因果关系，也意味着在尾矿库风险演化过程中每个隐患状态的变化平均可能引起与该隐患有直接作用关系的 7 个隐患状态的改变。尾矿库风险演化网络的出度标准差为 2.54，入度标准差为 6.62，后者大于前者，表明网络中的节点入度差异比出度大，说明隐患产生的原因有多有少，隐患造成的结果却比较集中。网络出向中心势为 10%，入向中心势为 39%，表明隐患入度的变化范围要大于出度的变化范围，体现出网络入度的分布更为分散，说明尾矿库风险演化网络中危险源多且分散，而能最终引发的事故却相对较少且集中。

4.2.2.3　网络特征路径长度、网络直径与尾矿库隐患致灾特征

网络的特征路径长度（Characteristic Path Length），是指网络中所有节点对之间最短路径长度的平均值，反映网络中所有节点对的平均距离；网络直径（Diameter），是指网络中所有节点对之间距离的最大值，反映网络中两个节点之间的最远距离。尾矿库风险演化网络的特征路径长度是 1.61，表明从平均意义上，一个隐患影响到其他隐患需要经过 1.61 条网络边，或者说一个隐患如果发生状态变化通过 1.61 步就可以引起其他隐患发生状态变化。尾矿库风险演化网络的最长路径是 3，表明一个隐患最多经过 3 步，就可以影响到最终活动隐患，导致

尾矿库事故。因此尾矿库风险演化系统的隐患变化所导致的影响范围是[0，3]。

4.2.2.4 全局效率与尾矿库风险演化速度

网络全局效率（Global Network Efficiency），是指全网中所有节点对之间最短路径长度的倒数之和的平均值，反映物质、信息或能量在网络上的传播速度。在尾矿库风险演化网络中，网络的全局效率反映风险演化的速度。尾矿库风险演化网络的全局效率是 0.08。

4.2.2.5 集聚系数与尾矿库小世界效应

集聚系数（Clustering Coefficient），是指与该节点相邻的所有节点之间也互相连接的比例，反映节点在网络局部的聚集情况。尾矿库风险演化网络集聚系数为 0.21，是介于 0 到 1 之间的数值，这个数值越大说明网络整体的集聚性越好，隐患之间联系紧密，耦合程度高，隐患触发的途径多，其他隐患向某一些中心隐患聚集的程度高。较高的集聚系数意味着在局部条件下隐患之间存在较强的连锁耦合能力，可能会在局部空间与时间上因为一个隐患的变化而引起系统较大范围的灾变。

尾矿库风险演化网络及事故子网所具有的特征路径长度较小和聚类系数较大的特征称为小世界效应，意味着容易由于多因素耦合、短致灾路径而引发事故，值得对相关隐患高度关注。

4.2.3 尾矿库风险演化网络中心性分析

尾矿库风险演化网络利用中心性分析可以获知隐患节点在风险演化网络结构中的位置或差异。

4.2.3.1 度数中心度

度数中心度（Degree Centrality）用于描述在静态网络中节点所产生的直接影响力，体现该节点与其周围节点之间建立直接联系的能力。在有向网络中，每个节点的度数可以分为出度（Out-Degree）和入度（In-Degree）。其中，一个节点的入度是指向该节点的其他节点的个数，即该节点得到的直接关系数；一个节点的出度是该节点直接发出的关系数。网络平均度数反映网络整体结构的联系紧密度，隐患节点的度数中心度反映隐患在风险演化网络中的位置，体现单个隐患与其周围隐患之间建立直接联系的能力。表 4-3 列出了尾矿库风险演化网络隐患节点出度、入度最大的前 10 项。

表 4-3 中的出度列是具有中心作用能力的主要隐患，它们的状态改变将引起较多的其他隐患状态改变，是尾矿库风险演化网络中触发次生威胁隐患或最终活动隐患的重要隐患。可以看出，在出度值排名前十的节点中，人为和管理因素占了很大比重，表明这方面的因素较大程度地影响着尾矿库的风险演化，是尾矿库

事故隐患的主要影响因素。其中，"发生超过设计地震烈度的地震"出度值最大，这是因为"地震"状态的改变将引起比其他隐患更多的隐患状态的改变，它处于出向网络的中心位置。排在出度第二位的是"规章制度不完善"，反映出尾矿库安全与法规制度紧密相关，是各类尾矿库事故不断发生的主要诱因。在入度列中，"渗流破坏"、"滑塌、塌陷"等事故在风险演化网络中均排在了前列，表明很多隐患都会有引起这些事故发生的可能，这些事故发生的途径较多，是尾矿库多发、常见事故。

表 4-3　尾矿库风险演化网络出度、入度值前 10 项

节点名称	出度	节点名称	入度
发生超过设计地震烈度的地震	10	坝体稳定性降低	28
规章制度不完善	10	滑塌、塌陷	25
人员单位的资历与经验不足	9	渗流破坏	20
资金投入不足	9	溃坝	20
安全评价不到位	9	洪水漫顶	16
设备设施检修不及时	9	坝体变形	14
尾矿坝超期服役	8	排洪能力不足	13
安全监管力度不足	7	环境污染	12
库区山体滑坡、塌方	7	排洪设施损坏或失效	11
闭库前未进行排洪系统整治、修缮	6	浸润线过高	10

4.2.3.2　中间中心度

中间中心度（Betweenness Centrality），又被称为介数，也是中心性分析重要指标，反映了节点或边的作用和影响力，由弗里曼（Freeman，1979）教授提出的。该概念测量的是节点对周围边和节点的控制程度。具体地说，如果一个节点处于许多其他节点对的最短路径上，就说该节点具有较高的中间中心度。中间中心度较高的节点在风险演化的过程中起着桥梁般的传播作用，加速了风险的蔓延。根据中间中心度定义，计算可知，尾矿库风险演化网络节点的平均相对中间中心度为 0.0011，最大值为 0.0099，最小值为 0，网络的相对中间中心势指数 0.89%，中间中心度标准差 0.0023。这组数据表明，尾矿库风险演化网络的相对中间中心度具有非常大的异质性，其中最大值为平均值的 9 倍，而标准差是均值的 2 倍，证明了网络中存在少量的中间中心度较大的隐患，而大部分隐患的中间中心度较小，其中有 44 个隐患的中间中心度为 0，位于网络的边缘，是隐患选取造成的。表 4-4 列出了尾矿库风险演化网络隐患节点相对中间中心度最大的前 10 项。

表 4-4 尾矿库风险演化网络隐患节点相对中间中心度前 10 项

节点名称	相对中间中心度	节点名称	相对中间中心度
排洪设施损坏或失效	0.0099	坝体稳定性降低	0.0041
浸润线过高	0.0096	库水位上升	0.0040
调洪库容不足	0.0070	排渗设施损坏或失效	0.0038
溃坝	0.0062	冲刷坝体	0.0033
渗流破坏	0.0059	坝体变形	0.0028

"排洪设施损坏或失效"、"浸润线过高"、"调洪库容不足"的中间中心度最大，说明在网络中这些隐患处在其他隐患连接的最短路径上，像桥梁一样，连接着初始蛰伏隐患和最终的尾矿库事故。如果做好尾矿库的管理与维护，降低这些中间中心度大的隐患发生的可能性，就能较大程度地减少尾矿库的事故。在尾矿库安全管理中，识别出中间中心度较大的隐患节点并降低或消除它的风险，可以减少隐患之间相互演化的途径，预防控制风险的传播。

4.2.3.3 紧密中心度

紧密中心度（Closeness Centrality）也是网络中心性分析的重要指标，它是依据测量网络中各节点之间的紧密性或距离而得，是节点到达其他节点所需要的最少连接。如果一个节点与网络所有其他节点的距离都很短，则称该节点具有较高的紧密中心度。对于有向网络而言，距离是根据具有相同方向的各条边来测定，因此有向网络的紧密中心度需要分别计算内紧密度（In-Closeness）和外紧密度（Out-Closeness）。尾矿库风险演化网络中内紧密中心度越大的节点，越容易发生风险状态改变，外紧密中心度越大的节点，越容易影响其他隐患的风险状态。尾矿库风险演化网络的相对外紧密中心度最大值 0.1962，最小值 0，均值 0.0799，标准差 0.0443；内紧密中心度最大值 0.5372，最小值 0，均值 0.0746，标准差 0.1385。由均值可知，网络无论出向还是入向，紧密度都很小。内紧密度的标准差是外紧密度的 3 倍，显然，出向更为集中，表明隐患状态发生变化后，导致的次生威胁和最终活动隐患更为集中。表 4-5 是尾矿库风险演化网络相对外紧密中心度最大的前 10 项。

表 4-5 尾矿库风险演化网络相对外紧密中心度前 10 项

节点名称	相对外紧密度
规章制度不完善	0.1962
设备设施检修不及时	0.1883
发生超过设计地震烈度的地震	0.1811
人员单位的资历与经验不足	0.1538

节点名称	相对外紧密度
资金投入不足	0.1538
安全评价不到位	0.1538
库区山体滑坡、塌方	0.1477
监测设施不可靠	0.1400
周围农民在库内挖沙、取水、炸鱼等违规行为	0.1395
尾矿坝超期服役	0.1385

在出度网络中，"规章制度不完善"、"设备设施检修不及时"、"发生超过设计地震烈度的地震"等到达其他隐患的距离之和较短，难度较小，较容易诱发事故。排在前 10 的外紧密中心度中，管理、人为因素的影响很大，说明人为因素与隐患状态改变的紧密程度很高，也说明提高人的安全意识和管理水平是保证尾矿库安全的重要途径。

表 4-6 是尾矿库风险演化网络内紧密中心度最大的前 10 项。其中，"溃坝"、"滑塌、塌陷"、"环境污染"等事故隐患排在最大值前列，表明在入向网络中，其他隐患节点到达这些隐患的距离和较短，说明在所有隐患因素的共同影响下，很容易导致这些内紧密中心度大的隐患发生。

表 4-6 尾矿库风险演化网络相对内紧密中心度前 10 项

节点名称	相对内紧密度	节点名称	相对内紧密度
溃坝	0.5372	洪水漫顶	0.2974
滑塌、塌陷	0.5026	排洪能力不足	0.2498
环境污染	0.4848	坝体变形	0.2140
坝体稳定性降低	0.4790	浸润线过高	0.2088
渗流破坏	0.3521	调洪库容不足	0.2016

4.2.4 尾矿库事故子网中心性分析

尾矿库风险演化复杂网络中，最终活动隐患有五个，将这五个事故以及导致其发生的蛰伏隐患和威胁隐患分别组成五个网络，形成尾矿库事故风险演化子网。

4.2.4.1 子网整体结构

（1）洪水漫顶事故子网。洪水漫顶事故子网，节点由与洪水漫顶相关的隐患因子组成，节点规模 29 个，有向边共计 65 条，网络密度 8%，网络平均度 4.48，特征路径长度 1.52，网络直径 3，全局效率 0.11，集聚系数 0.32。复杂网络图如图 4-4 所示。

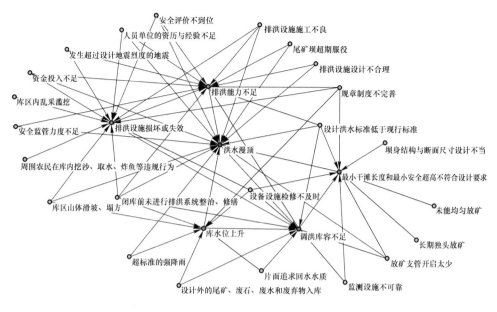

图 4-4　洪水漫顶事故子网

（2）滑塌、塌陷事故子网。滑塌、塌陷事故子网，节点由与滑塌、塌陷相关的隐患因子组成，节点规模 47 个，有向边共计 122 条，网络密度 6%，网络平均度 5.19，特征路径长度 1.44，网络直径 3，全局效率 7%，集聚系数 0.21。复杂网络图如图 4-5 所示。

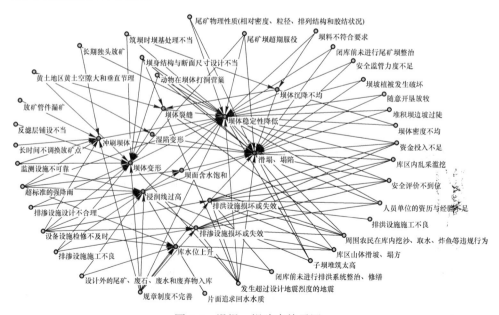

图 4-5　滑塌、塌陷事故子网

（3）渗流破坏事故子网。渗流破坏事故子网，节点由与渗流相关的隐患因子组成，节点规模35个，有向边共计70条，网络密度6%，网络平均度4.00，特征路径长度1.35，网络直径3，全局效率7%，集聚系数0.26。复杂网络图如图4-6所示。

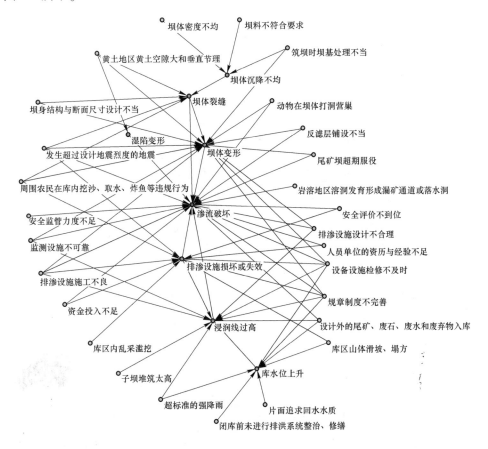

图4-6 渗流破坏事故子网

（4）溃坝事故子网。溃坝事故子网，节点由与溃坝相关的隐患因子组成，节点规模52个，有向边共计134条，网络密度5%，网络平均度5.15，特征路径长度1.55，网络直径3，全局效率7%，集聚系数0.20。复杂网络图如图4-7所示。

（5）环境污染事故子网。环境污染事故子网，节点由与环境污染相关的隐患因子组成，节点规模27个，有向边共计32条，网络密度5%，网络平均度2.37，特征路径长度1.46，网络直径2，全局效率6%，集聚系数0.17。复杂网络图如图4-8所示。

表4-7为五个尾矿库事故子网和整体网的结构特性汇总统计。从表4-7各事

故子网结构属性的汇总表可以得出：

五个事故子网各自的隐患节点数或边数分别小于整体网的隐患节点数或边数，但各个子网的隐患数之和与边数之和却分别大于整体网络的隐患节点或边数，表明整体网络不是各个子网的简单加和，意味着一种隐患可能演化成多类事故。尾矿库隐患的数量以溃坝与滑塌、塌陷事故子网为最多，其次是渗流破坏，说明溃坝与滑塌、塌陷属于尾矿库多发事故，危险源较多。

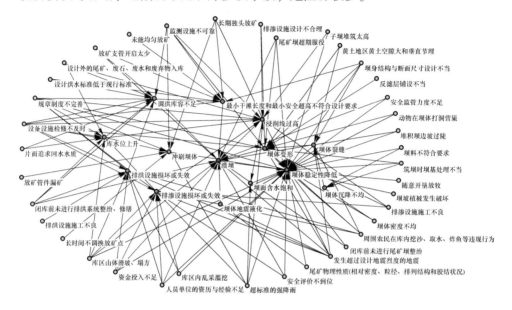

图 4-7　溃坝事故子网

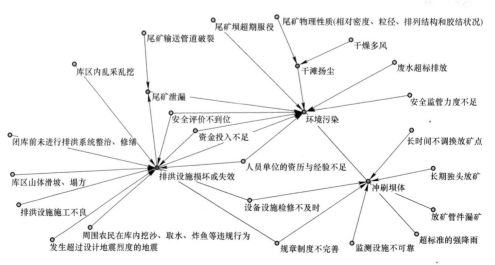

图 4-8　环境污染事故子网

表 4-7 尾矿库事故子网结构特性

参数名称	尾矿库风险整体网络	洪水漫顶事故子网	滑塌/塌陷事故子网	渗流破坏事故子网	溃坝事故子网	环境污染事故子网
节点数/个	65	29	47	35	52	27
边数/条	228	65	122	70	134	32
网络密度	6%	8%	6%	6%	5%	5%
网络平均度	7.02	4.48	5.19	4.00	5.15	2.37
度数中心势(出/入)	10%/39%	10%/51%	10%/56%	9%/54%	11%/51%	3%/39%
特征路径长度	1.61	1.52	1.44	1.35	1.55	1.46
网络直径	3	3	3	3	3	2
全局效率	0.08	0.11	0.07	0.07	0.07	0.06
集聚系数	0.21	0.32	0.21	0.26	0.20	0.17

尾矿库整体网络和事故子网的网络密度最大不超过 8%，表明尾矿库风险演化整体网络紧密程度较低，隐患及事故演化途径比较单一、独特，相互影响及作用关系一般。在五个事故子网中，洪水漫顶子网的密度最大（8%），表明洪水漫顶事故的隐患及其之间的联系较为紧密，隐患之间的相互影响及作用关系比较复杂。

就子网而言，滑塌、塌陷和溃坝子网的平均度较其他三个子网的要大一些，表明这两个事故子网的隐患多。不论是整体网还是子网，入向的度数中心势都大于出向的度数中心势，表明隐患的致因比后果更分散，影响尾矿库事故的隐患多，但最终引发的事故类型相对少且集中。

五个子网的特征路径长度都比整体网的小，表明事故子网中的隐患间距小于整体网的隐患间距，隐患在子网中的联系较整体网中更紧密，说明隐患更易于在子网中演化。五个子网的网络直径均小于等于 3，表明隐患最多经过不到 3 步，就可以影响到最终活动隐患，说明尾矿库致灾的路径较短。

尾矿库风险演化整体网的全局效率高于滑塌/塌陷、渗流破坏、溃坝、环境污染这四个事故子网，但低于洪水漫顶事故子网，表明除了洪水漫顶事故子网的连通性比整体网高之外，其他事故子网的连通性都比整体网低。当整体网和子网存在相同的初始蛰伏隐患时，风险在洪水漫顶事故子网中蔓延的速度最快。

从集聚系数上看，五个子网和整体网均介于 0.17 和 0.32 之间，而一般同规模的随机网络聚类系数约 0.05，表明整体和五个子网的隐患之间聚集程度较高，尤以洪水漫顶和渗流破坏子网为甚，表明这两个子系统各自的隐患之间联系紧密，耦合程度高，隐患触发的途径多，其他隐患向某一些中心隐患聚集的程度高。

结合前面所分析的尾矿库风险演化网络整体结构特性，将五个子网结构特征
参数综合起来，可以判断出尾矿库事故子系统中，大多数隐患所引发的事故连锁
反应能力都较小，但洪水漫顶子系统密度大，集聚系数高，内部隐患的连锁耦合
程度却很强，风险传播速度快，说明尾矿库的抗洪能力是影响尾矿库安全的关键
因素。

五个子网络具有较小的平均路径长度，而具有较高的集聚系数，表明尾矿库
事故的五个子网具有小世界网的特性，容易牵一发而动全身，所以尾矿库的隐患
不容小觑。

4.2.4.2 度数中心度

经过统计可得尾矿库事故隐患的五个子网相对度数中心度情况，见表4-8。

表4-8 尾矿库事故子网相对度数中心度统计

网络名称	平均度	出度中心势	入度中心势	出度最大值	出度标准差	入度最大值	入度标准差
尾矿库整体	0.055	10%	39%	0.156	0.040	0.438	0.103
洪水漫顶	0.080	10%	51%	0.179	0.041	0.571	0.167
滑塌、塌陷	0.056	10%	56%	0.152	0.034	0.609	0.132
渗流破坏	0.059	9%	54%	0.147	0.035	0.588	0.137
溃坝	0.051	11%	51%	0.157	0.035	0.549	0.108
环境污染	0.046	3%	39%	0.077	0.019	0.423	0.117

从各子网平均度上看，洪水漫顶子网较其他四个子网大很多，说明洪水漫顶
子网的隐患和子网中其他隐患建立了更多的连接，反映出洪水漫顶类事故一个隐
患状态的改变会导致较其他四个子网更多的隐患状态的改变，具有更强的风险演
化能力，在尾矿库风险演化系统中隐患治理起来较其他四类都要困难。而环境污
染子网的标准平均度仅0.046，是五个子网中最低，表明环境污染子网的隐患与
该子网中其他隐患连接较少，在尾矿库风险演化系统中，能触发次生威胁和最终
活动隐患的能力较其他四个事故隐患子系统要弱。从标准差上看，子网的入度标
准差均大于整体网络值，而子网的出度标准差大部分小于整体网的值，并且五个
子网的入度中心势都大于整体网，两个子网的出度中心势小于整体网，说明子网
入向网络节点较为集中，大多隐患指向了一小部分隐患，而出向网络则较为分
散，体现出与整体网络同样的情况，即尾矿库风险演化系统中危险源多且分散，
而能最终引发灾害的却相对较少且集中。

表4-9是尾矿库事故五个子网出度、入度统计中的最大值前5项。对比表4-3
可以发现，子网中出度和入度较大值，在整体网中也均具有较大值，表明整体网
从单个隐患重要性来说，较好地体现了子网的重要隐患特征。

表 4-9　尾矿库事故子网出入度值前 5 项

子网	节点名称	出度	节点名称	入度
洪水漫顶	闭库前未进行排洪系统整治、修缮	5	洪水漫顶	16
	设计洪水标准低于现行标准	4	排洪能力不足	13
	规章制度不完善	4	排洪设施损坏或失效	11
	设备设施检修不及时	4	调洪库容不足	9
	库区山体滑坡、塌方	3	最小干滩长度和最小安全超高不符合设计要求	9
滑塌、塌陷	规章制度不完善	7	坝体稳定性降低	28
	发生超过设计地震烈度的地震	6	滑塌、塌陷	24
	设备设施检修不及时	6	坝体变形	14
	超标准的强降雨	5	排洪设施损坏或失效	11
	库区山体滑坡、塌方	5	浸润线过高	10
渗流破坏	规章制度不完善	5	渗流破坏	20
	设备设施检修不及时	5	坝体变形	14
	发生超过设计地震烈度的地震	4	排渗设施损坏或失效	10
	排渗设施施工不良	4	浸润线过高	10
	黄土地区黄土空隙大和垂直节理	3	库水位上升	7
溃坝	规章制度不完善	8	坝体稳定性降低	28
	设备设施检修不及时	8	溃坝	17
	发生超过设计地震烈度的地震	7	坝体变形	14
	超标准的强降雨	5	排洪设施损坏或失效	11
	库区山体滑坡、塌方	5	浸润线过高	10
环境污染	人员单位的资历与经验不足	2	排洪设施损坏或失效	11
	资金投入不足	2	环境污染	10
	安全评价不到位	2	冲刷坝体	7
	排洪设施损坏或失效	2	干滩扬尘	2
	规章制度不完善	2	尾矿泄漏	2

4.2.4.3　中间中心度

表 4-10 是尾矿库事故子网相对中间中心度描述性统计。五个子网的最大值都远大于均值，而均值均小于标准方差，表明各子网中大部分隐患均指向中间中心度较大的隐患，其中洪水漫顶子网中间中心度标准差是均值的 3.67 倍、最大值是均值的 18.47 倍，表明洪水漫顶子网中起到较大桥梁纽带作用的节点的比例比其他四个子网都要大。根据网络的构建和中间中心度的定义，只有次生威胁隐患才有中间中心度值，是网络中承上启下的连接点。根据中间中心势的定义，中

心势越大，表明网络中的次生威胁隐患节点和其他节点间的中间中心度差异越大，意味着网络中存在的次生威胁隐患节点越集中。五个子网中，洪水漫顶子网中间中心势最大，表明该网的次生威胁隐患起的风险传递作用较为集中，控制其他隐患的能力较其他四个子网大，而渗流破坏子系统相比之下则较弱。

表 4-10　尾矿库事故子网相对中间中心度统计

网络名称	平均中间中心度	中间中心势	中间中心度最大值	标准差
尾矿库整体	0.0011	0.89%	0.0099	0.0023
洪水漫顶	0.0026	2.99%	0.0315	0.0077
滑塌、塌陷	0.0009	1.49%	0.0155	0.0025
渗流破坏	0.0009	0.72%	0.0079	0.0021
溃坝	0.0010	1.08%	0.0115	0.0023
环境污染	0.0015	2.72%	0.0277	0.0055

　　表 4-11 列出了五个尾矿库事故子网相对中间中心度值最大的前 4 项隐患。表中这些隐患在各自子系统中，相比于其他隐患而言，像桥梁一样连接着第一类和第三类隐患，对隐患网络的连通性起到至关重要的作用，缩短了风险传播的距离，因此，应排查、消除或削弱这些隐患对网络连通性的影响。

表 4-11　尾矿库事故子网相对中间中心度前 4 项

子　网	节　点	相对中间中心度
洪水漫顶	调洪库容不足	0.0315
	排洪设施损坏或失效	0.0278
	库水位上升	0.0082
	最小干滩长度和最小安全超高不符合设计要求	0.0055
滑塌、塌陷	浸润线过高	0.0155
	排渗设施损坏或失效	0.0063
	库水位上升	0.0039
	冲刷坝体	0.0031
渗流破坏	排渗设施损坏或失效	0.0079
	坝体裂缝	0.0064
	坝体沉降不均	0.0062
	浸润线过高	0.0045
溃坝	浸润线过高	0.0115
	调洪库容不足	0.0075
	排洪设施损坏或失效	0.0065
	坝体稳定性降低	0.0055

续表 4-11

子　　网	节　　点	相对中间中心度
环境污染	排洪设施损坏或失效	0.0277
	冲刷坝体	0.0092
	干滩扬尘	0.0031
	尾矿泄漏	0.0015

4.2.4.4　紧密中心度

表 4-12 是尾矿库风险演化网络五个子网紧密中心度的描述性统计。从内紧密度看，整体网和子网的标准差都大于均值，从外紧密度看，整体网和子网的标准差都小于均值，说明入向网络节点较为集中，出向网络则较为分散，体现出与整体网络同样的情况，即尾矿库风险演化系统中危险源多且分散，最终引发的事故却相对较少且集中。五个子网的紧密中心度均值与整体网不相上下，这表明各个子网集聚效应与整体网相似。从子网紧密度的比较看，不论是内紧密度还是外紧密度，洪水漫顶子网均值最大，表明隐患的连接最紧密，风险传播能力最强。

表 4-12　尾矿库事故子网相对紧密中心度统计

参　　数		尾矿库整体	洪水漫顶	滑塌/塌陷	渗流破坏	溃坝	环境污染
内紧密度	均值	0.075	0.096	0.068	0.067	0.065	0.065
	最大值	0.537	0.667	0.663	0.654	0.599	0.619
	标准差	0.138	0.199	0.152	0.152	0.135	0.158
外紧密度	均值	0.080	0.115	0.079	0.087	0.073	0.084
	最大值	0.196	0.207	0.174	0.171	0.181	0.123
	标准差	0.044	0.042	0.033	0.035	0.036	0.024

表 4-13 列出了五个尾矿库事故子网中紧密中心度较大的前 5 项隐患。外紧密度较大的节点更容易引发威胁和事故，多是初始蛰伏隐患。内紧密度较大的节点更容易被触发，且大都是最终活动隐患和少数次生威胁隐患。

表 4-13　尾矿库事故子网相对紧密中心度前 5 项

子　　网	节点名称	外紧密度	节点名称	内紧密度
洪水漫顶	闭库前未进行排洪系统整治、修缮	0.207	洪水漫顶	0.667
	规章制度不完善	0.181	排洪能力不足	0.560
	设备设施检修不及时	0.181	调洪库容不足	0.452
	设计洪水标准低于现行标准	0.172	排洪设施损坏或失效	0.414
	库区山体滑坡、塌方	0.145	最小干滩长度和最小安全超高不符合设计要求	0.414

子　网	节点名称	外紧密度	节点名称	内紧密度
滑塌 塌陷	规章制度不完善	0.174	坝体稳定性降低	0.663
	设备设施检修不及时	0.160	滑塌、塌陷	0.657
	发生超过设计地震烈度的地震	0.139	坝体变形	0.296
	超标准的强降雨	0.128	浸润线过高	0.289
	周围农民在库内挖沙、取水、炸鱼等违规行为	0.128	排洪设施损坏或失效	0.255
渗流 破坏	规章制度不完善	0.171	渗流破坏	0.654
	设备设施检修不及时	0.171	坝体变形	0.397
	发生超过设计地震烈度的地震	0.143	浸润线过高	0.388
	排渗设施施工不良	0.143	排渗设施损坏或失效	0.314
	周围农民在库内挖沙、取水、炸鱼等违规行为	0.122	库水位上升	0.229
溃坝	排洪设施损坏或失效	0.046	坝体稳定性降低	0.599
	反滤层铺设不当	0.046	溃坝	0.573
	排洪设施施工不良	0.043	坝体变形	0.267
	坝体稳定性降低	0.038	浸润线过高	0.261
	冲刷坝体	0.038	调洪库容不足	0.252
环境 污染	规章制度不完善	0.123	环境污染	0.619
	设备设施检修不及时	0.123	排洪设施损坏或失效	0.444
	排洪设施损坏或失效	0.111	冲刷坝体	0.296
	人员单位的资历与经验不足	0.111	尾矿泄漏	0.281
	资金投入不足	0.111	干滩扬尘	0.111

4.2.5　尾矿库关键隐患识别

构建的尾矿库风险演化复杂网络涉及事故隐患多达 65 种、作用关系多达 228 项。为了有效地预防和控制尾矿库事故发生，需要找出风险演化系统中的重要隐患。运用复杂网络的中心化指数（Indices）——度数中心度（Degree Centrality，DC）、紧密中心度（Closeness Centrality，CC）、中间中心度（Betweenness Centrality，BC）等就可以分析重要隐患。

Latora 和 Marchiori 认为，如果通过移除网络中某个节点而导致网络功效下降，那么这个节点在网络中就具有一定的重要性。目前，被较为普遍认同的网络功效指标是网络全局效率。如果移除网络中度数中心度、紧密中心度、中间中心度较高的节点，会比移除那些非中心化节点对网络效率产生的影响要大。我们把去除某类特殊的节点或边的过程称为网络干扰（attack）。

在尾矿库风险演化网络中，节点是隐患，移除隐患节点表示对隐患进行了有效控制、预防事故发生。通过在不同干扰策略下，测试网络效率下降程度，可以筛选出对网络效率影响最大的网络中心化指数，进而确定关键隐患。

根据 Pajek 计算结果，将网络中的节点按照度数中心度、紧密中心度和中间中心度降序排列。由于尾矿库网络的最终活动隐患节点即事故节点是本研究的主要对象，在干扰分析时，不考虑移除这些节点。按照节点中心度从高到低的顺序依次移除尾矿库网络中的初始蛰伏隐患和次生威胁隐患，对尾矿库风险演化网络分别进行 DC 干扰、CC 干扰和 BC 干扰，即可得到不同干扰策略下网络全局效率的变化，如图 4-9 所示。

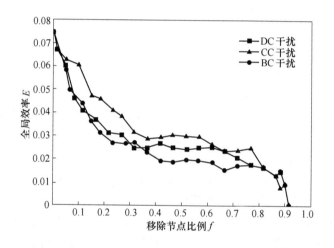

图 4-9　不同干扰策略下网络全局效率的变化

从图 4-9 中可以看出，在三种干扰策略下，网络全局效率呈现逐步下降趋势。当全局效率为 0 时，表示网络已经不存在连接边和连通子网，尾矿库隐患演化的风险得到有效控制。但在三种策略下，当移除节点比例相同时，BC 干扰的全局效率下降程度最大；当全局效率降至同一水平时，BC 干扰移除的节点比例最小。

由此可以得出，尾矿库网络中的关键隐患是中间中心度较高的隐患，应该优先排查和防控。对应地，中间中心度最高的 10 种隐患见表 4-4，它们是排洪设施损坏或失效、浸润线过高、调洪库容不足、坝体稳定性降低、库水位上升、排渗设施损坏或失效、冲刷坝体、坝体变形、坝体裂缝、坝体沉降不均。

通过采用有效技术、建立规章制度、完善教育培训、强化监督管理等措施，优先预防和控制这些关键隐患，便可以比较有效地削减尾矿库风险。

由此可见，在尾矿库隐患辨识的基础上，建立了系统表征尾矿库风险演化过程的三层 65 个节点、两个阶段和反映风险演化途径 228 条边的尾矿库风险演化复杂网络。通过分析尾矿库风险演化整体网络和五个事故子网的结构特征参数和中心性，得出了有关尾矿库风险演化网络的一些特性及规律性，包括尾矿库网络的小世界效应及风险演化的快速性、复杂性。采用网络中心化指数干扰并分析其对网络全局效率的影响，得出了尾矿库风险演化过程中的关键隐患为一些中间中心度较高的节点，据此提出了相应的尾矿库事故预防策略。

4.3　尾矿库风险演化动力学仿真模型

在尾矿库风险演化复杂网络模型基础上，对 Buzna 等建立的灾害蔓延的普适性动力学模型进行改进，提出基于复杂网络的尾矿库风险演化模型，通过研究其内在规律和特征，分析隐患的动态风险。

4.3.1　灾害蔓延动力学模型

研究表明，灾害事件具有突发性和蔓延性，大多数的灾害事件在一个微小扰动下能引发整个系统的连锁反应，进而致使系统的大部分产生崩溃。

基于灾害系统和灾害动力学的特征，Buzna 等建立了灾害蔓延的普适性动力学模型。

一个有向网络 $G = (N, S)$ 中包含节点 $i \in N := \{1, 2, \cdots, n\}$ 和连接边 $(i, j) \in N \times N$，用 x_i 表示每个节点的属性值，$x_i = 0$ 表示该节点处于稳定状态，x_i 偏离零表明该节点崩溃。自然界系统都存在着灾害蔓延机制和自我修复能力。灾害蔓延机制是指当某个或某些节点出现崩溃状态时，灾害会在网络上传播，导致大部分网络节点崩溃。自我修复能力是指当节点发生崩溃时，伴随着时间的进程，有些节点能够进行自我修复。以属性值表征就是如果开始时刻 x_i 有个小扰动，但随着时间的推移，由于节点的灾害蔓延机制和自我修复能力，属性值会趋近于零或者网络中大部分节点的 x_i 趋近于无穷。所以，节点关于时间演化的动力学公式可表示为：

$$\frac{\mathrm{d}x_i}{\mathrm{d}t} = -\frac{x_i}{\tau} + \Theta\left[\sum_{j \neq i} \frac{M_{ij} x_i(t - t_{ij})}{f(o_i)} \mathrm{e}^{-\beta t_{ij}/\tau}\right] + \zeta_i(t) \tag{4-1}$$

$$\Theta(x_i) = \frac{1 - \exp(-\alpha x_i)}{1 + \exp\{-\alpha[x_i - \theta_i(t)]\}} \tag{4-2}$$

$$f(o_i) = \frac{ao_i}{1 + bo_i} \tag{4-3}$$

式（4-1）等号右端第一项体现节点的自修复能力，$1/\tau$ 表示节点的自修复速度；第二项体现节点的灾害蔓延机制，M_{ij} 表示节点 i 对节点 j 的影响程度；t_{ij} 表示节点 i 和节点 j 之间的影响延迟时间；β 表示传播过程中的阻尼作用；第三项体现节点的内部随机噪声。式（4-2）是 S 型函数，α 为定值，θ_i 为节点 i 的阈值。式（4-3）是节点 i 的出度函数，O_i 表示节点 i 的出度值，出度函数反映了节点 i 对其他节点的影响程度，其中的 a 和 b 为定值。

这个模型将网络节点的灾害蔓延机制、自我修复能力和内部随机噪声考虑在内，在仿真分析中发现灾害蔓延的过程中存在一个传播临界值，此临界值的大小与网络拓扑结构及节点参数有关，并探讨了节点自失效时网络的鲁棒性。

翁文国等对网络在随机扰动下的灾害蔓延进行了分析，基于关键生命线系统共同特征的研究，构建了普适性的灾害蔓延动力学模型。此模型考虑了网络节点的灾害蔓延机制、自修复能力和内部随机噪声，研究了延迟时间因子、自修复因子和噪声强度三个特征变量在随机网络、无标度网络和小世界网络崩溃节点数目和节点修复程度上所起的作用。仿真分析的结果说明，所研究的三个特征参数都存在两个状态（稳定或崩溃）和一个临界值，验证了所建立的模型在模拟关键生命线系统的灾害蔓延特征及规律上的有效性。

欧阳敏等介绍了几种已被研究了的基于复杂网络的灾害蔓延模型，且研究了它们的特征和缺陷，最后提出了一种改进的考虑冗余的灾害蔓延模型，并在不同的网络结构下，对不同的模型，模拟了修复因子的影响及灾害蔓延过程的差异，得出了大规模灾害事件很少发生的原因是：系统中存在着冗余，致使灾害蔓延的过程变缓，为系统补救争取了更多的修复时间。

Buzna 等分析了随机攻击下灾害蔓延的各种有效的应急策略，认为初始节点在受到扰动后会持续一段时间，在此期间内，分配给它的资源没有发挥作用，从而得到结论：在无标度网络中任意节点的扰动下，控制灾害所需的最少资源量随应急时间的增加而减少。

张振文等分析研究了无标度网络中灾害蔓延的应急响应，根据系统的网络关系和灾害蔓延的情况选择不同的应急方案。通过仿真说明随机攻击和目标攻击下各种应急方案的异同，并指出了它们的优缺点。在应急响应时间变化时，讨论了运用各种方案使灾害得以控制时所需的最大和最少外部资源量的变化情况。将总资源数量和应急响应时间进行不同组合，分析最优应急方案的抉择。在资源受到限制的条件下，最佳选择需要同时考虑演化现状和网络结构特征。

李泽荃等根据普遍的灾害蔓延动力学特征，在随机网络、小世界网络和无标度网络三种网络拓扑结构下，模拟分析了网络中心性在灾害蔓延速率和蔓延趋势中的作用和影响。通过变换初始演化条件，分析了网络的初始状态对蔓延效率的影响，重点探讨了灾害蔓延最终状态在四种初始崩溃节点选取下的差异。分析表明，网络能较好地抵御随机攻击，对目标攻击却显示出较强的脆弱性。

许多学者在复杂网络中运用灾害蔓延动力学模型进行了灾害的仿真分析，虽具有普适性，却没有具体到各行各业。有的学者将模型运用于具体的灾害分析，如李智构建的灾害蔓延系统动力学模型分析了持续性影响与瞬时性影响对灾害蔓延的作用。运用复杂网络理论对噪声、父节点影响度、自身修复能力这三项影响因素进行模化；探讨了延迟系数、连接边发生概率及政府修复能力这三个重要的参数对次生灾害的影响；确定了两个评价指标——灾害损失速率和灾害损失度，利用灾害发生的概率和灾害产生的后果研究灾害的演化行为和风险控制；最终，通过分析一个具体的实例来验证该模型的有效性和可行性。

李泽荃选用潘启东博士所构建的煤矿灾害网络，研究了网络中心性对灾害蔓延速率与蔓延趋势的作用，得出的结论是：在降低煤矿灾害事故发生率时可优先选择蓄意攻击介数和度数较高的节点。

目前将灾害蔓延动力学模型运用到尾矿库的研究还不多，有必要在上述模型研究的基础之上，对模型进行补充和完善，以建立适合于尾矿库隐患的风险演化模型。

4.3.2 尾矿库风险演化动力学模型假设

截至目前，以复杂网络传播动力学为基础的计算机病毒的蔓延、信息的传播及扩散、交通及航空网络、电力网络、供应链网络、疾病防控、自然灾害蔓延、井工煤矿事故及灾害等成为研究热点，但是将复杂网络理论和灾害蔓延动力学运用到尾矿库的研究还方兴未艾。在建立尾矿库风险演化动力学模型之前，需提出一些假设：

（1）基于能量释放理论，将尾矿库风险视作一种可以量化的特殊能量，其能够通过隐患节点间相互作用关系向相邻隐患传播。

（2）尾矿库风险演化网络上每个隐患状态分两种情况，分别是蛰伏状态和威胁状态。当隐患处于蛰伏状态时，不能够向其他隐患传播风险，只可以接受风险；而当其处于威胁状态时，既可以传播又可以接受风险。

（3）隐患节点应对风险拥有自我修复的功能，可以削减风险，控制风险蔓延。

4.3.3 尾矿库风险演化动力学模型构建

对于风险评估模型，风险表征的定量方法有基于美军系统安全管理导则（MIL-STD-882A）提出的 Risk = Likelihood×Consequences 模型；联合国减灾委的报告《Living with risk: A global review of disaster reduction initiatives, 2002》中曾提出了一个风险评估模型 Risk = Hazard×Vulnerability/Capacity；美国加州大学洛杉矶分校应用了一个社区公共风险表征模型 Risk = Hazard × (Vulnerability − Resources)。

从上述模型可以看出，风险评估模型应该考虑以下几个重要的因素。

（1）隐患（Hazard）。对象系统内在的引发安全、健康、财产或环境威胁的人的不安全行为、物的不安全状态和管理的缺陷，可以区分为蛰伏（Dormant）、威胁（Armed）、活动（Active）等主要模式。隐患在风险演化网络中以节点表示。

（2）脆弱性（Vulnerability）。对象系统及风险受体抵御事故影响或损失的能力，其大小称为脆弱度，反映受体可能经受损失的程度，可以通过能力建设及资源投入而改变。

（3）能力（Capacity）或者资源投入（Resources）。为消解隐患、预防事故的能力建设而投入的资源。

Buzna 等人提出的灾害蔓延普适性动力学模型考虑了网络节点的自修复功能、灾害蔓延机制和内部随机噪声，对于风险演化动力学模型的构建具有很大的参考价值。因此，本书在灾害蔓延普适性动力学模型的基础上加以改进以提出适用于尾矿库的风险演化动力学模型。

本书采用离散时间研究风险演化过程，以便研究风险在尾矿库各种隐患间的分步演化情况。由能量释放理论和工程实际可知，隐患内部的风险逐渐积累到一定的量后才会导致事故或是向外传播，这个临界值称为风险阀值，低于阈值的风险属于可控范围内。隐患节点的风险随时间的动态变化过程主要考虑受隐患节点的自修复能力、风险演化机制和内外部环境的扰动三个方面因素的影响。综上所述，提出尾矿库风险演化的动力学模型如式（4-4）所示。

$$x_i(t) = (1 - r_i) \cdot x_i(t-1) + \Theta \left[\sum_{j \in E'_i, \ j \neq i} \frac{x_j(t-1) - \theta_j}{g(O_j)} \right] + \xi_i(t) \quad (4\text{-}4)$$

$x_i(t)$ 表示在 t 时刻隐患节点 v_i 的风险值，若 $x_i(t) = 0$，则说明隐患节点 v_i 在 t 时刻不存在风险；若 $0 < x_i(t) < 0.5$，则说明隐患节点 v_i 在 t 时刻已经存在风险，但处于蛰伏状态，当 $x_i(t) > \theta_i$ 时，隐患节点 v_i 的危害和整改难度较大，并且会开始将风险传播至其他隐患，处于威胁状态。由于受到尾矿库风险演化系统内外部环境的双重影响，隐患节点的风险随时间推移而发生变化。风险动态变化过程主要受以下三个方面因素的影响：

（1）隐患节点的自修复能力。企业投入资源，加强安全管理，对隐患进行及时的整改，便可以减少经济损失，因此，隐患具有自修复功能，可以考虑用资源投入和经济损失这两个因素来衡量隐患的自修复能力。式（4-4）等号右端的第一项表示节点的自修复能力。式中的 r_i 表示隐患节点 v_i 的自修复因子。它主要是由企业投入的最大的资源量和尾矿库发生事故的损失之比决定的。企业投入的资源越多，节点通过自修复能力就能越快削减自身风险。可以看出，隐患节点 v_i 的风险 $x_i(t)$ 随演化时间的风险增长率是 $1 - r_i$，自修复因子 r_i 越高，风险增长率就越低，隐患演化的速度就越慢，所需的企业投入也越大。

（2）隐患节点的风险演化机制。由于风险的传播损耗等情况，风险在尾矿库隐患间的传播蔓延不仅仅和隐患之间的直接联系有关，隐患节点所接受的风险并不是向其传播风险的所有隐患节点的风险的简单相加。式（4-4）等号右端的第二项 Θ 表示与隐患节点 ν_i 直接相连的入向隐患的风险传递作用导致其风险增加的部分，反映了风险演化机制。参考灾害蔓延普适性动力学模型，$\Theta(x)$ 为 S 型函数，计算公式见式（4-5）。

$$\Theta(x) = \frac{1 - \mathrm{e}^{-\alpha x}}{1 + \mathrm{e}^{-\alpha(x - \theta_i)}} \tag{4-5}$$

式中，θ_i 表示隐患节点 ν_i 的风险阈值，即风险可控水平，从式（4-5）可以看出，其弱化了相邻节点对 ν_i 风险的影响。并且，当 $x = 0$ 时，不论 α 和 θ_i 取何值，总有 $\Theta(x) = 0$，结合式（4-4）中 $\Theta(x)$ 自变量的取值，可知当 $x_i(t) \leqslant \theta_i$ 时，$\Theta(x) = 0$，正好说明了处于蛰伏状态的隐患节点不会向相邻节点传播风险，如图 4-10 所示。

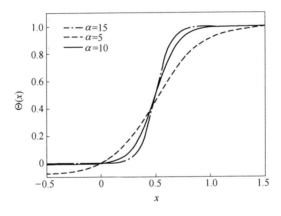

图 4-10　$\Theta(x)$ 函数在参数 α 取不同值的变化（$\theta_i = 0.5$）

在 $\Theta(x)$ 函数中，x 表示传播给隐患节点的风险，$\Theta(x)$ 表示隐患节点接收的风险，当传播来的风险小于阈值时，接收的风险也应该小于阈值，当传播来的风险大于阈值时，接收的风险也理应大于阈值，即当 $x < \theta_i$ 时，$\Theta(x) < \theta_i$，$x > \theta_i$ 时，$\Theta(x) > \theta_i$，而当 $x = \theta_i(\theta_i \in (0, 1))$ 并且 α 取值较大时，$\Theta(\theta_i) = \dfrac{1 - \mathrm{e}^{-\alpha \theta_i}}{2}$ 的近似值是 0.5，故根据 S 型函数的特点，确定风险阈值 $\theta_i = 0.5$。由图 4-10 可以看出，α 取 5，10 或者 15 都可以满足这样的规律。但通过比较可以得知，$\alpha = 15$ 时，接收的风险相对于传播的风险的变化率较大，风险接收的太多；$\alpha = 5$ 时，接收的风险相对于传播的风险的变化率较小，风险耗散太多；所以选取 $\alpha = 10$ 这样比较适中的情况作为模拟参数。

在式（4-4）中，Θ 的自变量表示与 ν_i 相邻的入向节点向其传播风险的总体值，并且求和公式只统计节点风险值超过风险阈值的部分。另外，E_i' 代表直接导致隐患节点 ν_i 发生的全部隐患节点的集合。$g(O_j)$ 是隐患节点 ν_j 出度的函数，表示 ν_j 传播风险过程中的风险分配情况，计算方法见式（4-6）。

$$g(O_j) = \frac{aO_j}{1 + bO_j} \tag{4-6}$$

O_j 表示隐患节点 ν_j 的出度，出度越大，ν_j 风险的受体就越多，而传播给 ν_i 的风险就较少。当 ν_j 出度为 1 时，$g(1) = 1$，ν_j 超出阈值的风险全部传播给 ν_i，当 ν_j 出度大于 1 时，$g(O_j)$ 也大于 1，表示 ν_j 超出阈值的风险部分传播给 ν_i。由于 $g(O_j)$ 是随着 O_j 的增大而增大，但不超过 a/b，可使 a/b 等于出度的平均值，在之后的仿真中根据复杂网络的参数取值。

（3）内外部环境的随机扰动。内外部环境的扰动也会影响尾矿库的风险演化。这些因素包括系统内和系统外两个部分，内部扰动主要来源于隐患节点自身的属性，例如洪水漫顶导致尾矿库垮塌，这一灾害事件同样受到坝体自身的材料、建筑工艺和强度等影响，这就是坝体垮塌的内部噪声需要考虑的指标。外部扰动表示系统外部的破坏作用。由于各种原因，诸如资料不全、资金投入不足或是工作人员的资质、经验欠缺等，尾矿库风险演化系统中识别出的隐患无法考虑所有的危险因素，很有可能忽略一些次要的隐患，节点外部扰动考虑的就是这些系统外的隐患造成的影响。式（4-4）右端的第三项就表示内外部环境的扰动对隐患节点 ν_i 风险的增加，用 ξ_i 来表示，假设服从均匀分布 $\xi_i \sim U(0, \Delta u)$，$\Delta u = 0.001$。

4.3.4 尾矿库风险演化模型效果指标

为了描述尾矿库隐患演化成事故的过程，除了引入每个隐患节点的风险值外，再引入风险演化范围 R 和风险演化速度 V 两个指标表征风险演化的特征。

$x_i(t)$ 表示在 t 时刻隐患节点 ν_i 的风险值，取值范围 $x_i(t) \geq 0$，若 $x_i(t) = 0$，则说明在 t 时刻隐患节点 ν_i 处于安全状态，即隐患 ν_i 不存在；若 $0 < x_i(t) < 0.5$，则说明隐患节点 ν_i 在 t 时刻已经开始暴露，但仍然处于蛰伏状态，当 $x_i(t) > 0.5$ 时，处于威胁状态，隐患节点 ν_i 不仅自身的危险程度高，还会向其他隐患传播风险。

风险演化范围 R 表示风险演化过程中，超过风险阈值处于威胁状态的隐患节点总数的最大值，代表风险影响覆盖面，计算方法如式（4-7）所示。

$$R = \max(N(t)) \tag{4-7}$$

式中，$N(t)$ 表示 t 时刻处于威胁状态的隐患节点总数，即满足节点风险大于阈值（ $x_i(t) > \theta_i$ ）的节点总数。

风险演化速度 V 指的是抵达风险演化范围即威胁隐患数目最大时所需的时间

步长 T，表示单位时间步长内威胁隐患增加的数目，代表了风险传播的速度，计算方法如式（4-8）所示。

$$V = \frac{R}{T} \tag{4-8}$$

在进行模型分析和假设的基础上，进行尾矿库风险演化构模。对灾害蔓延动力学模型进行分布离散化，考虑节点风险阈值、节点自修复能力、节点的风险演化机制以及内外部环境的扰动等因素，建立了适合于尾矿库风险演化的动力学模型，用节点的风险值判断隐患的风险程度，并形成了相应的动力学表达式。最后提出增加风险演化范围和风险演化速度两个指标表征风险的波及范围和演化速度。

4.4 模型示例一：980 沟尾矿库

4.4.1 尾矿库背景

2008 年 9 月 8 日 7 时 58 分，山西省襄汾县新塔矿业有限公司新塔矿区 980 沟尾矿库发生特别重大溃坝事故，造成 277 人死亡、4 人失踪、33 人受伤，直接经济损失达 9619.2 万元。

失事尾矿库是临钢公司 1977 年为年处理 5×10^4 t 铁矿选厂而建设，坝址位于山西省临汾市襄汾县的陶寺乡云合村 980 沟；1982 年 7 月 30 日，该库曾经被洪水冲垮，于是临钢公司在距离原初期坝下游大约 150m 处重新修建浆砌石初期坝；1988 年，临钢公司对 980 沟尾矿库进行了简易的闭库处置，并决定停用它，此时总坝高约 36.4m；2000 年，临钢公司新建约 7m 高的黄土子坝，计划重新开始使用 980 沟尾矿库，但基本没有排放尾矿；2006 年 4 月，新塔公司的安全生产许可证被吊销，采矿许可证也于 2007 年 8 月到期；2006 年 10 月 16 日，980 沟尾矿库的土地使用权归襄汾县人民政府所有。

2007 年 9 月，新塔公司私自启用已被停止使用的 980 沟尾矿库，并在生产建设过程中存在三方面严重问题。首先，为了片面扩大尾矿库库容，尾矿堆坝的下游坡比过陡，高达 1：1.38，通过专家初步对坝体稳定性计算分析，抗滑稳定性不满足安全标准规定要求，坝体处于极限状态；其次，为了解决选矿用水的不足，在库内违规超量蓄水，开始放矿前，在沉积滩面及黄土子坝上游坡面铺设塑料膜，在堆坝过程中，以铺设多层塑料膜于沉积滩面上，导致库内水位过高，干滩长度过短，浸润线抬升；再次，自 2008 年初以来，尾矿坝下游坡面多次出现渗水现象，事故发生前一个月开始，在子坝外坡利用透水性很低的黄土贴坡堵水，贴坡厚度约 4m，与原黄土子坝连成一体，在堆积坝外坡形成一道阻水斜墙，阻挡坝内水外渗，导致尾矿堆积坝体浸润线快速升高，坝体呈饱和状态，形成一个高势能饱和体，由于库内水位过高，在渗透压力作用下，黄土子受到浸润并开始软化。

4.4.2 隐患辨识

980 沟尾矿库在闭库后非法违规建设、生产，根据第 3 章的隐患辨识方法，分析尾矿库在闭库后重新启用后的各个隐患。

4.4.2.1 环境因素

2008 年 9 月 7 日早 8 点到 8 日早 8 点，襄汾县降水量只有 1.5mm，根据气象学的知识界定为小雨，之前的 8 月 29 至 9 月 6 日的 9 天时间里，襄汾县境内未有降雨，经过科学地分析和论证，不可能因人为破坏或者暴雨、地震等地质灾害触发此次溃坝。

4.4.2.2 技术因素

新塔公司凭经验随意堆坝，导致尾矿堆积坝坡过陡。同时，采用库内铺设塑料防水膜防止尾矿水往下渗漏，坝面局部发生渗水时采取黄土贴坡等违规做法阻挡坝内水外渗，致使坝体发生局部渗透破坏，导致坝体发生整体滑动，最终引发溃坝。

4.4.2.3 人为因素

新塔公司对尾矿库进行长期的非法违章建设和运营，安全生产管理杂乱无序，将尾矿库建成了一个重大的人造危险源；山西省各级有关部门执法不严，不依法履行各自应尽的职责，对新塔公司存在的严重违法问题监管不力，部分工作人员滥用职权、失职渎职。

4.4.2.4 管理因素

山西省有的地方未严格贯彻执行安全生产方针政策和法律法规，没有依法履行相应的职责。企业没有采矿许可证和安全生产许可证，尾矿库既未经立项审批，又没有进行正规的设计，是违规私筑坝体。相关部门法律法规执行不严，形同虚设，未发现如此严重的尾矿库隐患。

4.4.3 模型建立

收集 980 沟尾矿库的工程背景并辨识闭库后再利用阶段的隐患，以隐患为节点，以隐患之间的作用关系为边，运用 Pajek 软件作图，构建 980 沟尾矿库风险演化网络，如图 4-11 所示。

运用 Pajek 软件进行网络的结构参数统计，分析计算后得出 980 沟尾矿库风险演化网络的结构特性，如表 4-14 所示。根据统计结果，2007 年被私自重新启用后，980 沟尾矿库具有隐患节点 14 个，这些隐患之间的直接作用关系总共有

17 种，网络密度 9%，说明 980 沟尾矿库风险演化的关系网复杂程度不高，事故演化途径比较单一，隐患之间的相互作用及演化过程比较明了；网络的平均度是 2.43，表明每个隐患平均与 2~3 个隐患之间有直接因果关系，意味着在风险演化过程中每个隐患状态的变化可能直接引起 2~3 个其他隐患状态的变化，入向中心势都大于出向中心势，表明导致隐患发生的原因多于隐患产生的后果，表现出事故致因多样，事故类型集中的特征；网络的特征路径长度是 1.65，网络直径是 3，表明一个隐患发生状态改变平均需要 1.65 步就可以引起其他隐患状态的改变，事故触发的距离短，一个隐患最多经过 3 步就可以演化成为最终的事故，事故发生的过程比较快；虽然网络的集聚系数只有 0.02，但全局效率比较高，是 0.13，说明风险容易迅速蔓延从而导致事故发生。

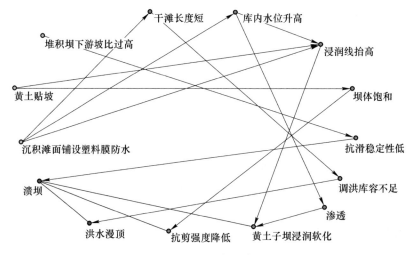

图 4-11   980 沟尾矿库风险演化网络

表 4-14   980 沟尾矿库风险演化网络结构特性

参数名称	数　值	参数名称	数　值
节点数/个	14	特征路径长度	1.65
边数/条	17	网络直径	3
网络密度/%	9	全局效率	0.13
网络平均度	2.43	集聚系数	0.03
度数中心势（出/入）	15%/23%		

4.4.4 关键隐患识别

按照 4.3 节的方法，对 980 沟尾矿库风险演化网络进行 DC、CC、BC 干扰，测试依次移除中心度较高的节点后，网络效率的下降程度，据此判断哪种中心性指数适合用来评定网络节点的关键程度。网络干扰结果如图 4-12 所示。

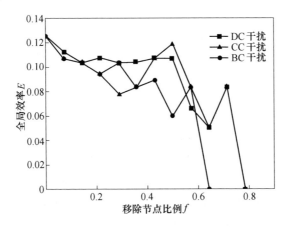

图 4-12　不同干扰策略下网络全局效率的变化

　　从图 4-12 中可以看出，在三种干扰策略下，随着网络移除节点比例的升高，全局效率都呈现波动下降的趋势，DC 干扰和 CC 干扰均是在移除了 79% 的节点后网络全局效率降至 0，而 BC 干扰在移除了 64% 的节点后就把全局效率降至 0，比其他两种干扰策略少移除了 2 个节点。并且从曲线与坐标轴围成的区域来看，BC 干扰曲线的面积最小，说明在移除中间中心度较高的节点时，最快地将网络的全局效率降下来，导致网络不连通，最有效地切断风险的传播途径。

　　详细分析网络在进行 BC 干扰时移除每个节点全局效率下降的比例，就能够定量地识别出网络的关键节点。根据表 4-15 的计算结果，可知在 BC 干扰时导致全局效率下降的节点是比较关键的节点，即黄土子坝浸润软化、浸润线抬高、调洪库容不足、抗剪强度降低、库内水位升高和抗滑稳定性低。

表 4-15　BC 干扰后全局效率的对比　　　　　　　　（%）

移除节点比例	全局效率	下降比例
7.14	10.68	1.86
14.29	10.35	0.33
21.43	9.39	0.96
28.57	10.37	-0.98
35.71	8.33	2.04
42.86	8.93	-0.60
50.00	5.95	2.98
57.14	8.33	-2.38
64.29	0.00	8.33

4.4.5　模型仿真分析

本节运用之前的方法对 980 沟尾矿库风险演化过程进行仿真，考察自修复因子和初始风险值的变动对 980 沟尾矿库风险演化过程的影响，分析其初始隐患的风险初值在超过风险阈值时，其他关键隐患的风险变化规律。

以 2007 年 9 月为仿真起点，每个时间步长代表一个月，t 取 1~13，模拟一年的风险演化过程；给初始隐患赋风险初值是为了模拟该隐患节点 ν_i 由于技术不足、人为干扰、环境不利和管理不善等原因使得其成为风险演化网络中的风险传播源头，即令 $x_i(1) > 0.5$；隐患风险演化过程中的节点具有自修复能力 r_i，它主要是由企业投入的最大的资源量和尾矿库发生事故的损失之比决定的；980 沟尾矿库风险演化网络的出度均值为 1.3，根据 4.3 节的分析，可知 $a=b+1$，$a/b=1.3$，在仿真中取 $a=4$，$b=3$。

4.4.5.1　自修复因子与风险演化的关系

为了便于仿真，对图 4-11 中的节点进行编号，如表 4-16 所示。其中 $\nu_1 \sim \nu_3$ 是初始蛰伏隐患，$\nu_4 \sim \nu_{12}$ 是次生威胁隐患，ν_{13} 和 ν_{14} 是最终活动隐患。

为了避免随机取值的干扰，取节点的自修复因子 r_i 也统一取值为 r（$r=$ 资源量/损失，$r \in [0,1]$）。初始隐患的风险初值分三种情况，分别是初始隐患中有 3 个处于威胁状态 $R(1)=3$：$x_1(1)=x_2(1)=x_3(1)=0.8$，有 2 个处于威胁状态 $R(1)=2$：$x_1(1)=x_2(1)=0.8$，$x_3(1)=0$ 和有 1 个处于威胁状态 $R(1)=1$：$x_1(1)=0.8$，$x_2(1)=x_3(1)=0$。在这三种情况下，研究节点的自修复因子 r 与风险演化范围 R 的关系。

表 4-16　节点编号

节点名称	节点编号	节点名称	节点编号
沉积滩面铺设塑料膜防水	ν_1	抗滑稳定性低	ν_8
黄土贴坡	ν_2	调洪库容不足	ν_9
堆积坝下游坡比过高	ν_3	渗透	ν_{10}
干滩长度短	ν_4	黄土子坝浸润软化	ν_{11}
库内水位升高	ν_5	抗剪强度降低	ν_{12}
浸润线抬高	ν_6	洪水漫顶	ν_{13}
坝体饱和	ν_7	溃坝	ν_{14}

如图 4-13 所示，x 轴表示自修复因子，y 轴表示风险演化范围，三条曲线的规律是：在自修复因子从 0 到 1 逐渐增长的过程中，三条曲线都呈阶段下降趋势，说明随着企业资源量投入的增多，处于威胁状态的隐患数目逐渐减少；三条曲线都是在 $r=0.1$ 时开始下降，在 $r=0.55$ 时趋于平稳，即当自修复因子小于

0.1 时，风险演化范围达到最大，当自修复因子在 0.1 与 0.55 之间时，风险演化范围逐渐缩小。说明企业投入过少，风险会迅速蔓延，至少投入一定的资源量才会有效地减少处于威胁状态的隐患数目，资源投入大于某一特定值时，风险演化范围趋稳。$R(1) = 1$、$R(1) = 2$、$R(1) = 3$ 分别用蓝、红、黑三种颜色的线条表示，黑线总是在红线之上，而红线总是在蓝线之上，说明在自修复能力不变的条件下，初始处于威胁状态的隐患越多，最终的处于威胁状态的隐患也越多，风险影响范围也越大，所以在发现初始蛰伏隐患时就要做好风险预控工作，以防风险蔓延。总体看来，自修复因子与风险演化范围呈现负相关的关系，并且当自修复因子大于某一值时，风险演化范围趋稳。

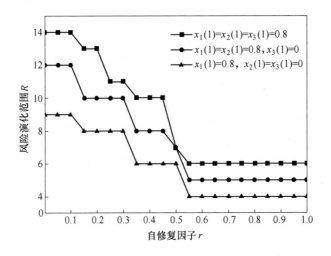

图 4-13   自修复因子与风险演化范围的关系

4.4.5.2 初始风险值与风险演化的关系

根据图 4-13 的仿真结果，自修复因子 r 取 0.1 和 0.5 的中间值 0.3，节点的自修复因子 $r = 0.3$，考虑初始风险值的变动对风险演化的影响。初始隐患的风险初值分三种情况，都只有一个隐患处于威胁状态，分别是：$x_1(1) = 0.8$，$x_2(1) = x_3(1) = 0$；$x_1(1) = 0$，$x_2(1) = 0.8$，$x_3(1) = 0$；$x_1(1) = x_2(1) = 0$，$x_3(1) = 0.8$。在这三种情况下，研究隐患的初始风险值与风险演化范围的关系，如图 4-14。

可以看出，当初始风险值小于阈值 0.5 时，隐患的风险只限于自己本身。当初始风险值超过 0.5 之后，隐患开始向相邻隐患传播风险，从而导致其他隐患风险升高，扩大了风险演化范围，并稳定在某一值。其中隐患节点 v_1 沉积滩面铺设塑料膜防水在初始风险值为 0.8 时造成了另外 7 个隐患变为威胁状态，隐患节点 v_2 黄土贴坡在初始风险值为 0.8 时造成了另外 4 个隐患达到相同的效果，隐患节点 v_3 堆积坝下游坡比过高在初始风险值为 0.7 时造成了另外 1 个隐患超过风险阈值。根据仿真结果可知,当尾矿库的自修复能力不变时,小于阈值的风险是可控的,控制初始风险始终低于阈值的状态,就会大大减少事故灾害的发生。所以控制初始隐患的初始风险值可以从根本上、源头上起到事故预防的效果。

4.4.5.3   980 沟尾矿库风险演化仿真

2008 年 980 沟尾矿库发生的特大溃坝事故的直接经济损失达 9619.2 万元。根据财政部安全监管总局 2012 年 2 月 14 日出台的《企业安全生产费用提取和使用管理办法》第二章第六条(七)的规定,本办法下发之日以前已经实施闭库的尾矿库,按照已堆存尾砂的有效库容大小提取,库容 $10^6 \mathrm{m}^3$ 以下的,每年提取 5 万元。因为该尾矿库服务年限 20 年,故最大的资源量为 100 万元;最大资源量除以直接经济损失得到自修复因子 r 值为 0.01。

因为仿真初始时间是 2007 年 9 月,980 沟尾矿库被非法重新启用,并且存在较为严重的隐患,故取初始风险值 $x_1(1) = x_2(1) = x_3(1) = 0.6$,说明初始蛰伏隐患已经具备把风险传播给后续其他隐患的能力了。以 2007 年 9 月为仿真起点,每个时间步长代表一个月,t 取 1~13,模拟一年的风险演化过程。

图 4-15 描述了 980 沟尾矿库处于威胁状态的隐患总数随时间变化的规律。随着时间的推移,越来越多的隐患由蛰伏状态转变为威胁状态,再加上安全投入不足和安全管理不善,在 3 个月后有一半的隐患处于威胁状态,9 个月后所有隐患都处于威胁状态,溃坝事故发生的风险极高,风险演化速度是平均每个月有 1.4 个新的隐患发生状态改变。

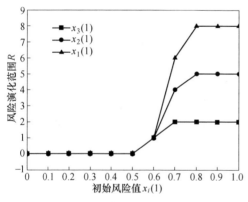

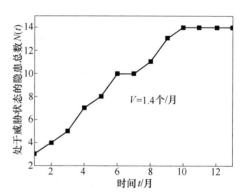

图 4-14   初始风险值与风险演化范围的关系   图 4-15   980 沟尾矿库处于威胁状态的隐患
                                               总数随时间变化规律 ($r = 0.01$)

将 4.4.2 节识别出的关键隐患的前 4 个加上最终活动隐患,总共 6 个重要隐患的风险值单独分析,得到随时间演化的隐患风险值,如图 4-16 所示。

所有隐患的风险值都呈现逐月上升的趋势,并很快超过风险阈值。其中抗滑稳定性和库内水位升高这两个隐患的风险值一直在相对缓慢地升高,分别在 4 个月和 6 个月达到风险阈值，其他四个隐患的风险值都是突然变化，最先突破阈值的是黄土子坝浸润软化，只用了 3 个月，其次是 4 个月的溃坝，抗剪强度降低和洪水漫顶分别用 8 个月和 10 个月达到风险阈值。说明尾矿库容易由黄土子坝浸润软化发展成为溃坝，而洪水漫顶事故发展较缓慢，所以需要加强尾矿库的安全管理采取事故预防控制措施，降低库内水位，放缓坡比，防止渗漏，增强坝体的稳定性和抗剪强度，以防溃坝事故发生。

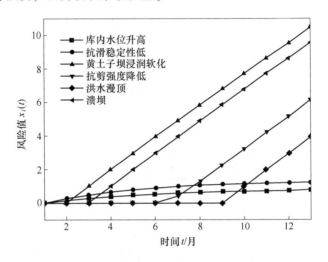

图 4-16　980 沟尾矿库关键隐患风险值随时间变化规律（$r=0.01$）

图 4-16 的隐患风险值几乎直线上升，主要原因是自修复因子太小，隐患节点间的风险演化效果超过了节点的自修复能力，风险在网络中蔓延几乎无阻力，迅速地传播至每个角落。根据图 4-13，风险演化在自修复因子为 0.55 时开始趋于平缓，尝试将节点的自修复因子增加到 0.55，其他条件不变，再模拟 980 沟尾矿库的风险演化过程，结果如图 4-17 和图 4-18 所示。

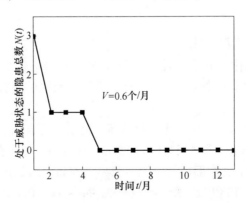

图 4-17　980 沟尾矿库处于威胁状态的隐患总数随时间变化规律（$r=0.55$）

从图 4-17 可以看出，在相同的初始风险值条件下，$r = 0.55$ 时，尾矿库的 3 个风险源在 4 个月后得到了控制，没有一个隐患节点的风险超过阈值，隐患状态变化的速度是 0.6 个/月。图 4-18 中，黄土子坝受浸润软化和溃坝两个风险在超过风险阈值后 2 个月内又把风险降下来了，其余四个隐患并未超过阈值不会传播风险，说明企业的增加资源量投入可以在短时间内把风险降到可控的范围，控制风险继续传播。

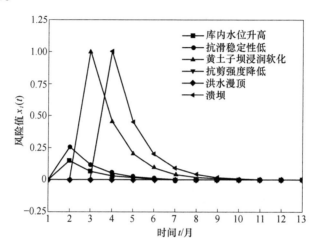

图 4-18　980 沟尾矿库关键隐患风险值随时间变化规律（$r = 0.55$）

仿真结果反映了尾矿库隐患演化成事故的规律性特征，验证了尾矿库风险演化动力学模型的有效性，可以表征尾矿库隐患的风险值在时空上的变化，为事故预防控制提供理论支持和新的思路。

4.5　模型示例二：和尚峪尾矿库

4.5.1　尾矿库背景

4.5.1.1　库区地形地貌

首云矿业股份有限公司和尚峪尾矿库距选厂 0.7km 左右。矿区紧邻巨各庄镇，有京承高速路和京承铁路通过。矿区、选矿厂及尾矿库有公路连接，交通较为便捷。

尾矿库库区三面环山，东、北、西较高，呈多沟组成爪形沟谷。东侧初期坝坝底地表标高 142.15m，西坝坝底标高 152m，西侧山脊标高在 225~245m，北部山脊标高在 285~323m，东部山脊标高在 240~260m。东北角处经人工开凿凹口的底标高 223.14m。库区尾矿坝已堆积至 215m 标高，该标高以下地形被覆盖，库区汇水面积 0.41km²。西、北、东三面山体表面表层为第四纪坡积，部分岩石裸露。山体植被覆盖率较高，长势一般。其下为太古界密山群沙厂组英云闪长质片麻岩，部分地段红色长英质成分较多，并发育有长英质岩脉。岩石结构为粒状变晶及变余结构，片麻状结构。

4.5.1.2 库区水文地质

根据区域地质调查结果，本区出露地层除第四系外，为中太古代苇子峪片麻岩套中的沙厂片麻岩系。

库区内工程地质比较简单，除节理、裂隙较为发育外，不存在严重的液化涂层、断裂等不良地质的作用。无滑坡、泥石流等不良地质灾害，场地稳定性好。而场地的地震设防烈度为 7 度，设计地震基本加速度为 0.15g。

库区位于潮河、沙厂水库之间潮河的东北侧、沙厂水库的西南侧，密云水库南侧。该区域及附近地区地表水系不甚发育，主要有潮河、小清河和沙厂水库。北部有小清河自东向西流入潮河，上游有沙厂水库。

沙厂水库的库容量 2120 万立方米，年均弃水量 0.1781 亿立方米，年最大弃水量 0.4262 亿立方米。小清河现已全部断流，尽在汛期防水，形成间歇性河流。因连年干旱，地下水位大幅下降，地表已很少有泉水出露。沙厂水库和小清河在小庙沟断裂带北侧，最小距离约 450m。建设厂区无自然地表径流，地表径流冲刷剥蚀不明显，拟建场地及附近无岩体裂隙渗水及泉水出露，库区内矿浆沉淀水体经回流管道进行回收利用。厂区内总体地势较高，岩体无明显聚水构造，本地区降水补给较少。

场区内尾矿坝地下水的坝体内的水体补给主要是放矿补给和大气降水补给。从空间分布上看，大气降水属于面状补给，范围普遍且较均匀，放矿补给属于线状或点状补给，局限于库区内；从时间分布比较，大气降水持续时间有限，而放矿补给持续时间较长且是经常性的。放矿量和降水量的多少，将直接影响到坝体地下水位的变化。坝体地下水主要为潜水和上层滞水；按含水介质类型，坝体地下水属于孔隙水的范畴。

4.5.1.3 基本设计参数

和尚峪尾矿库位于选矿厂北面 0.7km 处的山谷里，建有两座初期坝，均为透水堆石坝。西坝底标高 149.3m，东坝底标高 143.5m，两坝坝顶宽均为 5m，内外坡比 1：2.0，坝顶标高都是 163.5m，原设计尾矿最终堆积标高 220m，总库容约 1350 万立方米，服务年限 20 年。

尾矿库等别为初期四等，终期三等。初期坝坝顶 163.5m 标高以上为尾矿堆积坝，坝外坡分别在 173.5m、183.5m、193.5m、200m、210m 标高共设 5 条马道，马道宽 5m，各段坡比 1：4.5。在尾矿堆积坝体内 173m 标高、距初期坝轴线 120m 处设有第一道水平排渗体；在 187m 标高、距初期坝轴线 180m 处设有第二道水平排渗体；在 200m 标高、距初期坝轴线 300m 处设有第三道水平排渗体。

在库内设三座高分别为20m、20m、26m，内径2.0m的周边多空的钢筋混凝土溢水塔，塔孔内径300mm，外径350mm，成螺旋形布置。塔下由内径1.0m钢筋混凝土排水管连接引出坝外，排水管总长度为561m。

和尚峪尾矿库增容改造后，设计最终堆积标高从220m增加到245m，增加库容702万立方米，按选矿厂每年产出62.2万立方米尾矿计算，全尾矿进入库内，可服务17年左右。和尚峪尾矿库初期坝坝底标高142m，改造后尾矿最终堆积坝标高245m，该尾矿库终期最大坝高103m，最终堆积标高245m以下总库容1992万立方米。

当前，尾矿库坝顶标高215m，库水位211.6m，库容1155万立方米，干滩120m以上，内坡比1.5%，汇水面积0.41km^2。

矿区气候为温暖带季风型大陆性半湿润半干旱气候，四季分明，干湿冷暖变化明显，昼夜温差大。夏季受大陆低压和太平洋高压影响，炎热多雨。冬季受西伯利亚、内蒙古高压控制，寒冷干燥。极端最高气温40.6℃，极端最低气温在-27.4℃，年平均气温为10.8℃；最大冻土深度0.85m。

本地区降雨量年变化率较大，从1976年以来年最大降水量为841.8mm（1977年），年最小降水量为336.4mm（1999年）。每年降雨多集中在7~8月份，多年平均降雨量为618.5mm，风速一般为2.5~3m/s。

和尚峪尾矿库于2008年进行了增容扩高改造，通过计算分析，按照首云矿业股份有限公司选矿厂每年产出的全部尾矿计算，该尾矿库可继续服务17年。

4.5.2　隐患识别

和尚峪尾矿库现处于运行阶段的后期，即将闭库。所以，本文分析该尾矿库的事故隐患根据第三章的基本理论思想，从建设（勘察、设计及施工三个部分）、运行阶段进行分析。根据和尚峪尾矿库现场安全调查分析结果以及相关资料，得到和尚峪尾矿库可能存在的隐患和事故。

4.5.2.1　勘察阶段的事故隐患分析

A　环境因素

（1）昼夜温差大。矿区气候为温暖带季风型大陆性半湿润半干旱气候，四季分明，干湿冷暖变化明显，昼夜温差大。

（2）降雨量多。夏季受大陆低压和太平洋高压影响，炎热多雨。

（3）风力小，风速低。由风力级别公式 $F = \sqrt[3]{\left(\dfrac{v}{0.84}\right)^2}$，可以计算出2.06<$F$<2.58。

（4）节理裂隙比较发育，但无不良地质。

（5）无滑坡、泥石流等不良地质灾害。虽然库区三面环山，但山的坡度小，且高度比较小。

（6）场地的稳定性良好，场地地震的防设烈度为 7 度，设计地震基本加速度为 0.15g，且由历史数据可知，北京密云的地震发生的频率极小。

（7）岩体无明显聚水构造，本地区降水补给少。

B 人为因素

（1）场地生物活动较少，周围农民居住较少。距离矿山办公地点 572.37m，距离居民居住区最近的边缘是 1.27km。根据溃坝影响范围的经验公式：山谷型尾矿库坝高 80 倍、平地型尾矿库坝高 40 倍的距离划定下游影响的范围，和尚峪尾矿库若是溃坝，则其影响的最大范围<1.2km，所以一旦发生溃坝，居民区是安全的。

（2）库区周围无重要农业设施，亦无成片林木，在库区西约 200m 处及东南 100m 处有乡村公路通过，无旅游景点。为了防止库区放牧及人员淹溺事故的发生，首云矿业股份有限公司在库区周边山体上设置了栏杆，栏杆的设置较好地将尾矿库与周边分隔开。

（3）该尾矿库由首钢地勘公司勘察，该公司是一个资质合格，经验丰富的公司。

C 技术因素

和尚峪尾矿库位于密云水库下游约 7.5km 处，不会对水源地构成威胁。

D 法规因素

首云矿业股份有限公司的各项规章制度齐全，且采用的标准均是国家或行业的最新标准。

综上所述，勘察阶段为尾矿库后期运行留下的风险事故隐患主要有降雨量、昼夜温差大以及节理裂隙较发育，且其影响不大。

4.5.2.2 设计阶段的事故隐患分析

A 环境因素

在设计阶段考虑的环境因素比较少，主要是尾矿库的选址问题，勘察阶段的尾矿库库址的选择是合理的，所以，设计阶段的尾矿库库址也合理。

B 人为因素

（1）尾矿库资金投入充足。该矿山企业不但基建费用齐全，而且，为了防止发生尾矿库相关安全事故，特设立资金建立尾矿库的综合监测系统，主要包括（坝体位移监测系统、浸润线位置监测系统、降雨量监测系统、库水位监测系统）。该项目由中国安全生产科学研究院矿山研究所承担，现已完成，并投入生产使用。

（2）设计单位资质到位，设计人员经验丰富、安全评价严格、到位。该尾矿库的设计是由鞍山冶金矿山设计院进行设计，由中环冶金总公司、鞍山冶金设计研究院有限责任公司以及中国安全生产科学研究院对其进行了安全现状评价、尾矿库改造增容工程初步设计、改造增容工程的尾矿库安全专篇、以及尾矿库的风险评估。

C　技术因素

（1）初期坝高度满足初期调蓄洪水要求。

（2）下游坡与山坡结合处设置了截水沟。

（3）下游坡面除碎石压坡部分外，均进行了植被绿化，设置了排水沟。

（4）设置了坝体位移和浸润线观测设施，进行每日观测。

（5）设置了值班室、材料库（棚）、通讯和照明设施。

（6）尾矿库设计中有防止初期坝放矿直接冲刷初期坝上游坡面的预防措施。

（7）考虑了不同工况下坝体稳定安全系数满足规程要求。

D　法规因素

（1）企业通过安全标准化工作制定了避免周围山体发生泥石流的风险评价计划。

（2）已建立和尚峪尾矿库闭库管理制度以及关于闭库整治程序的相关要求。

（3）设置了安全生产组织机构，配备了相应的装备设施。

（4）建立了《安全生产责任制》、《安全教育培训制度》、《尾矿库安全教育培训制度》、《尾矿库应急管理及相应制度》、《尾矿库应急救援预案》等各项规章制度，制度齐全，内容全面、系统。且这些制度是委托安全法规和标准相关研究单位，借鉴有关安全管理水平高的同类企业制定的。

综上所述，从对和尚峪尾矿库的设计检查上来看，尾矿库设计时的库纵深短，特别是坝高较高后，干滩长度不容易满足，除此之外，没什么其他明显的风险隐患存在。

4.5.2.3　施工阶段的事故隐患分析

A　环境因素

（1）在施工阶段（基建时期），由天气记录来看，并没有出现恶劣的天气，降雨量比较正常。

（2）在施工阶段无地震活动记录及其影响。

B　人为因素

在施工期间，根据施工记录及安检、安监日志，出现的伤亡事故很少，零死亡，无重伤，只有一些因操作或者行为不细心而导致的轻伤。

C　技术因素

（1）尾矿初期坝的坝料及密实度均符合要求。采用碎石作为初期坝料，有利于坝体的稳定性和排水。

（2）施工记录中有坝基清理记录。

（3）施工记录中记录了施工材料、防护品取用记录，没有违规现象。

（4）初期坝施工及后期坝的施工记录均表明土工布的搭接满足要求。

（5）施工满足规程要求，并有记录和竣工图。

（6）施工验收满足规程要求，有相关的记录。

（7）经过对子坝堆筑质量验收记录的检查，每期子坝记录全面，能够对岸坡进行及时处理。

（8）对建设好的排洪设施、坝体稳定性以及抗滑性（抗剪强度）进行了验证，均满足《尾矿库安全技术规程》的要求。现场检查结果表明，排水构筑物无因强度不足引起的倾斜、裂缝等问题。

D　法规因素

该单位的外部法规更新及时，相关操作按照相应的标准执行；内部规章制度完善，应急体系完整，且演练到位。

综上所述，在施工阶段的操作，很少有给尾矿库运行带来事故的风险隐患。

4.5.2.4　运行阶段的事故隐患分析

A　环境因素

根据生产运行记录及安全检查、监督记录来看，运行阶段并没有产生较大的自然环境的变化，在 2012 年 7 月 21 日，为北京近 50 年以来的降雨量最大最多的一次，对该尾矿库的影响较小。而对于地震的监测来看，北京很少有地震，只有其他地区的地震导致的小的振动，但尾矿库的抗震度较高，所以，尾矿库的安全稳定性较好，地震对该尾矿库的影响较小。

B　人为因素

（1）库区照明、安全设施及日常管理比较正规。坝面、上坝公路、值班室等均设置了照明设施，摄像头装置可以覆盖尾矿库主要部分，满足要求。同时，其他构筑物也设置了安全警示标志。

（2）经检查，和尚峪尾矿库库区不存在外来尾矿、废水入库的现象。

C　技术因素

（1）尾矿库库址条件一般，库纵深较短，特别是坝高较高以后，干滩长度不容易满足，应充分考虑纵深问题。

（2）和尚峪尾矿库严格按照设计要求进行排放与筑坝，有筑坝排放计划。

（3）现场检查表明，坝体能够做到均匀放矿。坝体上升速度满足设计要求，坝体上升较为均匀，能够做到东西两坝交替放矿作业。

（4）现场检查表明，无严重冲沟、裂缝、塌坑和滑坡等不良现象。地下渗水量正常，水质清澈，记录显示无混水渗出。

（5）增设了排渗设置，将浸润线控制在设计规定的埋深范围。

（6）排洪系统施工和竣工验收满足规程的相关要求，现场检查结果表明，排水构筑物无因强度不足引起的倾斜、裂缝等问题。

（7）企业能够针对尾矿库防洪要求，制定相应制度，并能做到定期观测和维护，调洪水深控制良好。

（8）和尚峪尾矿库的防排渗设施属于隐蔽构筑物，现场检查预设的水平排渗体工作有效正常。

（9）和尚峪尾矿库经过改造扩容后，变成了三等库，未验证其排洪能力。

D　法规因素

首先，该尾矿库的勘察、设计、施工等都是参照了相关的国家和行业的最新标准进行。对尾矿库的监测监控按照标准要求执行。其次，该企业的相关制度齐全，执行较为严格。

综上所述，在运行阶段，能够导致尾矿库事故的风险事故隐患因素主要包括：库纵深较短、干滩长度可能不满足要求；改造扩容后，排洪能力未得到验证。

通过对和尚峪尾矿库的勘察、设计、施工及运行四个阶段的风险事故隐患分析，得出可能导致尾矿库事故的因素如表 4-17 所示。

表 4-17　和尚峪尾矿隐患

序　号	隐　患　名　称
1	昼夜温差大
2	降雨量较多
3	岩石的节理裂隙较发育
4	库纵深较长，干滩长度较难满足
5	改造扩容后未进行排洪能力的验证

4.5.3　模型仿真分析

和尚峪尾矿库于 1991 年 9 月投入使用，2008 年 3 月，鞍山冶金设计研究院有限公司对首云铁矿和尚峪尾矿库进行了改造增容工程初步设计。2012 年 7~8月遭遇到了 14 年来同期降雨量最多的一次。查询当月天气可以得知 7 月出现了17 日的连续中雨到雷阵雨以及到暴雨天气。

4.5.3.1　风险演化网络

A　演化网络的建立

根据 4.5.2 节尾矿库存在的隐患和主要影响因素的辨识，得出了和尚峪尾矿库现存的主要事故隐患，基于 4.3 节的研究基础之上，按照构建尾矿库隐患的风险演化网络的理论，得出和尚峪尾矿库隐患的风险演化网络，图 4-19 所示。

和尚峪尾矿库存在的初始或者现存的隐患如图中的黄色的节点；而图中橙色的隐患节点代表的是这些风险事故隐患经过演化得到的可能结果，是初始隐患的进一步演化；图中红色的节点表示的是该尾矿库可能因这些隐患而演化成的可能的最终灾害事故。

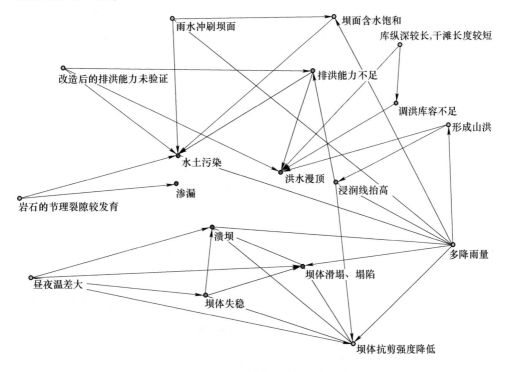

图 4-19 和尚峪尾矿库风险演化网络

为了方便后期的研究工作顺利展开，特对各节点进行统一编号，如表 4-18 所示。

表 4-18 节点名称及编号

节点编号	节点名称	节点编号	节点名称
v_1	多降雨量	v_{10}	尾矿库超容超载
v_2	岩石的节理裂隙发育	v_{11}	排洪能力不足
v_3	改造后的排洪能力未验证	v_{12}	坝体抗剪强度降低
v_4	库纵深长，干滩长度难以满足	v_{13}	坝体失稳
v_5	昼夜温差大	v_{14}	水土污染
v_6	雨水冲刷坝面	v_{15}	渗漏
v_7	坝面含水饱和	v_{16}	溃坝
v_8	形成山洪	v_{17}	洪水漫顶
v_9	浸润线抬高	v_{18}	滑塌、塌陷

B 节点出入度值的统计

按照 4.2 的网络分析方法，对上述所形成的隐患的风险演化网络进行统计分析，分别得出各级子节点的出入度值，确定出各级子节点中的关键隐患，以及得出最易发生事故的类型。如表 4-19~表 4-21 所示的各级子节点的出入度值。

表 4-19 一级子节点的出度值

节点名称	出度值	节点名称	出度值
多降雨量	8	库纵深长，干滩长度难以满足	2
岩石的节理裂隙发育	2	昼夜温差大	4
改造后的排洪能力未验证	3		

表 4-20 二级子节点的出入度值

节点名称	入度值/出度值	节点名称	入度值/出度值
浸润线抬高	2/2	尾矿库超容超载	1/1
雨水冲刷坝面	1/2	排洪能力不足	2/2
坝面含水饱和	2/2	坝体抗剪强度降低	3/3
形成山洪	1/2	坝体失稳	2/2

表 4-21 三级子节点的入度值

节点名称	入度值	节点名称	入度值
坝体滑塌、塌陷	4	溃坝	5
洪水漫顶	5	渗漏	1
水土污染	6		

由表 4-19 可以看出，一级子节点中的出入度值最大的为"多降雨量"，也就是说，多降雨量导致的次生隐患多于其他同级节点；由表 4-20 可以看出，浸润线、坝体抗剪强度降低、坝面含水饱和以及坝体失稳等的入度值与出度值都比较大，成为了次生隐患中的关键隐患；由表 4-21 可以看出，水土污染、洪水漫顶以及溃坝等的入度较大，说明该尾矿库易由上述隐患而导致这三种事故的发生。

4.5.3.2 和尚峪尾矿库风险演化判定

A 模型参数的确定

根据 4.3 节相关研究内容，确定出了尾矿库的风险事故演化模型以及隐患演化的相对风险度，但需要确定该模型的相关参数。

a 边的连接概率值 p 的确定

根据尾矿库隐患演化的复杂网络结构图可以得到和尚峪尾矿库的相关节点的入度值如表 4-22 所示，其入度值的倒数可以表示节点的连接概率。但由于概率 p

对本模型的仿真结果很重要，应注重科学性、合理性，并要与实际情况相结合，对于将入度值的倒数作为边的连接概率的做法欠妥。所以，本文采用德尔菲法——专家打分，给出相应的概率值如表4-23所示。

表 4-22　相关隐患节点的入度值

节点入度编号	入度值	节点入度编号	入度值
K_6	1	K_{13}	2
K_7	2	K_{14}	6
K_8	1	K_{15}	1
K_9	2	K_{16}	5
K_{10}	1	K_{17}	5
K_{11}	2	K_{18}	5
K_{12}	3		

表 4-23　边连接概率取值表

连接概率	数　值	连接概率	数　值
$P_{1\to6}$	0.50	$P_{3\to11}$	0.32
$P_{1\to7}$	0.46	$P_{3\to14}$	0.26
$P_{1\to8}$	0.32	$P_{3\to17}$	0.28
$P_{1\to9}$	0.34	$P_{4\to10}$	0.30
$P_{1\to12}$	0.3	$P_{4\to17}$	0.28
$P_{1\to14}$	0.32	$P_{5\to13}$	0.30
$P_{1\to16}$	0.32	$P_{5\to12}$	0.29
$P_{1\to18}$	0.2	$P_{5\to16}$	0.20
$P_{2\to14}$	0.18	$P_{5\to18}$	0.22
$P_{2\to15}$	0.24		

b　外部影响与最大投入资源量的比值——K值的确定

根据《企业安全生产费用提取和使用管理办法》财企［2012］16号文件，以及《选矿厂尾矿设施设计规范》第2.0.4条，该尾矿库用以应急预案、应急救援、应急队伍以及应急装备等安全费用为30万元/每年，且可服务17年，所以总的最大投入资源为510万元。而和尚峪尾矿库经过08年的增容扩高后，其尾矿库等别为二等，属于大型、特大型尾矿库，所以一旦发生事故，其带来的经济损失将达到上千万元。震惊中外的"山西襄汾新塔溃坝"事故，该尾矿库总库容约 30 万立方米，坝高 50m，而发生溃坝带出的容量为 20 万立方米，造成的直接经济损失为 9600 多万元。所以，按照这个比例来计算，则和尚峪尾矿库发生溃坝等事故造成的经济损失 10 亿左右。所以，比值 K 约为 100。

B　模型仿真

a　隐患节点 v_1——多降雨量的风险演化

雨量会提高尾矿坝的浸润线，降低堆积坝的抗滑稳定性，使得坝面含水饱和；雨水还会使得坝面遭到冲水破坏，其整体稳定性遭到损坏，在坝面拉成大沟。特大暴雨很容易使山洪暴发，形成洪水，造成洪水漫顶事故。

所以，多降雨量在外界作用下会演化成为雨水冲刷坝面，坝面含水饱和，形成山洪、冲击坝体，浸润线抬高，坝体抗剪强度降低等隐患，以及溃坝，滑塌、塌陷，水土污染等事故。

（1）节点 v_1 向节点 v_6 的演化。节点 v_1 向节点 v_6 的演化可能途径如下所示。

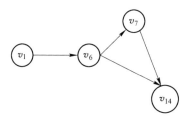

节点 v_1 向节点 v_6 的演化的相对风险度：

$$Rr_{1\to6} = -\ln\left[1 - \frac{50 \times \arctan(t)}{\pi}\right]$$

（2）节点 v_1 向节点 v_7 的演化。节点 v_1 向节点 v_7 的演化可能途径如下所示。

节点 v_1 向节点 v_7 演化的相对风险度：

$$Rr_{1\to7} = -\ln\left[1 - \frac{46 \times \arctan(t)}{\pi}\right]$$

（3）节点 v_1 向节点 v_8 的演化。节点 v_1 向节点 v_8 的演化可能途径如下所示。

节点 v_1 向节点 v_8 演化的相对风险度：

$$Rr_{1\to8} = -\ln\left[1 - \frac{32 \times \arctan(t)}{\pi}\right]$$

（4）节点 v_1 向节点 v_9 的演化。节点 v_1 向节点 v_9 的演化可能途径如下所示。

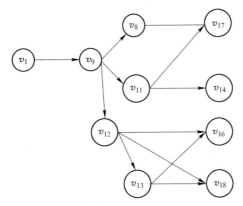

节点 v_1 向节点 v_9 演化相对风险度：

$$Rr_{1\to 9} = -\ln\left[1 - \frac{34 \times \arctan(t)}{\pi}\right]$$

（5）节点 v_1 向节点 v_{12} 的演化。节点 v_1 向节点 v_{12} 的演化可能途径如下所示。

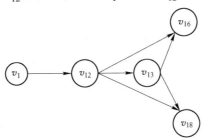

节点 v_1 向节点 v_{12} 演化的相对风险度：

$$Rr_{1\to 12} = -\ln\left[1 - \frac{30 \times \arctan(t)}{\pi}\right]$$

（6）节点 v_1 向节点 v_{14} 的演化。节点 v_1 向节点 v_{14} 的演化可能途径如下所示。

$$v_1 \longrightarrow v_{14}$$

节点 v_1 向节点 v_{14} 演化的相对风险度：

$$Rr_{1\to 14} = -\ln\left[1 - \frac{32 \times \arctan(t)}{\pi}\right]$$

（7）节点 v_1 向节点 v_{16} 的演化。节点 v_1 向节点 v_{16} 的演化可能途径如下所示。

$$v_1 \longrightarrow v_{16}$$

节点 v_1 向节点 v_{16} 演化的相对风险度：

$$Rr_{1\to 16} = -\ln\left[1 - \frac{32 \times \arctan(t)}{\pi}\right]$$

（8）节点 v_1 向节点 v_{18} 的演化。节点 v_1 向节点 v_{18} 的演化可能途径如下所示。

节点 v_1 向节点 v_{18} 演化相对风险度：

$$Rr_{1 \rightarrow 18} = -\ln\left[1 - \frac{20 \times \arctan(t)}{\pi}\right]$$

将上述由隐患"多降雨量"可能导致的八种隐患的相对风险度进行模拟，便能得到多降雨量演化的风险随时间变化的趋势图，如图 4-20 所示。

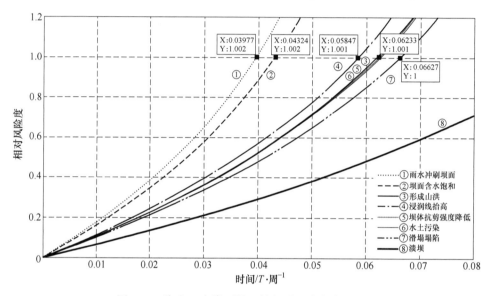

图 4-20　隐患"多降雨量"的相对风险度演化规律

对于多降雨量的演化，一般以周为时间单位。近 14 年北京密云降雨量最多的是 2012 年 7 月至 8 月份之间，连续降雨 17 日，由于和尚峪尾矿库的防洪措施做得比较好，坝面的完整性较好，没有形成山洪，没有出现溃坝以及滑坡滑塌、水土污染等事故。对于浸润线，有所抬高，但是监测监控设施（采用尾矿库在线监测系统、GPS 全站仪监测系统以及人工监测三种监测方式相结合的监测方法，设置了 20 个监测点均分布在东西两个坝上。）到位，控制得较好，浸润线变化不大。

当出现持续的大雨、暴雨时，很容易导致相关隐患及事故的发生。由图中可以看出，经过 5 个小时的变化，便能导致雨水冲刷坝面，从而使得坝面含水饱和。当持续的降雨时长达 9 个小时左右时，便能导致尾矿库的浸润线抬高，进而尾矿库的抗剪强度降低，从而使得尾矿库发生局部的滑塌、塌陷，甚至出现水土污染等事故。当降雨持续 14 个小时，就会因为洪水漫顶等事故导致尾矿库溃坝。

有上述分析可见，多降雨量演化形成的隐患及导致的事故的演化速率很快，产生的后果对尾矿库的影响严重。所以，为了防止以上隐患演化成尾矿库事故灾害，当和尚峪尾矿库区域出现连续的降雨时，建议采取以下措施：修筑相当数量的排洪设施，在山坡与尾矿库边缘接触的地方，要修筑溢洪道；堆积形成的坝面要有一定的倾斜度（但不宜过大，控制在5°左右），以便及时的排除坝面的雨水，防止雨水浸泡坝面；当和尚峪尾矿库出现连续的降雨时，应当注意及时排水以控制浸润线的高度和维持坝体的抗剪强度，要加强人工巡查和监测系统实时观测等。

b 隐患节点 v_2——岩石节理裂隙发育的风险演化

（1）节点 v_2 向节点 v_{14} 的演化。节点 v_2 向节点 v_{14} 的演化可能的途径如下。

$$v_2 \longrightarrow v_{14}$$

节点 v_2 向节点 v_{14} 演化相对风险度：

$$Rr_{2\to14} = -\ln\left[1 - \frac{18 \times \arctan(t)}{\pi}\right]$$

（2）节点 v_2 向节点 v_{15} 的演化。节点 v_2 向节点 v_{15} 的演化可能的途径如下。

$$v_2 \longrightarrow v_{15}$$

节点 v_2 向节点 v_{15} 演化相对风险度：

$$Rr_{2\to15} = -\ln\left[1 - \frac{24 \times \arctan(t)}{\pi}\right]$$

若岩石节理裂隙发育，则尾矿库的底部存在着较大的空隙，容易产生尾矿泄露和渗漏现象，尾矿及尾矿水的渗漏、泄露会造成地下水的污染。

自2008年尾矿库改造以来，通过对该尾矿库的地下水质的调查发现，地下水质符合相关标准，即使是2012年7月的北京特大暴雨天气，地下水的水质受到该尾矿库的影响也较小。所以，对于岩石节理裂隙的演化，一般以年为时间单位。图4-21是岩石节理裂隙发育导致尾矿库相关隐患的相对风险度趋势图。若该尾矿库的反滤层铺设不当，岩石之间的空隙较大，则会在一个月左右的时间，随着尾矿以尾矿水不断地往库内排放，就会发生渗漏等情况，随着渗漏现象的产生，地下水便会受到污染，导致水土污染事故出现。

所以，在勘察阶段就应该选择合适的尾矿库库址，处理好不良地质，以较少渗漏现象，减少对水土的污染。若是在勘察阶段没有合适的尾矿库库址时，应当对这些不良地质进行处理，包括更改上游的水源流动路径，以减少对地下水的污染；夯实尾矿库库底，减少尾矿库及尾矿水浸入地下；增设反滤层，使得进入地下水的水质符合标准。

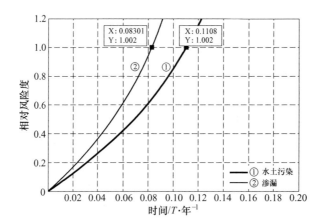

图 4-21　隐患 "岩石节理裂隙发育" 的相对风险度演化规律

c　隐患节点 v_3——改造后排洪能力未验证的风险演化

（1）节点 v_3 向节点 v_{11} 的演化。节点 v_3 向节点 v_{11} 的演化可能演化途径：

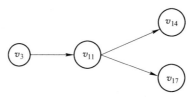

节点 v_3 向节点 v_{11} 演化相对风险度：

$$Rr_{3\to11} = -\ln\left[1 - \frac{32 \times \arctan(t)}{\pi}\right]$$

（2）节点 v_3 向节点 v_{14} 的演化。节点 v_3 向节点 v_{14} 的演化可能演化的途径：

节点 v_3 向节点 v_{14} 演化相对风险度：

$$Rr_{3\to14} = -\ln\left[1 - \frac{26 \times \arctan(t)}{\pi}\right]$$

（3）节点 v_3 向节点 v_{17} 的演化。节点 v_3 向节点 v_{17} 的演化的可能演化的途径：

节点 v_3 向节点 v_{17} 演化相对风险度：

$$Rr_{3\to17} = -\ln\left[1 - \frac{28 \times \arctan(t)}{\pi}\right]$$

　　尾矿库经过改造后，未对排洪系统的排洪能力进行验证，就存在着尾矿库的排洪能力不足的现象，当连续排放废水至尾矿库中或者出现连续降雨天气时，便会演化成为洪水漫顶、导致水土污染等事故。

和尚峪尾矿库终期按 1000 年一遇洪水校核，满足规程关于二等库的防洪标准要求。且尾矿库于 2008 年经过改造，2012 年 7 月北京市发生了 14 年来最大的连续降雨。经过 4 年多的监测监控，和尚峪尾矿库的排洪能力基本上满足最大洪水时的排洪能力要求。

对改造后的排洪能力不足的演化，则以月为时间单位。如图 4-22，由图中可以看出，一旦排洪能力不足，且出现连续的强降雨天气时，便可能在 2 天左右的时间，因不能及时的排出多余的库内尾矿水，从而使得库水位线急速上升，导致出现洪水漫顶事故，从而形成尾矿库的水土污染等事故。

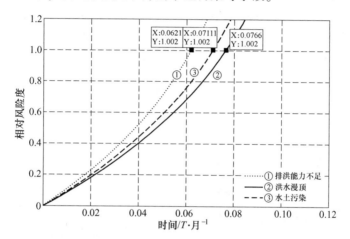

图 4-22　隐患"改造后排洪能力未验证"的相对风险度演化规律

所以，对于改造后的尾矿库，应进行尾矿库的排洪能力验证，若发现尾矿库的排洪能力不满足最大洪水时的排洪标准，则应对其进行整改，如采取增加排水管的数量和管径的措施，加大排水能力；又如加大调洪库容等。

d　隐患节点 v_4——库纵深较长，干滩长度难以满足的风险演化

（1）节点 v_4 向节点 v_{10} 的演化。节点 v_4 向节点 v_{10} 的演化可能途径：

节点 v_4 向节点 v_{10} 演化相对风险度：

$$Rr_{4 \to 10} = -\ln\left[1 - \frac{30 \times \arctan(t)}{\pi}\right]$$

（2）节点 v_4 向节点 v_{17} 的演化。节点 v_4 向节点 v_{17} 的演化可能途径：

节点 v_4 向节点 v_{17} 演化相对风险度：

$$Rr_{4\to17} = -\ln\left[1 - \frac{28 \times \arctan(t)}{\pi}\right]$$

根据《尾矿库安全技术规程》（AQ 2006—2005）干滩长度的规定，上游式二等尾矿坝的最小干滩长度为 100m。根据 4.5.2 节对首云和尚峪尾矿库风险隐患分析可以知道，以及实际测量（实测值为 82m）可以知道，该尾矿库的库纵深短，干滩长度难以满足。当干滩长度不足时，很容易导致尾矿库的调洪库容不足，当发生大暴雨或者连续降雨时，就有可能产生洪水漫顶的事故。

对于库纵深长，干滩长度难以满足的演化，一般以季为时间单位。如图 4-23 所示，干滩长度不足，且当出现连续的大雨天气时，约 5 天左右的时间，便能使得尾矿库超容超载，当出现超容超载的情况，仅需要 1 天左右的时间，能演化成洪水漫顶事故。

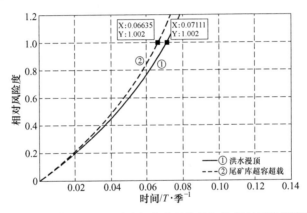

图 4-23 隐患"库纵深长、干滩长度难以满足"的相对风险度演化规律

所以，建议该尾矿库尽快处理干滩长度问题，如增加排水设施，减少库内需水量；又如控制库水位，使其保证在一个适当的数值左右，使得最小干滩长度得以保障，以避免事故发生。

e 隐患节点 v_5——昼夜温差大的风险演化

（1）节点 v_5 向节点 v_{12} 的演化。节点 v_5 向节点 v_{12} 的演化可能途径：

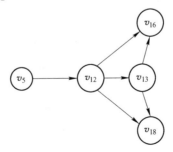

节点 v_5 向节点 v_{12} 演化相对风险度：

$$Rr_{5 \to 12} = - \ln \left[1 - \frac{30 \times \arctan(t)}{\pi} \right]$$

（2）节点 v_5 向节点 v_{13} 的演化。节点 v_5 向节点 v_{13} 的演化可能途径：

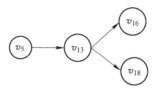

节点 v_5 向节点 v_{13} 演化相对风险度：

$$Rr_{5 \to 13} = - \ln \left[1 - \frac{29 \times \arctan(t)}{\pi} \right]$$

（3）节点 v_5 向节点 v_{16} 的演化。节点 v_5 向节点 v_{16} 的演化可能途径：

节点 v_5 向节点 v_{16} 演化相对风险度：

$$Rr_{5 \to 16} = - \ln \left[1 - \frac{20 \times \arctan(t)}{\pi} \right]$$

（4）节点 v_5 向节点 v_{18} 的演化。节点 v_5 向节点 v_{18} 的演化可能途径：

节点 v_5 向节点 v_{18} 演化相对风险度：

$$Rr_{5 \to 18} = - \ln \left[1 - \frac{22 \times \arctan(t)}{\pi} \right]$$

在寒冷地区的冬季，当土坝含水基本饱和，冬季坝面冰冻，孔隙水冻胀，体积增大。但到春季，天气暖和，坝面冻土融化，坝体结构松软，在冰冻线上的坝体，尾矿库的抗剪强度降低，可能产生表面滑塌，甚者导致坝体失稳，若尾矿坝的高度过高，且坝坡比大，则有发生溃坝的可能性。

昼夜温差大对尾矿库的影响的明显程度不如其他隐患，需要较长时间的演化累积，才能看出其演化的程度。所以，其演化时间一般以 10 年为时间单位。如图 4-24 所示，经过 6 个月左右的时间，该隐患将致使尾矿库的抗剪强度降低，紧接着会使得坝体失稳，若没有经过修缮，则将会在一个月内导致尾矿库出现局部滑塌、塌陷等事故，再加上外界其他情况的影响下，就有可能导致尾矿库溃坝。

由于昼夜温差是不可人为改变，为处理该隐患，只能降低这些隐患的演化速度，以达到该尾矿库在服务期间的稳定安全性。所以，建议采取相应的措施，如增强坝体的稳定性，加强坝体的抗剪强度对坝体及其坡面进行加固等。

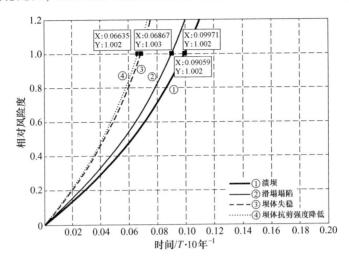

图 4-24　隐患"昼夜温差大"演化的相对风险度演化规律

5 尾矿库安全评估的 Safety Case 方法

Safety Case 是在给定的环境中为证据提供一个具有说服力和有效的论证（论证某个给定的应用系统是足够安全的）的证明体系，能够研究并识别系统存在的不安全因素，建立结构合理的系统结构框架。本章将基于证物的 Safety Case 文书框架引用到尾矿库的安全管理中，结合 PDCA 循环的四个环节（计划、执行、检查和处理），构建出了尾矿库生命周期（勘察、设计、施工、运行、闭库、复垦 <再开采>）每个阶段的安全评估的操作方法，提出了尾矿库的每一个阶段操作执行的安全策略，从根本上控制了潜在的危险因素，并给出了事故防控、库灾应急及缓解的解决方案。这使得尾矿库每个阶段的每一个操作都能得到安全保障，从而能保证尾矿库的安全稳定运行，从根本上减少或消除尾矿库事故的发生。

5.1 Safety Case 方法

Safety Case 方法作为设施风险评价与安全管理的一种手段，最初源于英国海洋设施风险评价及安全管理，能够使设施的个体风险降低到 70%，取得了较为显著的安全管理效果；英国随之将这种方法应用到核工业，也取得了显著的效果。近十年来，欧洲、澳大利亚等国家相继效仿英国，纷纷将 Safety Case 方法引入到诸多的安全管理及风险评价领域，如国防军事系统、炼化行业等。

5.1.1 Safety Case 概念

Safety Case 是一种基于证物的文书框架，能够为一个系统在特定环境下以可接受的安全水平或者可容忍的风险水平来实现特定功能提供可信和有效的论据。也就是说，Safety Case 是在给定的环境中为证据提供一个具有说服力和有效的论证（论证某个给定的应用系统是足够安全的）的证明体系。

为了保障某个给定系统相关方面的安全，该系统离不开 Safety Case。Safety Case 的作用主要包括：

（1）研究并识别系统存在的不安全因素，建立结构合理的系统结构框架，整合与系统相关的技术信息。

（2）Safety Case 给出能够保证系统安全运作的理由，也就是承诺保证系统从建立、试运行、运行到最终结束，整个生命周期内的安全。一个高质量的 Safety Case，应该让所有与本系统有关的人有充分的理由相信系统有良好的安全性。

（3）为许可证发放机构以及授权部门提供辅助决策。Safety Case 表达了明确、全面而又无懈可击的一个说法：在其操作范围内系统的安全是可以接受的。也就是说一个能满足需要的 Safety Case 能够确保系统有足够的安全水平；能够确保系统在其整个生命周期的可持续安全；对于监管和评审人员来说，能够证明其安全性，降低许可风险；能够降低商业风险，以确保完成的成本和维护成本是可以接受的。

所以，在国外很多工业安全标准中要求了 Safety Case，如军事系统，石油工业以及铁路运输业，核工业等。并且在其他工业标准中发现同等意义的要求，例如：兴起的国际电工委员会（IEC）61508 的"功能安全评估"；欧洲标准（EN）292 机械指令的"技术档案"；DO178B 在电子设备中的"成就综述"；又如，国外流行的 SMS（A Safety Management System）系统，全面包含了一系列的政策、程序以及做法的设计，以确保在使用的时候没有不想要的事故障碍出现。一个综合的 SMS 系统集中于职业健康安全和工程安全管理两个方面。

为了实现系统足够的安全，Safety Case 明确的要求系统有详细要求或者目标，得到可支撑的证据，提供一套安全论据（用以连接需求和证据），在论据之下明确假设和判断。

5.1.2　Safety Case 元素及结构

5.1.2.1　Safety Case 的元素

一个完整的 Safety Case 应该包含以下内容：

（1）要求或目标（Claim）。系统或子系统的属性。

（2）证据（Evidence）。作为安全论点的基础（即支持安全论据），可以是事实、假设或子要求（比如已建立的科学原则）。

（3）论据（Argument）。证据（Evidence）到要求或目标（Claim）的链接，可以是定数的、概率的或定性的。

（4）推理（Inference）。为论点提供转换规则的机制。

在 Safety Case 的四个元素中，论据（Arguments）为 Safety Case 提供结构，而证据（Evidence）为论据提供事实依据，证据则是支持论据，证据与需求目标（Claim）通过一定的转换规则（Inference），以论据作为桥梁，构成一个完整的 Safety Case。

5.1.2.2　Safety Case 的结构

图 5-1 显示了 Safety Case 论证的基本结构，该结构显示了 Safety Case 论证一个系统安全性的基本过程：通过设计、实验或者前沿领域等相关工作找到能够证明论点的证物，并且通过一定的推理规则，从而达到系统的要求或者目标。

Safety Case 需要以不同的详细程度来进行审视。一个顶层的 Safety Case 可能被分解成为多个子系统，而该子系统在顶层 Safety Case 中被当做是一个"证据"，

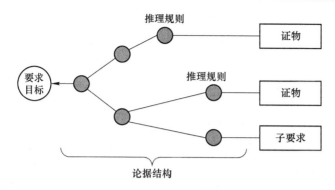

图 5-1 Safety Case 论证结构

所以，证据也可以在论点层中使用。

图 5-2 是一个递归的结构，它能很好地表示连续的细节层次的论点。该结构可以演变成为项目的生命周期。最初的子需求实际上可能被设计成为目标，但是随着系统的发展，子系统可能被事实或者基于现实系统的更加详细的子系统所代替。

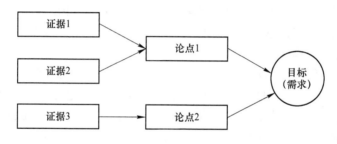

图 5-2 Safety Case 结构模型

Argument（论据）的选取取决于 Evidence（证据）的有效性和 Claim 的类型。例如，可靠性的要求可能需要由统计的论点来支撑，然而其他 Claims（例如，可维护性的需求）可能更多的依赖于定性的论据。

整个系统的论点应该是牢固的，即使存在着不确定性和错误，但它应该是有效的。在给定的系统中，两个独立的论点可以同时用于支持顶层的安全目标（Claim）。如果存在两个独立的系统能确保是安全的，对于每一个系统，可能只需要一个论点。

关键的安全系统必须满足安全要求，除此之外，还应该满足功能需求。安全要求描述了一个系统必须是安全的特征，这将会辨识所有可能发生的危险，以及有可能对人和环境造成的伤害。

5.1.3 目标构建法——GSN

Kelly 指出 Safety Case 管理至关重要的方面是生命周期内安全论点的持续维

护，在任何系统的操作生命中，改变规程要求、增加安全证据、改变设计都能改变相应的 Safety Case。这种维护困难主要表现在以下几个方面：

（1）对 Safety Case 的识别困难。例如微小的操作角色改变或操作行为的改变，当表面上考虑似乎是无害的，但对 Safety Case 的背景和论点有着巨大的影响。

（2）对变化的间接影响识别困难。识别变化起初影响仅仅是变化管理过程的起始点，而安全论证时相互依赖的复杂网络，这必须去识别变化的"敲击"效应。为了识别这些间接影响，工程师必须能去看清论点的结构及存在的依赖关系。然而，这些依赖关系经常是不能充足表述，或在当前基于文本的安全论证是模糊的。

（3）缺少变化过程的信心和理由。面对 Safety Case 的潜在挑战，维护者必须决定适当的反应，这些反应存在于"什么都不做"与"什么都做"两个极端之间。这些关于对某些挑战的反应水平和性质决定必须要表述明确和合理，以便对 Safety Case 持续有效有信心。

（4）支持变化过程信息记录不充足。由于 Safety Case 信息记录涉及定性和定量信息，而某些简单信息没有在 Safety Case 中记录，那么识别任何变化的影响会带来大量的探究工作。

为了维护系统安全的精确表述，必须评估所有这些变化对原先安全论点的影响。由于缺少一个系统的、有条理的方法去检查安全论点变化的影响，并且 Safety Case 是一个由安全需求、论点、证据、设计、过程信息组成的相互依赖的复杂网络，对 Safety Case 的单一改变会引起其他一系列的"连锁反应"式的变化，这就很难通过构建的文件去辨别当前 Safety Case 这些变化。为了解决这些问题，Kelly 提出运用一种 Safety Case 概念模型，即目标结构表示法（Goal Structuring Notation，GNS），使用 GSN 的框架为基础建立 Safety Case 的配置模型。这种模型是由以下 4 个要素构成：

（1）需求（Requirements）。必须表述精确安全的安全目标。

（2）证据（Evidence）。来自正被讨论的研究、分析和系统测试。

（3）论点（Argument）。表示迹象是怎样符合需求的。

（4）背景（Context）。确定提出论点的基础，例如假设。这些要素是相互依赖的，如图 5-3 所示。

为了说明 GSN 是怎么详细定义模型使用的

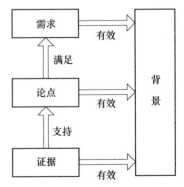

图 5-3 Safety Case 要素之间的相互依赖性

实体和关系的，Kelly 介绍了 GSN 基本元素的含义（见图 5-4），并基于计算机控制系统的简单目标结构论点是如何划分为需求、背景、证据和论点的，如图 5-5 所示。

在图 5-5 中，需求（Requirement）作为表示法顶部水平，代表目标；证据（Evidence）代表解决措施；背景信息（Contextual Information）代表背景、假设、理由与模式；论点（Argument）是指由子目标支持的目标结构间的联系。

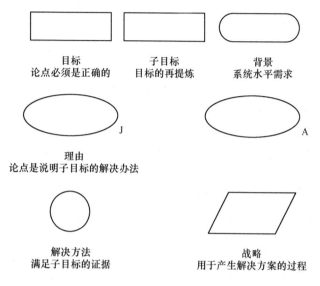

图 5-4 GSN 基本元素的含义

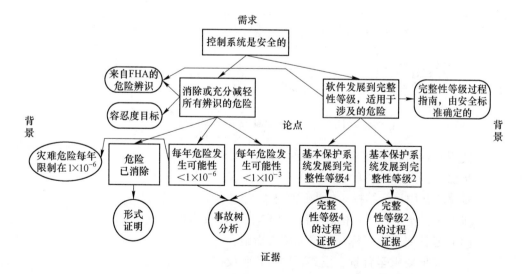

图 5-5 Safety Case 要素与 GSN 的关系（控制系统论点）

　　从宏观和微观角度分析了 GSN 的四个要素及相互关系后，Kelly 使用 GSN 框架，结合传统配置管理，引入与 Safety Case 领域相关概念，建立起 Safety Case 配置模型概念，分别为：

　　（1）配置（Configuration）。目标结构安全论证。

　　（2）配置项（Configuration Items，CIs）。安全论证的目标结构表示法的个体属性，例如目标、战略、解决措施、背景、模式、假设、理由等等。

　　（3）配置关系（Configuration Relationships，CRs）。目标结构要素之间建立的关系，例如，父目标与子目标之间的关系、目标与相关联假设的关系。同时，Kelly 提出管理变化过程运用到 Safety Case 中，此 Safety Case 变化活动是由破坏阶段和恢复阶段共同组成的：

　　1）破坏阶段。评估变化对 Safety Case 安全论点的影响。

　　2）恢复阶段。一旦表明破坏，识别恢复行为的过程，以及随后恢复安全论证的行为结果。

　　识别行动去恢复 Safety Case 的破坏部分可能也会导致破坏 Safety Case 的其他部分。对于任何一个变化，破坏和恢复活动的几个重复是很有必要去再次达到一个一致的和正确的 Safety Case。使用目标结构 Safety Case 能够为用这两个阶段贯彻执行的活动提供一个系统的结构，该结构如图 5-6 所示。

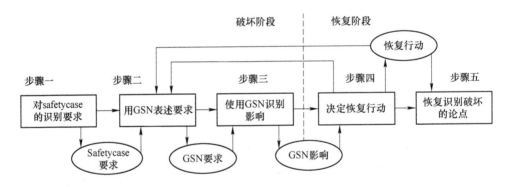

图 5-6　Safety Case 变化管理过程

　　使用 GSN 作为配置模型，需要以下 5 个步骤：

　　步骤一，识别对 Safety Case 有效性的要求。

　　步骤二，用目标结构条件表述要求。

　　步骤三，使用目标结构表示法（GSN）识别要求的影响：

　　（1）延伸要求至目标、战略和解决措施；

　　（2）延伸要求至背景、模式、理由和假设；

　　（3）潜在与实际变化影响——安全工程师的角色。

步骤四，决定行动去恢复破坏的论点。

步骤五，恢复识别破坏的论点。

不过这种方法也存在局限性，主要有：依赖安全论点与 Safety Case 之间的相符；外部的依赖对安全论点的影响。该方法去精确地和充分的表述变化对 Safety Case 的能力取决于目标结构安全论证与 Safety Case 相符合的程度，帮助去维护 Safety Case 文档的有用性取决于理解目标结构与文档之间关系程度如何。

5.1.4 腿/要素图解法（Leg/Element Graphs）

英国核电站结构完整性技术顾问组（The Technical Advisory Group on the Structural Integrity of Nuclear Plant，TAGSI）提出"故障不可信"（Incredibility of Failure，IoF）Safety Case，用于证实核电站压力容器的低故障率。通常用于 Safety Case 的二维图解法有三种类型：事件树、事故树和腿/要素图，事件树和事故树是可靠性安全评估的标准工具，但 TAGSI 的观点认为事件树不能很好解释 IoF Safety Case 结构，事故树适用于可靠性事例或确定性事例。于是 TAGIS 使用腿/要素图（Leg/Element Graphs）来说明 IoF Safety Case。该方法采用多腿式、多要素图解结构，腿包含概念上不同的论点，要素是由每个腿上无联系的论点组成。

腿/要素图提供的结构框对定位 IoF Safety Case 不同的线是适合的，这些线来自 Safety Case 无联系的"腿"。Safety Case 的信息是由每个腿提供的，而每个腿的信息是由无联系的"要素"聚集而成的，腿和要素以图解方式展现。图 5-7 所示的是一个可能适合压力边界元件的腿/要素图例子。

TAGIS 提出的"腿"有 4 种概念不同类型，分别为：

腿 1（Leg1）。经验内推法/外推法，即"在之前做什么"。

腿 2（Leg2）。功能测试，即通过代表性测试功能证明。

腿 3（Leg3）。故障分析，即使用当前最好科学理解的。

腿 4（Leg4）。预先警告：是对将来获取新信息采取行动的承诺。

"腿"（Leg）的第一种类型的安全论点基于操作经验；第二种类包含的论点基于验证试验和样机试验结果；第三种类型包含元件结构整体性评估；第四种类型包含基于在操作中检查、监控或监督。这四种腿类型表示任何 Safety Case 基础，例如电子系统、计算机软件或机械元件。

从上图可以看出信息流动是 Safety Case 的基础，这有助于更好的考虑在一个特定时间点的 Safety Case。由于腿/要素图解法基于概念不同的论点与识别所有腿随时间的变化，尤其是每次更新后 Safety Case 再检查，TAGS 用图 5-8、图 5-9 说明了工厂在生命期间"腿"的相对重要性是怎么改变的。

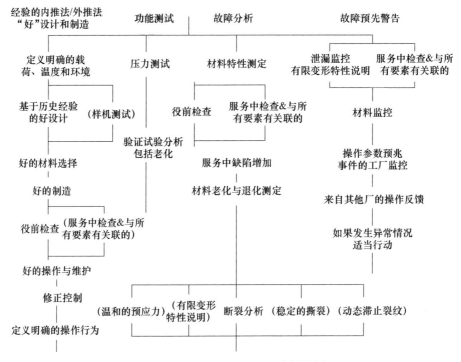

图 5-7   压力边界元件的腿/要素结构例子

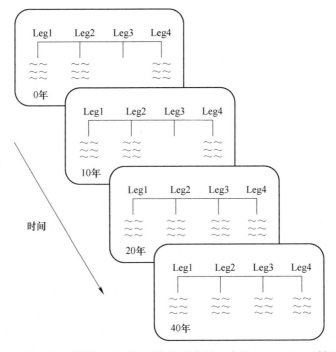

图 5-8   工厂生命期间腿相对重要性变化的示意图（多腿 Safety Case 时间依赖性）

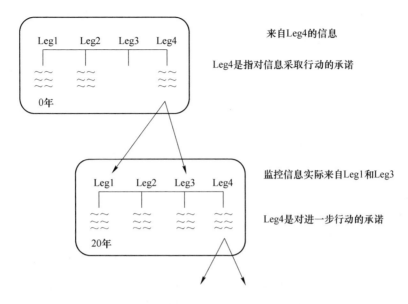

图 5-9　监控信息如何来自其他腿的示意图（多腿 Safety Case 时间依赖性）

在欧洲，随着安全论点伴随着 Safety Case 的出现，越来越多的安全关键企业（如航空，铁路以及国防等）采用了目标构造法（GSN）。下列包括迄今为止的一些 GSN 的应用：

（1）欧洲战斗机的电子设备的安全辩护。

（2）Hark 飞机的安全辩护。

（3）英国国防部网站的安全辩护。

（4）Doset 海岸信号设备的安全辩护。

（5）潜艇推进的安全辩护。

（6）英国军用飞机运输管理系统。

（7）伦敦地铁 Jubilee 延长线的安全辩护。

（8）瑞典空中交通控制的应用。

（9）Rolls-Royce 公司遄达发动机控制系统的安全性参数。

采用 GSN 的作用在于提高关键项目中利益相关方（如系统开发员，安全工程师，独立的评估员以及认证机构等）之间的安全论点理解。反过来，它提高了利益相关方之间的辩论和讨论的质量，并能降低时间的耗费以达成关于论点方法采用的一致性。也就是说，使用 GSN 能够很方便的构造出先进的、系统化的 Safety Case 方法。

5.1.5　Safety Case 应用

Safety Case 起源于核工业，直到 1988 年的 Piper Alpha 灾难，才逐渐的运用到其他工业领域。在随后公开查询到的灾难中，发现英国推荐性的为海上安全管理的每个设施做了"Safety Case"，并由此进行推广。

5.1.5.1 英国海洋设施风险

在紧急情况下，对于海洋 Safety Case 的特殊部分，英国海洋设施要求个人详细的安全评价，特别要提到 QRA（质量风险分析）的使用和板载平台避难设施的生存能力。这种分析，除了传统的可靠性工程方法以外，可以采取各种形式，如火灾和爆炸的电脑建模方法——故障树和事件树分析法（FTA，ETA），这两种方法基于大量而全面的资料库进行安全概念和设备可靠性评价是很理想的。许多的设计问题（就设备而言），能很好地通过火灾和爆炸建模而解决。这些工具将给予燃料和矿点爆破材料使用和储存的危险评价。

5.1.5.2 航空运输和铁路运输方面

其他行业已经意识到 Safety Case 在提高工程安全性和可靠性有着显著的效果，该方法已被大众交通运输部门采用，应用于航空运输和铁路运输。将 Safety Case 引进交通运输业的主要原因不仅仅是潜在的服务于减少生命的损失，而且通过事故或者与一些铁路货物相关的问题，不断增加可编程系统的电气、电子和轨道运动控制的使用。由于这些系统项目都是安全的关键，Safety Case 的事实论据证据能够证明铁路运营是足够的安全。

5.1.5.3 核工业方面

核工业在很大程度上依赖于定量分析，只可能通过正在进行的数据收集和分析，并通过一些必要的特定行业的数据库的数据共享。由于核电厂的技术复杂，风险分析工作进行三个层次：一个基本水平，研究影响事故发生的核心反应事件；第二个层面，研究可能释放的放射性物质；第三个层次，处理异地的释放以及对周边地区的影响。通过以上三个层次的分析，能够为核工业设施 Safety Case 的验证提供详细的资料。

由于使用 Safety Case 考虑了一个偶然性的放射性物质的释放对周围社会和环境产生的巨大风险，对其进行了安全研究，包括处理、外部影响等等。这就使得 Safety Case 应用于该行业，降低了许多的事故风险。所以，采矿业引用 Safety Case 来进行风险评估是值得考虑的。

当然了，Safety Case 在航空领域应用的也比较成熟，自二战以来，航空业因采用 Safety Case，使得其航空系统更加安全和可靠，以至于成为了最安全的交通运输方式。RCM（可靠性维修中心）也开始将累计的维修资料和维修决策应用航空作业，因为其认为这些是主要的以及最容易获取的支持 Safety Case 的安全论据的数据源。

采矿作业可以归类为相当复杂的流程和系统，因此将 Safety Case 如其他行业给予同样的重视引进来，那便能更好地理解安全程序和他们是如何持续保持和提高系统运行寿命的。

国外并没有明确的要求矿山企业为其运行创建一个 Safety Case，但是在最近几年的矿山灾害的压力下，石油和天然气行业开始重视这些灾害了。在昆士兰，新的采矿法在许多关键点开始实行，其他国家的立法也开始在效仿，并且，至少有一个矿业公司为澳大利亚新南威尔士州地下采矿作业编制了第一个 Safety Case。

由于采用了 Safety Case 方法，该国家的采矿业在职业安全管理上取得了显著的改善。安全管理是目前矿山管理和反映企业质量保证体系的管理系统的一个关键方面，该方法能更好地管理矿山企业的主要风险。

目前，由于还不存在用于矿产部门 QRA（质量风险分析）的可靠的定量数据库，但由于比其他管理领域具有优势，许多国家推荐使用 Safety Case 方法来对矿山进行安全管理。

5.2 PDCA 发展与理论综述

PDCA 是指 Plan（计划）、Do（执行）、Check（检查）、Action（总结处理），最早是由美国贝尔实验室的休哈特博士在 20 世纪 20 年代首先开发，后来又得到戴明博士大力倡导，又称"戴明循环"，或称"PDCA循环"。五十年代初传入日本，七十年代后期传入我国，开始运用于全面质量管理，现在已推广运用到全面计划管理，它适用于各行各业的计划管理和质量管理，并逐步推广应用到职业健康安全管理。现在，PDCA 循环已经在很多领域中被广泛运用。

PDCA 循环模式如图 5-10 所示，一般可分为四个阶段和八个步骤的循环系统。

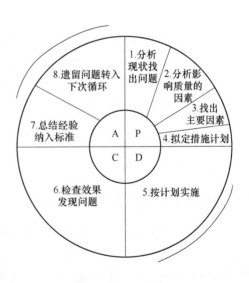

图 5-10　PDCA 循环示意图

5.2.1 PDCA 四个阶段的工作循环

第一阶段：制订计划（P），包括确定方针、目标和活动计划等内容。
第二阶段：执行（D），主要是组织力量去执行计划，保证计划的实施。
第三阶段：检查（C），主要是对计划的执行情况进行检查，分清哪些对了，哪些错了，明确效果，找出问题。

第四阶段：总结处理（A），主要是对总结检查的结果进行处理，成功的经验加以肯定，并予以标准化，或制定作业指导书，便于以后工作时遵循；对于失败的教训也要总结，以免重现。对于没有解决的问题，应提给下一个 PDCA 循环中去解决。

5.2.2　PDCA 八个工作步骤

（1）提出工作设想，收集有关资料，进行调查和预测，确定方针和目标。

（2）按规定的方针目标，进行试算平衡，提出各种决策方案，从中选择一个最理想的方案。

（3）按照决策方案，编制具体的活动计划下达执行。

以上三个工作步骤是第一阶段计划（P）的具体化。

（4）根据规定的计划任务，具体落实到各部门和有关人员，并按照规定的数量、质量和时间等标准要求，认真贯彻执行。

这是第二阶段执行（D）的具体化。

（5）检查计划的执行情况，评价工作成绩。在检查中，必须建立和健全原始记录和统计资料，以及有关的信息情报资料。

（6）对已发现的问题进行科学分析，从而找出问题产生的原因。

（7）对发生的问题应提出解决办法，好的经验要总结推广，错误教训要防止再发生。

（8）对尚未解决的问题，应转入下一轮 PDCA 工作循环予以解决。

上述（7）、（8）两项工作步骤是第四阶段总结（A）的具体化。

5.3　面向生命周期的尾矿库 Safety Case 框架

由文献综述可知，一个满足需要的 Safety Case 能够确保系统有足够的安全水平；能够确保系统在其整个生命周期（LC）的可持续安全；PDCA 循环在环境、质量与健康管理及建设工程项目管理等领域应用效果明显。面向尾矿库 LC 阶段，考虑事故影响因素集（人因、技术、环境和法规等），运用 PDCA 循环，建立尾矿库隐患关键点的 Safety Case，形成系统的尾矿库安全评估体系，有助于全面提高尾矿库安全管理工作的水平。

将尾矿库生命周期（LC）划分为建设（尾矿库的建设阶段主要包括勘察、设计与施工三个部分）、运行、闭库以及复垦（再开采）四个阶段，然后对于尾矿库生命周期的每个阶段，分别运用 PDCA 模式的计划、实施、检查、处理等环节的改进，通过考虑人因、技术、环境和法规等事故影响因素集，构建与尾矿库生命周期阶段和 PDCA 环节之交集的隐患关键点（Hazards Critical Control Point,

简称 HCCP）相对应的 Safety Case，形成尾矿库安全评估的立体方法及保障框架，思路如图 5-11 所示。

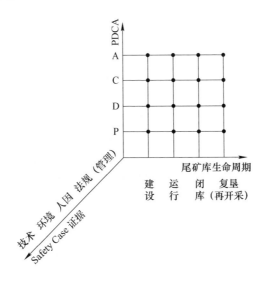

图 5-11　尾矿库安全评估的立体框架

5.4　建设阶段 HCCP 的 Safety Case

在我国，尾矿库建设包括了尾矿库勘察、设计与施工三个方面。每一个方面都分别运用 PDCA 模式的计划、实施、检查、处理的四个环节形成尾矿库安全运行的保障构架，从而形成尾矿库的安全评估操作方法。

5.4.1　建设——计划（c-P）Safety Case

建设——计划（construction—Plan，简称 c-P），是指尾矿库建设阶段的计划，指对未来工作做出布置和安排。尾矿库建设阶段的计划主要包括勘察阶段的计划、设计阶段的计划和施工阶段的计划。如图 5-12 所示，为尾矿库建设阶段安全保障构架的 P 环节。

要做好尾矿库建设阶段的安全保障计划工作，应该从三个方面做起：勘察阶段的计划保障、设计阶段的计划保障以及施工阶段的计划保障。

5.4.1.1　勘察阶段的计划保障

如何做好勘察阶段的计划保障呢？首先，通过勘察的技术规范或者法律法规以及标准，如现行的标准《尾矿坝（上游法）勘察设计规范》（YBJ 11—1986）、《岩土工程勘察规范》（GB 50021—2001）和《尾矿堆积坝岩土工程技术规范》（GB 50543—2010），明确勘察目的和技术要求以及勘察过程中需要的相关仪器设

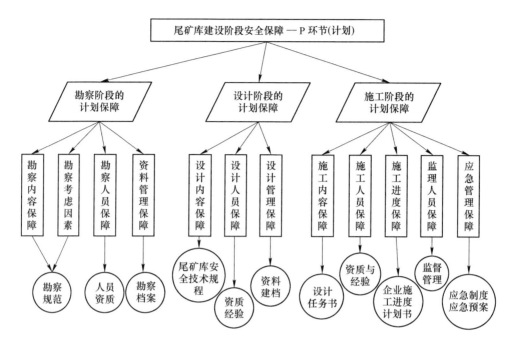

图 5-12   尾矿库建设阶段的安全保障——P 环节

备及防护措施等。然后计划出勘察队伍及人员（尾矿库的勘察单位应当具有矿山工程或者岩土工程类勘察资质）的安排并做好资料管理计划。

5.4.1.2   设计阶段的计划保障

周详的设计计划是良好设计质量的基础和前提。所以，设计计划应得到良好的保障。一个周详的设计计划应该包括设计的内容计划，设计的人员计划以及设计管理计划。这些计划要能得以保障，需要勘察阶段所获得的科学、系统的数据做支撑，以设计规范和条例作为标准。

A   设计计划保障

（1）明确生产运行安全控制参数，这些参数主要包括：

1）尾矿库设计最终堆积高程、最终坝体高度、总库容；

2）尾矿坝堆积坡比；

3）尾矿坝不同堆积标高时，库内控制的正常水位、调洪高度、安全超高及最小干滩长度等；

4）尾矿坝浸润线控制。

以上参数的来源主要以《核工业铀水冶厂尾矿库、尾渣库安全设计规范》（GB 50520—2009）、《尾矿坝（上游法）勘察设计规范》（YBJ 11—1986）、《碾压式土石坝设计规范》（SL 274—2001）、《水工建筑物抗震设计规范》（DL 5073—

2000）、《构筑物抗震设计规范》（GB 50191—1993）以及最新的尾矿库设计施工技术标准为准。

（2）设计的主要内容计划，应包含以下几个方面：

1）尾矿坝的设计计划；

2）排洪设施的设计计划；

3）回水设施的设计计划；

4）水处理设施的设计计划；

5）安全专篇的设计计划。

B　设计单位及人员的计划保障

设计单位应当具有金属非金属矿山工程设计资质，并且设计人员具有丰富的尾矿库设计经验。所以在进行尾矿库设计招标时，应重点关注招标单位的这两点是否满足。并且，在进行安全专篇设计时，选择的安全评价单位应当具有尾矿库评价资质。

C　设计资料管理计划保障

设计资料管理计划保障主要是建立完善的管理制度尾矿库的设计资料和勘察资料进行管理。

5.4.1.3　施工阶段的计划保障

施工阶段的计划保障主要从三个方面进行，包括施工内容的计划保障、施工人员的计划保障以及施工管理计划的保障。

（1）施工内容的计划保障。尾矿库的施工计划应当根据尾矿库的设计任务书和编撰的安全生产专篇以及《尾矿设施施工及验收规程》等相关规程进行相应的施工内容计划。

（2）人员计划保障。施工阶段的人员主要包括施工人员和监理人员，施工单位应当具有矿山工程施工资质，监理单位应当具有矿山工程监理资质。这是作为招标时选取施工队伍及监理单位的重要依据。

（3）施工管理计划保障。管理计划保障应当包括施工过程的资料存档计划和应急管理计划保障。而应急管理应当以建立应急管理制度和应急预案为核心，并计划出对应急预案进行适当的演练。

5.4.2　建设——实施（c-D）Safety Case

建设——实施（construction—Do，简称 c-D），是指尾矿库建设阶段制定的计划实施，按照预定的计划、目标和措施进行分工，落实到相关各个环节。建设阶段的安全保障实施环节，如图 5-13 所示。尾矿库的建设实施包括尾矿库库址的勘察操作，尾矿库的设计实施操作以及尾矿库的施工操作。

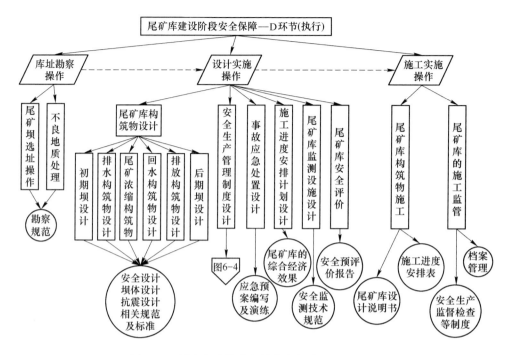

图 5-13 尾矿库建设阶段的安全保障——D 环节

5.4.2.1 尾矿库的勘察操作

根据《尾矿库安全技术规程》的规定，尾矿库库址的选择应当遵守以下原则：不宜在工矿企业、大型水源地、水产基地和大型居民区上游；不应位于全国和省重点保护名胜古迹的上游；应避开地质构造复杂、不良地质现象严重的区域；不宜位于有开采价值的矿床上面；汇水面积小，有足够的库容和初、终期库长。在满足上述条件的情况下，选择 3~5 个库址，然后通过安全可靠性分析、技术可行性分析以及经济合理性分析选择最适合的尾矿库库址。对尾矿库库址勘察时，应结合计划阶段的勘察计划保障进行勘察。在选择库址时，应尽可能选择一些地质条件简单，地形条件优越的尾矿址，应尽量避开岩溶地区和黄土地区；如果找不到理想的尾矿址，结合经济合理性分析，应先探清楚选用尾矿址存在的问题，然后采用适宜的工程措施加以处理，使得所选的库址满足勘察规范（如 GB 50021—2001）或者岩土技术规范（如 GB 50547—2010）的要求。

5.4.2.2 尾矿库的设计操作

尾矿库的设计包括尾矿库构筑物的设计、尾矿库安全生产管理制度设计、尾矿库的事故应急处置方案设计、安全监测设施的设计以及施工进度方案设计等。

（1）尾矿库构筑物的设计主要包括初期坝的设计、排水构筑物的设计、尾矿浓缩构筑物的设计、回水构筑物的设计、水处理构筑物设计以及后期坝的相关设计。

1）初期坝的设计应按照《尾矿库安全技术规程》或者是最新的尾矿库相关技术规程或标准，结合尾矿的物化性质，恰当的选择尾矿坝的设计形式，并且还要根据《水工建筑物抗震设计规范》和《构筑物抗震设计规范》的相关要求对尾矿坝的抗震强度进行加强。其他设计的构筑物的抗震强度也应当满足"抗震标准和规范"。也就是说在进行初期坝的设计时，按照标准或规范进行设计，应注重以下几点的设计：

①筑坝的方式；②筑坝材料的选择；③初期坝高度的确定；④坝基的处理；⑤渗流计算与处理；⑥坝体稳定性计算与处理；⑦坝体的强度（包括抗震强度、抗剪强度等）。

2）排水系统包括排水、回水等相关的构筑物，如排水管、溢洪道、截洪沟、排水涵洞等。这些设施的设计要结合当地的降雨量和洪水暴发情况，设计的排水系统应满足《尾矿库安全技术规程》的防洪标准的相关要求。文献中认为我国洪水设计标准偏高，建议采用美国标准 PMF（可能最大洪水）作为设计的参考。

3）其他构筑物的设计，按照相关的标准和技术规范的要求进行设计，使得其安全性得到保障，相应的强度（如抗剪强度、抗液化强度等）不低于标准值。

（2）建立健全的尾矿库安全生产管理制度。制定规章制度既是用人单位的法定权利也是用人单位的法定义务，根据劳动法第四条规定：用人单位应当依法建立和完善规章制度，保障劳动者享有劳动权利和履行劳动义务。完善的规章制度可以使用人单位的劳动管理行为规范化，工作操作标准化，事故伤害最小化。

安全生产管理制度是尾矿库的安全稳定生产的基本前提和必要的管理措施，所以矿山企业应当建立健全的尾矿库安全生产管理制度。如图 5-14 所示的安全生产制度框架图。

首先，根据制度的使用范围的不同，将矿山的安全生产制度分为两大类：综合管理制度和专项管理制度。

综合管理制度主要包括：

1）安全生产责任制。使企业的各个部门和各级人员做到职责分明，各负其责；将责任具体落实到相应人员，加强了各级人员的职责管理。

2）安全生产监督管理办法。是为了加强安全生产监督管理的工作，防止和减少生产安全事故，保障从业人员的生命安全与健康。

3）安全生产检查制度，作为监督检查企业的生产安全运作必不可少的一项制度，应有明确的规定。这些规定包括监督检查的对象、监督检查的主体以及监督检查后的结果处理等。该项制度贯穿于尾矿库的生命周期，属于综合类的管理制度。

4）教育培训制度。尾矿库的生产运作，需要由有资质和经验的工作人员进

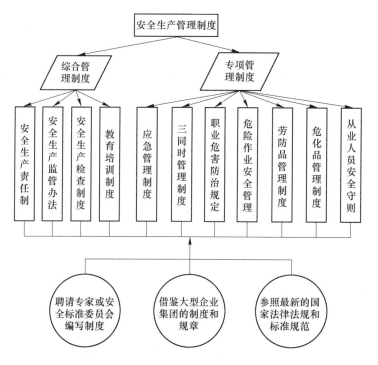

图 5-14　尾矿库安全生产管理制度

行操作，所以需要进行相应的岗前教育培训以及定期培训。

（3）专项管理制度包括：

1）应急管理制度。该制度主要是为了预防和控制潜在的事故或紧急情况发生时，做出应急准备和响应，最大限度地减轻可能产生的事故后果。并且，在编制应急管理制度的同时，应该设计出应急预案，并及时地进行演练和总结。

2）建设项目安全设施"三同时"管理制度。预防生产安全事故的设备、设施、装置、构（建）筑物和其他技术措施的安全设施必须与主体工程同时设计、同时施工、同时投入生产和使用。尾矿库的设计、施工及运行阶段，应按照相应的规定建立"建设项目安全设施三同时管理制度"。

3）职业危害防治规定：主要是为了防范职业病的发生。尾矿库在其生产运行过程中，由于天气干燥大风等问题可能产生大量的粉尘，造成尘肺病等职业病。

4）在尾矿库的建设生产运行中，工人的工作含有带电操作（如建立放矿设施）、起重操作（如建立排洪系统）等危险性作业，所以应该建立健全尾矿库的《危险作业的安全管理制度》。

5）选矿厂进行选矿时，需要用到相应的化学药剂，如黑药、黄药、氰化钠等，这些药剂部分属于剧毒化学物质，若操作不慎，很容易造成环境的污染，所以矿山企业应当建立《危险化学品管理制度》。

6）其他制度。包括《劳动防护用品管理制度》、《从业人员安全守则》等等，都需要企业结合矿山的实际情况，尾矿库的特殊性来完善相应的规则。

（4）监测设施设计。尾矿库的安全监测的设计应由具备相关资质的单位进行，其内容应当包括安全监测系统的设计方案、技术要求、仪器设备清单以及投资概算。监测的对象主要包括坝体位移、库水位、降雨量以及浸润线等；监测的方式应该是多方面的，如：视频监控、人为监督、GPS 及相应的监测系统监控等。

（5）尾矿库设计阶段的其他方面操作。设计是尾矿库的基础，所以，不能漏掉设计方面的任何一部分。企业根据施工队伍情况，应设计出尾矿库的施工进度安排；应该编写尾矿库的应急预案并及时地进行演练和总结，使得当发生事故时，能从容的应对。通过对尾矿库应急预案进行分类（如溃坝、洪水漫顶、排洪设施故障、浸润线的提高以及防震抗震等），分别编制相应的应急救援的内容（如应急机构的组成和职责、应急通讯保障、抢险救援的人员、资金和物资准备以及应急处置等等）。

这些设计完成后，应该对尾矿库进行安全预评价，安全预评价报告的重点内容应该包括库址的合理性，坝型选择的合理性，排洪系统布置的合理性与排洪能力的可靠性，监测系统的完整可靠性和危险因素辨识及对策；并应编写具有库区存在的安全隐患及对策、初期坝及堆积坝的稳定性分析、尾矿库动态监测和通讯设备配置的可靠性分析以及安全管理要求等内容的尾矿库安全专篇。

5.4.2.3 尾矿库施工实施操作

尾矿库施工阶段的主要操作包括：尾矿库的构筑物等设施设备的安装、调试以及试运行，施工的监督管理两大部分内容。

（1）尾矿库设备设施施工。尾矿库的设备设施施工应当按照《尾矿设施施工及验收规程》（YS 5418—1995）和《金属非金属矿山安全标准化规范尾矿库实施指南》（AQ 2007.4—2006）以及最新的标准或者技术规范等的相关要求进行。特别是监测监控设备，在施工阶段应根据检测系统设计和技术要求，建设单位做好设备的埋设、安装、调试和保护，并进行试运行以验证监测设备设施的有效性和准确性。

（2）尾矿库的监督管理。尾矿库的监督管理的实施保障主要是指制定了尾矿库安全生产监督检查等一系列的制度，并得到了良好的实施。监督管理尾矿库的另一个方面还包括工程档案的管理，主要涉及工程建设档案（地形的测量、工程地质及水文地质勘察。设计和施工及竣工验收、监理等）、年度计划等。

5.4.3 建设——检查（c-C）Safety Case

建设——实施（construction—Check，简称 c-C），是指尾矿库建设阶段对制定的计划落实情况及施工质量等进行检查。尾矿库安全检查的目的在于及时地发现安全隐患，以便及时处理，消除危险或者降低危险，避免隐患扩大，防患于未然，这是防止尾矿库事故发生的重要措施。体现了"安全第一，预防为主，综合治理"方针。

为进一步加强尾矿库的安全保障，当计划实施后，要对计划进行全程监督，将实施后的结果与计划的要求进行对比分析，以此来检查执行的情况和实施的效果如何，以及确认是否达到了尾矿库生产计划的要求。

根据尾矿库的建设阶段划分，将检查分为勘察选址的检查、库坝设计的检查以及施工阶段的检查，如图 5-15 所示。

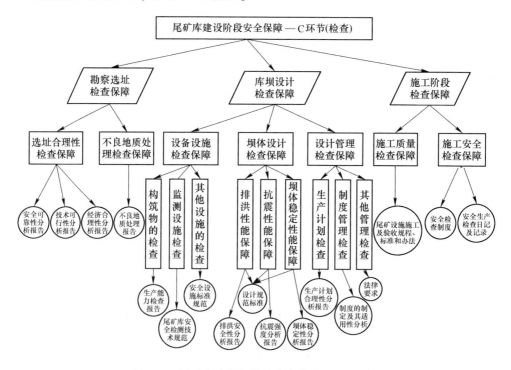

图 5-15 尾矿库建设阶段的安全保障——C 环节

5.4.3.1 勘察选址的检查保障

首先应该确定选址的合理性。根据尾矿库勘察报告对所选的库址进行相应的检查，核对计算分析该库址的选址是否满足安全可靠性的要求，技术上是否可行且实施简单易行，确认经济是否合理。逐一的对上述三个方面进行检查，并形成库址选址的检查分析报告。

其次，若选择的库址并非理想的库址，存在着不利因素，则应对不良地质进行处理。处理过后的库址应当对其进行安全可靠性进行分析，应当满足勘察技术规范和选址标准。

5.4.3.2 库坝设计检查保障

尾矿库坝的设计检查涉及设备设施的检查、坝体的检查以及管理方面的检查。

（1）设备设施的检查。主要是构筑物的设计检查，在对尾矿库构筑进行检查时，应当对构筑物的相应能力和安全性能进行核实。譬如，对于排洪系统的排洪能力是否能达到防洪标准的规定，排洪设施的状态是否处于安全稳定等。其次就是要对设计好的尾矿库监测监控设备进行检查，这类设备包括坝体位移监测设备、渗流监测设备、干滩监测设备以及水文、气象监测设备等。这些设备不仅仅要满足正常生产运行所需要的能力，还应当满足《尾矿库安全监测技术规范》（AQ 2030—2010）以及最新的尾矿库监测技术标准或者规范。除了构筑物及监测监控设备设施需要检查外，其他的一些设备设施也需要进行相应的检查，如劳动防护用品及其数量计划是否满足正常生产所需、应急装备的配备是否齐全等。

（2）坝体设计的检查。由于所设计的尾矿库还未投入使用，所以，在对坝体设计进行检查时，应针对性的对设计进行检查。主要从坝体的稳定性能、坝体的抗震强度以及排洪系统的排洪能力这三个方面进行检查。检查分析的结果满足我国现行相关标准的为合格，不满足的则视为不合格。

（3）设计管理检查。设计管理检查主要是在设计阶段从管理的角度进行检查。检查的内容主要有生产计划、生产运行的制度。检查生产计划主要检查其生产中的人员和施工队伍的计划安排是否合理，检查设备设施的配备率是否足够以及分配情况以及日期安排等。而在对制度管理进行检查时，应重点检查制定的管理制度是否符合国家及行业相关标准或规范，是否结合矿山尾矿库的实际管理工作情况，制定的制度是否完善和齐全等。

5.4.3.3 施工阶段检查保障

施工阶段的检查保障包括施工质量的监督和检查，以及施工安全检查保障。有资质的施工单位和有经验的施工人员是施工质量得到保证的前提；在施工过程中，严格的施工监督检查是施工质量外部保障的重要手段。尾矿库建设工作完成后，应当进行相应的安全验收评价以及相应的安全设施设计审查和竣工验收，要按照国家安全生产监督总局（国家煤炭安全监察局）的第 18 号令《非煤矿矿山建设项目安全设施设计审查与竣工验收办法》的相关规定以及最新标准或法律规范进行验收。

5.4.4　建设——处置（c-A）Safety Case

建设——实施（construction-Action，简称 c-A），是指尾矿库的建设阶段（勘察、设计和施工）的计划、执行和检查过程完成后，要及时对尾矿库安全管理中存在的问题进行更正，控制潜在的风险隐患，以保障尾矿库的安全运行。同时，应总结经验，发现了问题，应及时地进行修订与改进，完善相应的工作。将这些问题和改进措施等归纳整理，形成档案，进行备案，以形成有效证物，为下一轮的 PDCA 提供指导。

5.5　运行阶段 HCCP 的 Safety Case

尾矿库的生产运行阶段涉及了后期坝的建设、尾矿的排放、水位监测、坝体稳定性监测以及周边地质条件的监控等诸多方面。如何确保各项操作符合操作规程，并使得尾矿库能够安全稳定的运行，是一项不得不重视的安全管理工作。

5.5.1　运行——计划（o-P）Safety Case

运行——计划（operation—Plan，简称 o-P），是指尾矿库运行阶段所指定的计划。尾矿库建设完成并且通过了竣工验收后，应当制定尾矿库生产运行、监控以及管理的工作计划安排，应包括尾矿库的各个环节，为后续的工程实施提供参考依据，如图 5-16 所示。

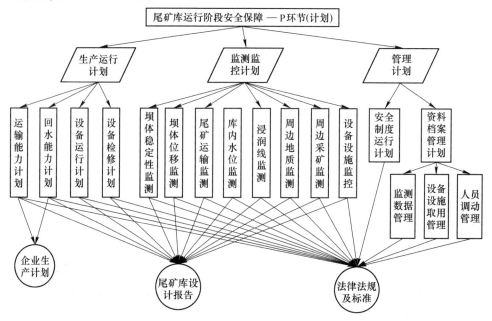

图 5-16　尾矿库运行阶段的安全保障——P 环节

5.5.1.1 尾矿库生产运行计划

按照企业的生产计划要求，制定出满足要求的尾矿库的尾矿运输排放能力、尾矿水再利用回收能力；按照尾矿库的设计施工报告以及相应的设备设施的操作使用及维护维修标准规范，制定出设备设施运行其检修计划，以保证设备设施的正常运行和满足尾矿运行的正常生产能力。

5.5.1.2 监测监控计划

由于尾矿库的特殊性和复杂性，为确保其安全运行，必须对尾矿库的相关设备设施及重要影响因素进行定期或不定期的监测监控。

根据尾矿库的设计报告和尾矿库的相关法律法规及标准规范确定出需要监测监控的主要内容，并制定相应的监测计划。主要监测对象如下：（1）坝体稳定性监测；（2）坝体位移监测；（3）尾矿运输排放监测；（4）库内水位监测；（5）浸润线监测；（6）周边地质环境监测；（7）周边采矿监测；（8）设备设施监控。

以上监测对象的监测监控内容的计划制定主要依据《尾矿库安全监测技术规范》（AQ 2030-2010）及国家安全生产监督管理总局第38号令《尾矿库监督管理规定》以及最新的标准和技术规范等。

5.5.1.3 尾矿库运行阶段管理计划

由于在尾矿库的建设阶段已经设计制定出了尾矿库安全运行的相关制度，所以，在尾矿库运行阶段的管理计划主要是制定尾矿库的安全管理制度的运行计划，使得尾矿库的相关操作有章可循、操作规范，防止管理的任意性，保护职工的合法权益。

其次，运行阶段的管理计划还应该包括资料档案管理计划，根据安全管理制度要求以及其他相关的法律标准和技术规范的要求，制定监测数据的管理计划、设备设施及防护用品的取用管理计划以及人员调动管理计划。

尾矿库运行阶段的计划是否科学、合理和适用直接影响到 PDCA 循环在尾矿库实施的管理质量。所以，尾矿库运行阶段的计划环节应当引起矿山安全管理的相关部门及人员的重视。

5.5.2 运行——实施（o-D）Safety Case

尾矿库投入运行以后，企业的技术管理、生产操作与维护、安全检查与监督以及运行管理是确保尾矿库安全运行的关键。而尾矿库生产运行阶段的 D 环节是对本阶段 P 环节所制定的计划实施，按照预定的计划、目标和措施进行分工落实到尾矿库生产的各个环节。所以，构建出尾矿库运行的执行操作体系具有重要的意义。

根据 P 阶段制定的计划，构建出尾矿库运行阶段的安全保障 D 环节，如图 5-17 所示。

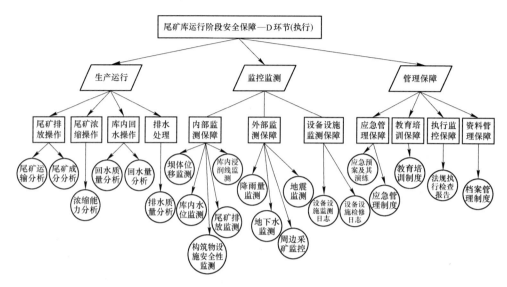

图 5-17　尾矿库运行阶段的安全保障——D 环节

尾矿库的安全运行主要从三个方面来进行保障：生产运行、监控监测以及管理。

5.5.2.1　生产运行操作

尾矿库的生产运行的主要任务是排放尾矿以及回收尾矿水。所以，这一任务带来的操作包括尾矿浓缩操作、尾矿排放操作、库内回水操作以及废水处理操作。

（1）尾矿浓缩操作。有色金属以及黑色金属选矿车间排出的尾矿浆，浓度一般较高，为了节省水资源，降低选厂供水成本和尾矿输送设施的投资及经营费用，一般会修建尾矿浓缩设备。如浓缩池、沉淀池等。但是由于浓缩池的尾矿沉降较为缓慢，需要一定的时间进行沉淀。所以生产运行能力不是很大，故需要通过对浓缩设备的浓缩能力的分析，选择恰当的浓缩装置、合理的布置浓缩池的数量，使其达到经济合理、满足正常生产的需求。

（2）尾矿排放操作。包括尾矿运输和尾矿堆存两大部分。首先应对尾矿的成分进行分析，并采取相应的措施以减少尾矿中的成分腐蚀尾矿运输设备；然后核实尾矿运输所涉及的运输管槽、输送泵站以及分散管槽的能力和相应的参数，以便满足尾矿的正常生产能力。

（3）库内回水操作。为避免矿山选厂的生产用水同当地的农业用水发生争执，降低选矿厂生产供水系统的基建经营费用，减少选矿厂产生的工业废水对下游的影响，尾矿水在选矿生产许可条件下，应通过技术经济比较，尽可能多回收利用。所以，对库内回水的操作主要有两方面：第一，分析回水质量，以避免不合格的水质进入选厂，不能达到选矿的用水标准；第二，分析回水量，保证选厂有足够的水源维持选厂的正常选洗作业，且库内水位不能侵占调洪库容。

（4）排水处理。尾矿库的一部分废水通过相应的操作作为选洗用水存储或者送回了选厂，但是还有一部分废水是不符合选厂用水的标准的，但又不能乱排放，以免造成环境污染，影响当地的水质。所以，这一部分水应当经过适当的处理进行排放。被排放的废水，其水质应当符合工业"废水"排放标准的规定，由于不同的地区其"废水"排放标准不一样，所以，应根据地区性排放标准执行"废水"排放，若没有地区排放标准，则应该按照国家标准执行，如参照《中华人民共和国水污染防治法》（第87号）等法律法规执行。

5.5.2.2 监控监测操作

尾矿库的安全运行离不开监控监测和检查，而尾矿库的监控监测主要包括内部运行监测，外部环境监测以及设备设施的监测。

（1）内部运行监测保障，主要是指坝体的位移监测、库内水位的监测、坝体浸润线的监测、尾矿排放的监测以及尾矿库构筑物设备设施的安全性监测。由于这些监测监控与尾矿库的生产运行是同步进行的，所以应注重监测的实时性和记录的真实性。尾矿库的相关监测监控应当遵循《尾矿库安全监测技术规范》（AQ 2030—2010）以及最新的尾矿库监测标准及法律规范等的相关规定进行。

（2）外部监测保障。外部环境的变化也影响着尾矿库的正常运行，如矿区处于地震多发带，则由于地震的影响，很容易使得尾矿液化，若不及时地处理，最终会导致坝体滑塌或者溃坝等事故；又如多雨水季节，当超过排水系统的能力时，库内的蓄水量就开始上升，甚至超过调洪库容量以至于发生洪水漫顶等事故灾害等。所以外部监控对于尾矿库的正常运行来说是不可或缺的。外部监测主要包括降雨量的监测、地震监测、地下水的监测、周边采矿监测以及当地农民对尾矿库的破坏情况等。由于外部环境的变化的频率不是很大，所以外部监测可以进行定期监测，必要时采取实时监测。

（3）设备设施监测保障。这里的设备设施监测保障指的是尾矿设施的监测，包括尾矿水力输送系统、尾矿回水系统、尾矿堆存系统以及尾矿水处理系统的安全性、稳定性和生产运行能力的监测。当发现问题时，及时地对其进行检修和维护，以维持正常的生产运作。

5.5.2.3 管理保障

在实际工作中，由于管理机构不健全，管理人员的素质较低，管理制度不完善以及管理工作不到位等情况，严重影响着尾矿库的安全运行。设计是基础，管理是关键。所以，应从以下几个方面加强尾矿库的管理工作：

第一，对尾矿库的应急预案进行及时地演练和总结，及时地修订应急预案存在的问题，制定完善的应急管理制度；

第二，加强教育培训，完善教育培训制度，使得相关工作人员的操作、行为规范化，管理有序化、生产标准化等；

第三，加强规章制度的执行情况，监督落实各项工作职责，严查违章违规操作和行为；

第四，建立资料档案管理制度，管理保存好各种资料，以供后续检查和经验总结等。

5.5.3 运行——检查（o-C）Safety Case

为保障尾矿库安全稳定的运行，以及检验尾矿库生产运行的各个计划是否达到要求，有必要实施尾矿库运行阶段的检查环节。尾矿库的检查应该包括尾矿库管理方的自身检查、外部执法机构检查以及第三方独立检查。为更加详细的理解尾矿库的生产运作以及相关设备设施的检查操作，将尾矿库的检查分为生产运行检查、设备设施运行情况检查、监控监测数据检查以及管理检查四个部分，如图5-18 所示。

5.5.3.1 安全生产运行检查

尾矿库的安全生产运行包括了尾矿的排放、库内尾矿水的回收以及"废水"的处理，所以应对这三个方面做详细的检查。

（1）尾矿排放的检查。通过尾矿运输分析报告以及尾矿排放监测日志进行对尾矿排放量的检查、尾矿排放设施能力的检查以及尾矿堆存分布情况检查。

（2）库内回水检查。对于送回选矿厂供选矿生产重复利用的尾矿库或浓缩池的澄清水，应当保证重复利用的水的质量和储量。所以要通过尾矿库的水位线分析以及检测数据对尾矿库内储水量进行检查，要利用重复用水的相关水质标准或者规范对这些水的质量进行把关。

（3）排水处理检查。不符合重复利用或排放标准要求的尾矿水，应当通过相应的水处理站进行水质的处理。按照"废水排放标准"对排放的尾矿水进行检查。同时，应检查尾矿排水处理的基本能力，形成排水检查报告，以供 PDCA 的下一个环节使用。

5.5.3.2 设备设施运行情况检查

设备设施运行状况影响到尾矿库的运行好坏，所以应当对尾矿库构筑物以及其他相关设备设施的安全性能进行检查。通过分析设备设施的检修日志、安全生产制度的执行情况报告以及设备的可靠性分析报告对这些设备设施进行检查。使得设备设施的安全得到保障。

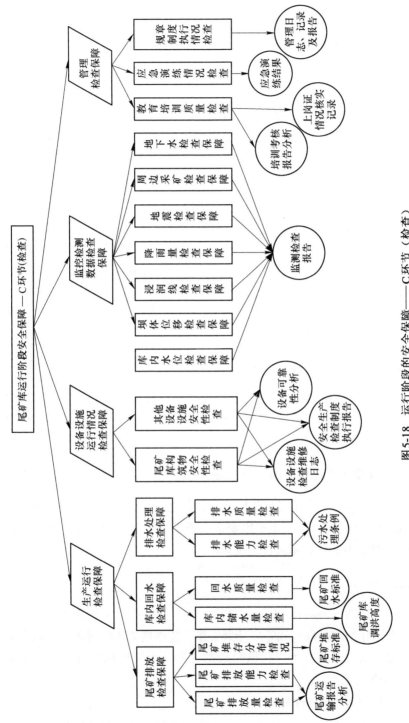

图 5-18 运行阶段的安全保障——C 环节（检查）

5.5.3.3 监测监控数据检查

尾矿库监测的数据能够较直观的反映尾矿库运行状态的好坏。及时的检查分析所监测的数据，当发现问题时，能够及时地采取相应的措施，防止事故发生。对于尾矿库安全运行状态有着重要影响的监测数据包括：库内水位监测数据、坝体位移监测数据、浸润线监测数据、干滩长度的监测数据、降雨量的监测数据、地震的监测数据、周边采矿的监督检查情况、地下水的检查情况等。必要时还应对孔隙水压力、渗透水量、混浊度的监测情况进行检查。当发生异常时，应及时响应，对影响尾矿库运行安全时，应及时分析原因和采取对策，并报相关部门。监测数据应及时整理，形成监测报告，并对监测技术进行建档。

5.5.3.4 管理检查保障

运行阶段的管理检查主要包括教育培训质量的检查、应急演练情况检查以及规章制度执行情况检查等内容。可以从教育培训考核的总结材料与分析报告、查阅工人的上岗证情况核实记录对教育培训质量进行检查；通过对应急演练的总结分析材料以及应急机构、队伍以及物资配备情况实现对应急管理的检查；通过检查规章制度的制定情况、颁布实施情况以及制度实施后的效果（奖惩情况）的记录进行核实，以实现管理制度的检查。

5.5.4 运行——处置（o-A）Safety Case

运行阶段戴明环的前三个环节完成后，对于发现的问题，要及时地进行更正，特别是尾矿库的安全管理，控制潜在危险因素，消除安全隐患，以保障尾矿库安全运行。

5.6 闭库阶段 HCCP 的 Safety Case

生产上停用的尾矿库未经过闭库处理，仍是一项长期存在的危险源，必须保证其长期的安全性。因此，《尾矿库安全监督管理规定》和《尾矿库安全技术规程》都要求对停用的尾矿库进行正规的闭库。

5.6.1 闭库——计划（c-P）Safety Case

闭库——计划（closure—Plan，简称 c-P），在进行闭库操作前，应当对尾矿库闭库操作做好相应的操作和管理计划安排，使得尾矿库的闭库工作顺利安全的进行。根据计划的分类，可以将该阶段的计划分为闭库执行计划与闭库管理计划，如图 5-19 所示。

5.6.1.1 闭库执行计划

尾矿库闭库前应对尾矿库进行勘察和安全评价，给出尾矿库存在的问题。所

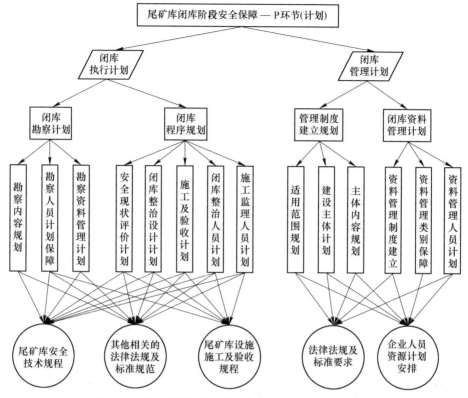

图 5-19　尾矿库闭库阶段的安全保障——P 环节（计划）

以应按照《尾矿库安全技术规程》及其他最新的相关法律标准制定相应的勘察计划，包括勘察内容规划、勘察人员计划、勘察资料管理计划等。

按照尾矿库闭库的程序，首先的应对停用的尾矿库进行安全现状评价，所以应制定安全现状评价计划；然后根据安全评价状况，应对尾矿库进行相应的整治，所以，应制定闭库前的整治设计计划；整治完成的尾矿库，就可以进行闭库的施工及验收，所以应制定施工及验收计划；在此期间还应制定闭库人员和设备管理计划，施工人员及监理人员计划安排等。

5.6.1.2　尾矿库闭库管理计划

要建立尾矿库闭库管理制度，主要从管理制度的适用范围、管理制度的主体内容以及管理制度的制定主体三个方面来进行考虑和规划；充分结合矿山企业的人力资源的计划安排，应对尾矿库闭库资料的管理进行计划，应考虑和规划建立资料管理制度，做好资料管理人员、设施设备等的配备计划。

5.6.2　闭库——实施（c-D）Safety Case

闭库——实施（closure—Do，简称 c-D），如图 5-20 所示，尾矿库闭库的基

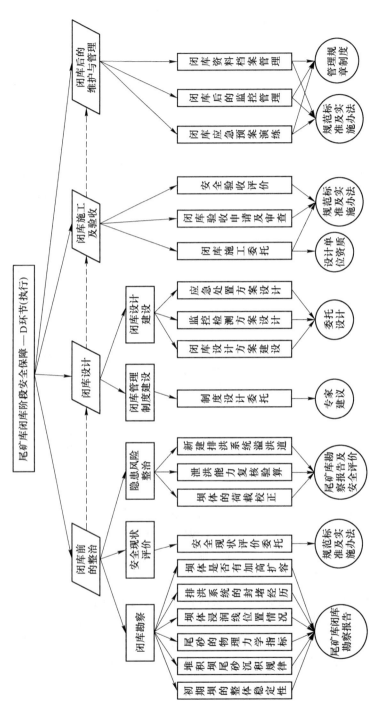

图 5-20　尾矿库闭库阶段的安全保障——D 环节

本流程是：闭库前的整治→闭库设计→闭库施工及验收→闭库后的安全检查及维护→闭库管理，也就是说对停用的尾矿库应按正常库标准，进行安全现状评价，确定尾矿库存在的不安全因素并提出相应的对策，作为闭库设计依据，并报有关部门备案；针对安全现状评价结果进行闭库设计，采取必要的工程治理措施，保证闭库后的尾矿库长期安全稳定，满足法律法规和技术规范。

5.6.2.1 闭库前的整治

闭库前的整治主要包括尾矿库闭库前的勘察，对尾矿库进行安全现状评价以及危害因素的整治三个方面。

（1）闭库勘察。尾矿库闭库前应当对尾矿库进行勘察，及时地发现尾矿库存在的问题，形成尾矿库闭库勘察报告，以便下一个步骤进行合理科学的安全现状评价。勘察的内容主要包括尾矿坝的整体稳定性、堆积坝尾砂沉积规律、尾砂的物理化学指标、坝体浸润线位置监测情况、排洪系统的封堵经历以及坝体的加高扩容经历等。

（2）安全现状评价。尾矿库安全现状评价的基本任务在于通过对现状尾矿坝稳定性、尾矿库防洪能力及排洪设施可靠性、观测设施完整可靠性、尾矿库周边环境的安全性及尾矿看全生产管理的有效性等进行分析和评价，确定尾矿库的安全度，并提出相应的建议或意见，给出整改措施。所以，应有安全评价资质的单位对尾矿库进行闭库前的现状评价。其评价的重点内容以及安全评价报告应满足《尾矿库安全技术规程》（AQ 2006—2005）及最新标准规范的要求。

（3）隐患风险整治。通过对尾矿库闭库前的勘察，形成了勘察分析报告，并对尾矿库进行了安全现状评价等程序。发现闭库前的尾矿库存在或多或少的问题，应及时的对其进行整治。当坝体的稳定性得不到保障时，应当对坝体进行荷载校正，采取效应的措施（如加固，削坡等），使其安全稳定性应满足《选矿厂尾矿设施设计规范》（ZBJ—1990）以及最新规范标准的要求。另一个重要的方面就是要对尾矿库的排洪系统进行核查验算，以确保其排洪能力满足正常生产。若不能达到排洪的技术标准要求，则要对其进行维修或者新建排洪系统的相关设施，如新建溢洪道、排水井等。

5.6.2.2 尾矿库闭库设计

尾矿库的闭库设计应该包括闭库工程设计和闭库管理设计。

闭库工程设计。尾矿库闭库工程的设计主要包括闭库设计方案的建设、监控监测方案设计以及应急处置方案设计。

企业通过选择具有设计资质和丰富经验的单位来进行闭库设计，通过下达委托任务书、签订设计协议、提供尾矿库的原设计资料和生产运行资料以及相关地质水文气象方面的资料，由设计单位提出闭库的设计方案和施工图设计。在此过程中的初步设计应当报有关部门进行审核，得到批准后才能进行施工图的设计，未获批准的需要重新给出闭库的设计方案。

当闭库工程设计完成后，应当进行监控监测方案的设计。监测监控方案的设计内容应当包括监控监测计划、监测设施选购计划以及监测人员的安排。这是保障尾矿库闭库后安全稳定运行的主要措施。

在对尾矿库实施闭库前需设计好闭库及其闭库后的应急处置方案。包括应急管理制度的建立、应急预案的建立以及应急相关的设备设施的配备情况等。

5.6.2.3　闭库施工及验收

尾矿库闭库工程的实施是维持尾矿库闭库后长期安全稳定的重要环节，应按尾矿库闭库设计和有关规范规定要求进行。

首先委托有资质的单位进行工程施工，施工单位必须按照已经批准的闭库设计和施工方案严格进行施工。在施工过程中，企业和施工监理单位应对设备、设施、施工质量以及操作安全作好监督检查工作。其次，已完成闭库施工的尾矿库应当进行闭库工程验收和安全验收评价。其验收程序和相关要求按照《尾矿库安全技术规程》执行。

5.6.2.4　闭库后的维护与管理

《尾矿库安全技术规程》的9.4.1规定："闭库后的尾矿库，必须做好坝体及排洪设施的维护，未经论证和批准，不得储水。严禁在尾矿坝和库内进行乱采、滥挖、违章建筑和违章作业"；9.4.2规定："闭库后的尾矿库，未经设计论证和批准，不得重新启用或改作他用"。这说明尾矿库的闭库只是停用的尾矿库长期安全稳定的一个基础，但其仍然是一个危险源。要维持尾矿库的长期安全稳定，还必须对闭库后的尾矿库进行长期的维护和管理。

所以，闭库后的管理应从闭库后的监控监测管理、闭库后的应急预案以及闭库资料管理三个方面入手，按照相应的标准及规范或者实施办法的要求，严格落实每一项，以保证闭库后的尾矿库安全稳定。

5.6.3　闭库——检查（c-C）Safety Case

闭库——检查（Closure—Check，简称 c-C）闭库阶段的安全保障检查环节应当包括内在运行检查保障和外在环境检查保障，如图5-21所示。

5.6.3.1　内在运行检查保障

所谓内在运行的检查保障，主要是指涉及生产运行方面的，包括闭库设计检查、施工检查以及监控监测检查三个方面。

无论是设计检查还是施工检查，都应该从相应的设计分析评价报告、竣工验收报告来分析检查设计与施工的质量，设计与施工的安全性分析，使得闭库设计与施工得到安全保障。为保障尾矿库闭库后的安全稳定运行，闭库后的监控监测

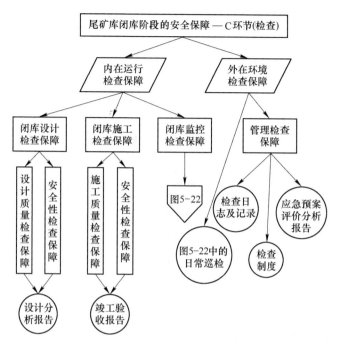

图 5-21 尾矿库闭库阶段的安全保障——C 环节（检查）

检查是必不可少的。

闭库后的监控监测检查应当从两方面抓起，一是检查的执行，二是检查管理。如图 5-22 所示。

安全检查分为日常安全检查（日常巡检）、定期安全检查以及特殊安全检查等形式。通过查阅、核对安全检查记录、检查日志以及安全可靠性分析报告来检查坝体的稳定性、排洪系统的安全可靠性以及坝体位移、浸润线的位置情况；同时也要巡查是否存在着违章爆破、在库内采石和违章建筑；是否有外来尾矿废水的排入；周围是否有泥石流塌方的现象发生等。最后形成一份完整而全面的检查分析报告，用作后一步操作。

执行检查的同时，做好检查管理工作也是必不可少的。做好检查管理首先要有一个可以执行的准则，也就是说企业单位应当制定尾矿库安全检查制度，对于检查出来的问题应当有相应的纠正对策和预防措施等方面的相关规定。检查的结果应建立档案向有关部门进行备案，并及时地将检查结果反馈、上报给相关部门。所以，应根据企业的生产运营计划要做好检查管理的人力、物力等方面的保障，配备相应的设施设备，以便顺利地完成检查管理。

5.6.3.2 外在环境检查

外在的环境检查主要是指尾矿库周边的环境检查以及相应的管理检查。而尾

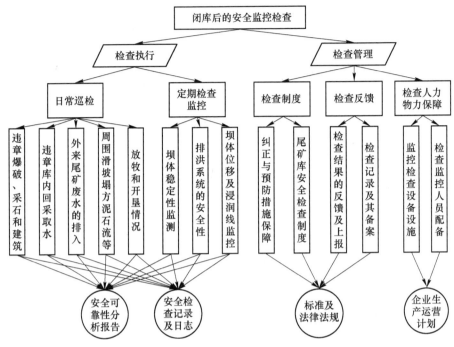

图 5-22　闭库监控检查保障

矿库周边的环境检查如图 5-22 中的日常巡检，要对其安全可靠性分析报告进行检查；而管理检查主要从检查日志及记录、检查制度的制定、实施及监督情况以及应急管理等方面进行检查和总结。

5.6.4　闭库——处置（c-A）Safety Case

　　闭库——处置（closure—Action，简称 c-A）当闭库阶段中 D（执行）环节（闭库前的整治——安全现状评价、闭库施工及验收——安全验收评价以及闭库后的维护与管理）和 C（检查）环节检查到了潜在的危险源或者隐患时，应当按照纠正与预防措施制度的相关规定进行处理，控制潜在的危险因素，保障尾矿库安全运行。与此同时，应当总结各个环节的经验，归纳整理，记录备案，形成有效的证物。为下一个阶段的 PDCA 提供经验参考。

5.7　复垦及再开采阶段 HCCP 的 Safety Case

　　根据可持续发展的要求以及建设绿色矿山的要求，对于废弃的尾矿库应当采取相应的措施，对其进行复垦或者再开采，使其恢复矿山地貌、改善环境、保持生态平衡、恢复土地利用，以获得较好的社会效益和经济效益。

　　但由于尾矿中常常还有重金属成分、过酸或者过碱以及高盐渍度以及其他的有毒化学物质，能严重的影响周围的环境特别是造成水污染。所以，应当慎重的对待尾矿库的复垦（再开采），要有严格的安全评估操作方法和操作流程。

按照 PDCA 循环的四个环节以及 Safety Case 方法结合环境、人为、技术和法规四个因素设计复垦阶段的尾矿库的安全保障构架，是尾矿库在复垦（再开采）阶段得到保障的有效的理论方法。

5.7.1 复垦——计划（r-P）Safety Case

复垦——计划（reclamation—Plan，简称 r-P）。尾矿库复垦工作做得好不好，其关键在于计划是否详细周全。所以，应对尾矿库的复垦阶段有一个系统的规划，使得在其复垦的施工及运行和维护阶段能顺利地进行。

如图 5-23 所示，复垦阶段安全保障的计划阶段应包括复垦程序的实施计划、复垦工作参与人员计划以及复垦管理工作计划等。

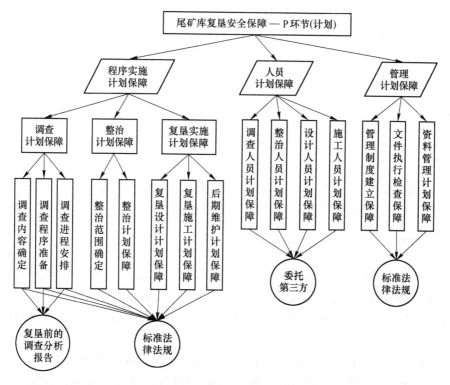

图 5-23 尾矿库复垦阶段安全保障——P 环节(计划)

5.7.1.1 复垦程序的实施计划保障

要确保尾矿库的复垦顺利进行，应当有一个良好的复垦的实施计划保障，这些计划保障包括调查计划，整治计划以及复垦实施计划。前两者是为后者顺利实施而做的必要基础工作。所以应当予以重视。

（1）调查计划保障。要对尾矿库进行复垦，就要对其调查清楚尾矿库的现状，所以，应当根据复垦相关的技术规范及标准法规确保调查计划，包括调查内容的确定、调查的基本程序以及调查的进度安排等。

（2）整治计划保障。调查计划完成后，应当有整治计划。根据相关技术标准的要求，确定出整治的范围和整治的其他计划保障（如设备设施配备计划、人员安排等）。

（3）复垦实施计划保障。复垦的实施主要从三个方面体现：复垦的设计、复垦的施工以及复垦的维护。所以应按照技术规范及标准制定好这三个方面的计划，以确保相应的工作程序顺利开展。

5.7.1.2　复垦人员计划保障

在整个复垦的过程中，都需要有相关的人员来完成相应的复垦工作。如复垦前的调查需要有资质的调查人员，而复垦前的整治应该是另一部分人员，复垦的设计、复垦的施工以及复垦后的维护都需要相关的人员计划安排。而对于调查、整治、设计与施工的人员，企业应委托有资质的第三方相关单位进行，而复垦后的维护，可以根据矿山企业的人力资源，结合相关的技术支持单位，安排专门的维护人员。

5.7.1.3　复垦管理计划保障

复垦的管理，应当有一个健全的复垦管理制度，所以应做好建立复垦管理制度的计划，这些制度应包括应急制度及应急预案的制定等；其次，对于管理制度的执行情况应有相应的监督检查，故应制定监督检查制度的计划；复垦管理的另一个重要方面就是要建立复垦资料的管理计划方案。

5.7.2　复垦——实施（r-D）Safety Case

复垦——实施（reclamation—Do，简称 r-D）。D（执行）环节是 P 环节的实践阶段。再好的计划也必须投入实践之后，方能见其效果的好与坏。所以，尾矿库复垦的执行阶段应按照 P 环节制定的计划、目标和措施进行分工，落实到尾矿库复垦阶段的各个环节。

按照复垦操作的基本流程，尾矿库复垦可以分为复垦前的旧址调查操作、旧址问题的整治、复垦的设计操作、复垦的施工操作以及复垦的监管操作等五个方面，如图 5-24 所示。

5.7.2.1　旧址调查操作

调查旧址的目的在于确定坝体的稳定性、排洪系统的安全可靠性等。所以，应通过对坝体稳定性分析，对旧址进行稳定性调查；通过对尾矿性质分析，开展

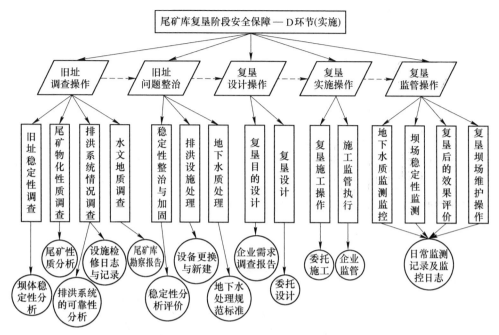

图 5-24 尾矿库复垦阶段安全保障——D 环节(执行)

对尾矿物化性质进行调查；通过检查设施检修日志与记录，开展对排洪系统的情况进行调查；通过对尾矿库的勘察报告以及其他相关的勘察综合报告，实现对水文地质的调查。

5.7.2.2 旧址问题整治操作

当调查发现了问题时，或者不满足相关技术规范、标准的要求时，应采取相应的措施进行整治。如当坝体的稳定性得不到保障的时候，应对其进行稳定性分析评价，并且采取加固或者削坡等方式对尾矿坝的稳定性进行整治；又如排洪系统的排洪能力不足时，可以考虑建立新的排洪设施（如溢洪道）或者修改完善原有的排洪设施，使其满足排洪标准的要求。

5.7.2.3 复垦设计操作

尾矿库复垦可根据企业的不同利用目的，其方式有所不同。一般的，复垦后的尾矿可以用作农业用地、林牧用地、建筑用地以及纯粹的环境美化等等。这需要根据企业的需求调查报告，来设计复垦的目的。而复垦设计应当委托有资质的单位进行。

5.7.2.4 复垦实施操作

复垦的实施是复垦设计的实现，所以，复垦的实施操作应当委托第三方实施，同时企业的安监部门应当对施工实施监管，以确保施工的质量和安全。

5.7.2.5　复垦管理操作

通过对地下水质进行监测监控、坝场稳定性监测、复垦后的效果评价以及为复垦后的坝场的维护操作形成日常监测记录以及监控日志，为下一个环节做好铺垫。

5.7.3　复垦——检查（r-C）Safety Case

复垦——检查（reclamation—Check，简称 r-C）。C（检查）环节是对复垦计划、复垦设计、复垦施工质量好坏的一个认定，同时也是将实施后的结果与计划的要求进行对比分析。通过复垦进行检查，能够比较清楚的了解复垦的各个环节中存在的问题。如图 5-25 所示，尾矿库复垦阶段的检查环节包括内部检查和外部检查。

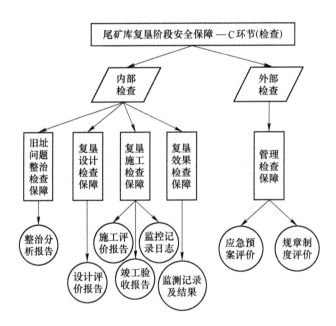

图 5-25　复垦阶段安全保障——C 环节（检查）

5.7.3.1　内部检查

复垦阶段的内部检查主要包括四个方面：旧址问题的整治效果检查、复垦设计的检查、复垦施工的检查以及复垦效果的检查。

通过对复垦前的整治分析报告分析整治情况，如坝体的稳定性、排洪系统的安全可靠性等；通过复垦的设计评价初步报告可以初步的对复垦设计实行检查；复垦施工的评价报告、复垦施工竣工验收报告以及施工的监控记录日志是检查复垦施工的基本保障；施工完成后的观察监测记录是复垦效果检查的重要途径。

5.7.3.2 外部检查

复垦阶段的外部检查，主要是指检查的管理保障，通过应急预案的评价报告以及规章制度的执行情况及评价报告来对检查的管理进行保障。

通过以上的各个环节的检查，找出成功之处，发现缺陷，形成各种汇总检查报告和分析报告，为改进过程提供有效证物，进而为下一轮的 PDCA 循环提供实践经验。

5.7.4 复垦——处置（r-A）Safety Case

复垦——计划（reclamation—Action，简称 r-A）。上述过程完成后，要及时对尾矿库安全管理中存在的问题进行更正，控制潜在的危险因素，保障复垦过程的安全稳定以及复垦后的安全可靠性。同时，应总结经验，为以后的复垦以及尾矿库的相关环节累计经验，从而使得尾矿库得到安全保障。

5.7.5 再开采阶段的安全保障

《尾矿库安全技术规程》（AQ 2006—2005）的 10 规定了尾矿库闭库后再利用的相关要求。10.1 规定：在用尾矿库进行回采再利用或者重新启用必须按照本规程第 5 章尾矿库建设的规定进行技术论证、工程设计和安全评价，以确保尾矿库生产运行的安全稳定性。

所以，尾矿库的再开采首先应对其进行技术论证、安全分析，然后按照上述给出的正常库的生产运行程序执行以确保尾矿库安全。

5.8 模型示例

由上述模型可知，和尚峪存在的隐患主要有六点，是其隐患的关键点。在利用 Safety Case 方法对其构建安全评估方法时，应当注意从三个方面入手：隐患整治、后期的监测监管或者维护维修以及管理。

昼夜温差大的 Safety Case

在寒冷地区的冬季，当土坝含水基本饱和，冬季坝面冰冻，孔隙水冻胀，体积增大。但到春季，天气暖和，坝面冻土融化，坝体结构松软，在冰冻线上的坝体，尾矿库的抗剪强度降低，可能产生表面滑塌，甚至导致坝体失稳，若尾矿坝的高度过高，且坝坡比大，则有发生溃坝的可能性。

然而由于昼夜温差大是大自然中的一种现象，我们不能人为的改变。但是昼夜温差大会导致坝体的结构松软，从而降低尾矿库的抗剪强度。所以，下面将分析坝体结构松软的 Safety Case。

（1）昼夜温差大（坝体结构松软）的安全保障——P 环节。在计划环节中，通过分析安全现状的评价报告，规划出整治的内容以及整治的程序。同时，按照安全监测技术规范的相关要求，应该制定出相应的监测监控计划，包括监测监控的内容，监控监测所需的设备，监测监控的基本程序这三个方面。在制定整治计划、监测监控计划的同时，也应该制定出管理计划，管理计划主要应制定出数据管理、应急管理、隐患整治管理等计划。如图 5-26 所示。

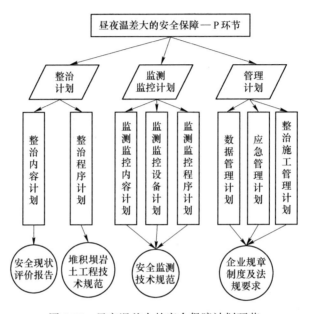

图 5-26   昼夜温差大的安全保障计划环节

（2）昼夜温差大（坝体结构松软）的安全保障——D 环节。计划制订好后，按照预定的计划、目标和措施进行分工，落实到相关的各个环节。如图 5-27 所示，整治昼夜温差的三个主要方面如下：

1）坝体结构软弱整治。整治坝体结构的松软的主要途径包括：更换筑坝材料、加固坝基以及在后期坝的堆筑的时候设置隔水层等。

细尾砂筑坝的强度极低，而以废石或粗粒尾矿筑坝，虽然抗剪强度较高，但是渗透能力好，则很容易发生渗漏、漏矿等现象。所以，为加强坝体的结构强度，应采用粗粒和细粒混合式尾矿筑坝；筑坝的同时，在不同的标高的坝面上设置宽度和马道差不多的隔水层，隔水层下面的坝体结构不会受到上层的影响减小，使得坝面更加稳定，同时该隔水层的设置不会影响到浸润线的高度；为使坝体整体结构得到稳定，应在坝基处进行加固处理，在坝基处每隔一定距离打入一定数量的抗滑桩，有利于加固坝基。

2）坝体位移监测监控。昼夜温差大，容易导致坝体的位移发生变化，所以，在监测监控方面应当注重坝体的位移监测。一般的可以选用全站仪来观测坝体的

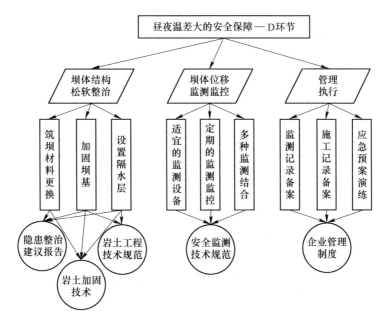

图 5-27　昼夜温差大的安全保障执行环节

位移变化，为了使监测结果更加合理，应选用多种监测手段，建议采用人工监测的方法。并对其进行定期的监测。

3）管理。按照企业的管理制度——档案管理制度的要求，要对所有的数据和记录进行归档和备份。所以应对施工质量及评价、监测数据进行归档和备份工作，同时也应该对所建立的应急预案进行及时地演练和总结，形成报告，进行归档。

（3）昼夜温差大（坝体结构松软）的安全保障——C 环节。检查的目的在于及时地发现问题，对于隐患"昼夜温差大"的检查，如图 5-28 所示。

对隐患"昼夜温差大"整治情况的检查主要包括以下内容：坝体强度的检查（包括抗剪强度、抗滑强度以及稳定性等）、坝体结构松软度的检查、施工情况的检查（如施工阶段是否出现了伤亡事故、施工的工程质量等）、监测设备的能力检查以及所形成的监测数据的分析和总结等。通过检查这些内容与相应的标准规范要求做比对，找出存在的问题，以便及时地对其进行改善。

（4）昼夜温差大（坝体结构松软）的安全保障——A 环节。隐患"昼夜温差大"带来的次生隐患或者最终事故影响比较小，但仍不容忽视。所以，通过计划、执行和检查等环节，应总结经验，发现了问题，应及时的进行修订与改进，完善相应的工作。将这些问题和改进措施等归纳整理，形成档案，进行备案。

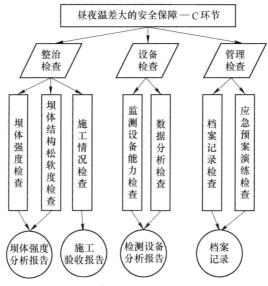

图 5-28   昼夜温差大的安全保障检查环节

5.9   多降雨量的 Safety Case

（1）多降雨量的安全保障——P（计划）环节。对于多降雨量的安全保障，在计划环节中，主要是制定出隐患整治内容计划、整治程序计划，监控内容计划、监控设备计划、检测监控程序计划，以及管理计划中的应急管理计划和数据管理计划，如图 5-29 所示。

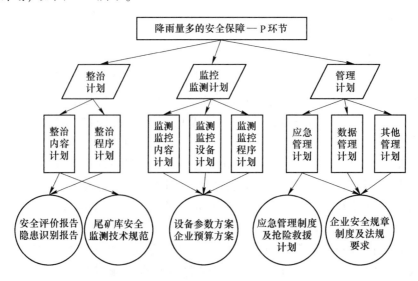

图 5-29   多降雨量的安全保障计划环节

1）整治计划。针对降雨量多，或者连续的强降雨，根据可能产生的次生隐患或者最终事故灾害，制定出有效的整治计划方案。该计划方案包括整治的内容和整治的基本程序。整治的内容主要包括：坝面的完整性、坝面含水饱和、坝体的抗剪强度、浸润线抬高、山洪冲击坝体等。整治的基本程序主要为安全现状的识别、解决方案的提出，实施整治、整治评价验收等。

2）监测监控计划。在制定整治计划的同时，监测监控计划也应制定出来。监测监控计划包括监测监控的内容、设备以及实施的基本程序。通过对尾矿库安全现状评价以及隐患识别，结合企业预算方案，制定出需要购买的监测监控设备。

3）管理计划也是计划中不可缺少的部分。主要制定应急管理计划，数据、记录管理计划等。根据应急管理制度和企业的档案管理制度，结合实际情况，制定好所需要的计划。

（2）多降雨量的安全保障——D（实施）环节。在实施、执行环节中，确保隐患的安全保障，如图 5-30 所示，主要从以下几个方面着手：

1）整治实施。根据降雨可能会导致的次生隐患或事故灾害，则需要整治的内容包括：浸润线的监测监控、修筑溢洪道排水沟等排水设施，以及控制库内蓄水量等。浸润线的监测监控以及库内需水量的控制涉及了浸润线和库水位的监测。所以，应通过适当的监测监控设备来监测浸润线和库水位。为防止山洪冲刷坝体，坝面因积水而饱和，应该在坝面与山接触的地方，布置截水沟，在坝面布置溢洪道。

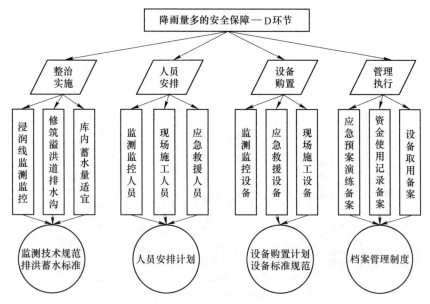

图 5-30 多降雨量的安全保障实施环节

2）人员安排。在整治存在的隐患时，应做好人员安排。监测监控人员，该人员应该是专业的监测监控人员或者经过培训的工人；现场施工人员，应根据企业的施工计划，聘请相应的施工队；应急救援人员是矿山企业不可缺少的人员队伍之一，应该由专业的矿山救护队组成。

3）购置设备。由于降雨量涉及了多个监测对象：浸润线和库水位，所以，监测监控的设备应该包括雨量计（监测降雨量）、浸润线监测系统以及库水位监测系统。而其他的辅助设备，如矿山应急救援设备、现场施工所需的相关设备设施等，也应该齐全。

4）管理执行。按照计划环节设计的计划，要制定档案管理制度、应急管理制度、设备取用制度以及资金使用记录等。做好各个监测数据的分析、总结，并对其进行归档。

（3）多降雨量的安全保障——C（检查）环节。在检查环节中，应重点检查以下几个方面：

库内水位控制的检查，要保障库内水位控制在某个数的范围之内，以确保尾矿库的调洪库容量能满足最大洪水暴发时的量，不发生洪水漫顶事故，且要保证回水量充足，以供选矿厂正常选矿。除了库水位的监控检查外，还应该对浸润线的控制、坝体的修缮情况以及排洪设施的能力及其安全性进行检查（见图5-31），对各种设备运行情况（包括设备的能力、设备运行的安全性等）进行分析、检查。将检查的结果，以及对数据的分析，形成检查报告，并对其进行分类归档。

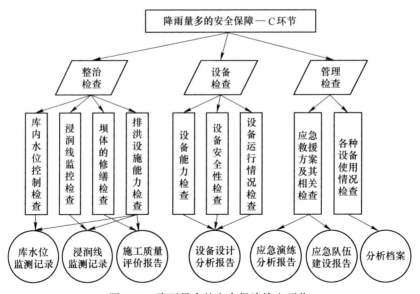

图 5-31 降雨量多的安全保障检查环节

（4）多降雨量的安全保障——A（处理）环节。通过检查，及时地发现问题，找出在整治该隐患后还存在的问题、隐患，然后按照 PDCA 的四个环节，对其进行处理，提升其安全性，使其隐患消除，或者减少，以达到安全生产水平。

5.9.1　岩石节理裂隙发育的 Safety Case

若岩石节理裂隙发育，则尾矿库的底部存在着较大的空隙，容易产生尾矿泄露和渗漏现象，尾矿及尾矿水的渗漏、泄露会造成地下水的污染。若该尾矿库的反滤层铺设不当，岩石之间的空隙较大，则很容易发生水土污染、渗漏等事故。

由于和尚峪尾矿库现处于运行的后期阶段，所以，重新选择库址或者处理库底是不太现实的。故应处理岩石节理裂隙所产生的次生隐患，即尾矿泄露以及渗漏现象。

5.9.1.1　岩石节理裂隙发育的安全保障—— P（计划）环节

岩石节理裂隙发育的安全保障的计划环节中，如图 5-32 所示，应制定的计划包括隐患整治计划（整治内容、实施整治的程序）、监控监测计划（监测内容、监测设备以及监测程序）、管理计划（数据管理计划、应急管理计划等）。制定这些计划的主要依据是安全评价报告，隐患识别报告，尾矿库安全监测技术规范，应急管理制度以及企业的规章制度和法规要求等。

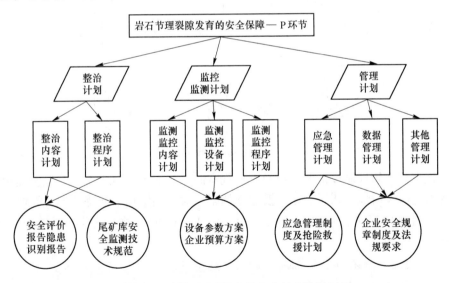

图 5-32　岩石节理裂隙发育的安全保障计划环节

5.9.1.2　岩石节理裂隙发育的安全保障——D（执行）环节

岩石节理裂隙发育的安全保障执行环节中，如图 5-33 所示，应实施的内容主要有尾矿库渗漏整治、尾矿库漏矿整治；而对于监测监控的主要内容有浸润线的监测、渗漏监测以及地下水质监测。按照尾矿库的安全技术规程中的要求对尾矿库的渗漏和漏矿进行整治。对于处理渗漏和漏矿的主要措施包括采取增设坝坡反滤措施和降低浸润线，常用方法是铺设土工布再压以碎石和堆石的方法以及增设排渗降水设施。

对存在的隐患整治完成后，要进行监测监控以及后期的维护。主要包括浸润线的监测、渗漏监测以及地下水质的监测。地下水质的监测能反映出尾矿渗漏的严重性。对于以上三项内容的监测应该采用多种监测方式，如在线实时监测、GPS 监测以及与人工监测相结合，以避免有单独监测方法带来的误差和错误，使得监测结果更加准确。

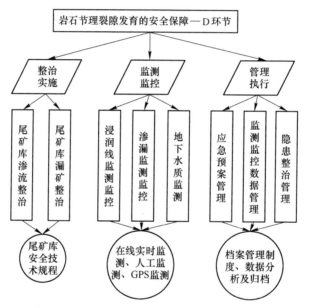

图 5-33　岩石节理裂隙发育的安全保障执行环节

根据档案管理制度的要求以及其他规章制度的要求，对于整治、监测监控维护的数据应及时地分析、总结以及建立档案，对于应急预案演练情况应及时的总结。对这些内容进行归档，分类整理。形成有效的证物，为下一个各环节做准备。

5.9.1.3　岩石节理裂隙发育的安全保障——C（检查）环节

检查环节中，岩石节理裂隙发育的安全保障，如图 5-34 所示，主要检查的内容包括隐患整治情况检查，设备的检查以及管理检查。

整治情况的检查主要包括渗流情况、尾矿泄露的检查。该项检查主要依据隐患整治施工验收报告和水质分析报告对这些内容进行检查，从水质分析报告中得出地下水的水质情况，来分析渗漏或尾矿泄露的严重性。

设备的检查的对象为排渗设施、监测监控设施等，主要检查的内容是这些设施的运行情况、设备的生产能力以及设备的安全性能的检查。通过检查设备的参数、运行记录以及设备生产情况，形成设备分析报告，对其进行评价、总结。

对于管理的检查，主要从档案的定期总结报告、应急队伍建设分析报告以及应急演练分析报告对应急管理、应急预案演练情况以及档案记录情况继续的检查。为达到安全水平有所提升，还要进行定期和不定期的检查，并将检查的结果形成报告，进行建档，进行分类管理。

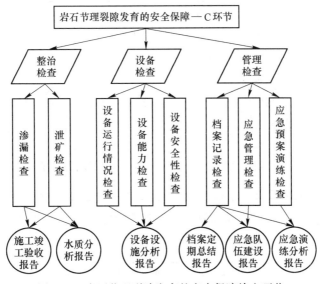

图 5-34　岩石节理裂隙发育的安全保障检查环节

5.9.1.4　岩石节理裂隙发育的安全保障—— A（处置）环节

处置环节中，应总结经验，发现了问题，应及时地进行修订与改进，完善相应的工作。将这些问题和改进措施等归纳整理，形成档案，进行备案。

5.9.2　库纵深长，干滩短的 Safety Case

尾矿库的库纵深短，干滩长度难以满足。当干滩长度不足时，很容易导致尾矿库的调洪库容不足，当发生大暴雨或者连续降雨时，就有可能产生洪水漫顶的事故。

所以，根据上述分析，确保该隐患得到安全保障，则需要从干滩长度和调洪库容两个方面进行分析。

5.9.2.1　库纵深长，干滩短的安全保障—— P（计划）环节

计划环节中，如图 5-35 所示，应制定的计划包括整治计划、监测监控计划以及管理计划。通过安全评价报告和隐患识别报告制定出隐患整治内容计划和整治的

基本程序；根据隐患类型，确定出需要监测监控的内容以及监测监控程序和所需要的监测监控设备；制定出应急管理计划和数据管理计划等管理方面的计划。

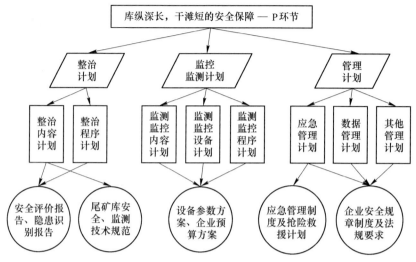

图 5-35 库纵深长，干滩短的安全保障计划环节

5.9.2.2 库纵深长，干滩短的安全保障——D（执行）环节

在执行环节中，对于库纵深较长，干滩长度短的整治主要包括：整治、监测监控与管理三个方面，如图 5-36 所示。

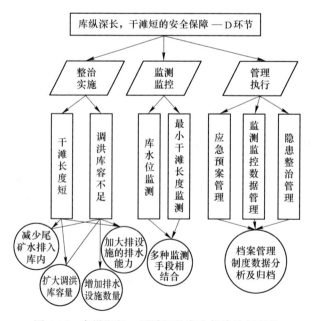

图 5-36 库纵深长，干滩短的安全保障执行环节

A 隐患整治

对于该隐患的整治应该从两方面入手：干滩长度与调洪库容。根据《尾矿库安全技术规范》中的 5.3.9 的规定，采取有效的措施，如减少尾矿水排入库内，又如增大调洪库容量，增加排水设施的水量以及加大排水设施的排水能力等，以确保尾矿库的最小干滩长度。

B 监测监控

该隐患涉及的监测监控主要是库水位和最小干滩长度的监测监控，对其监测监控时，应采取多种监测方式，定期和不定期的对其进行监控。对于库水位的监测监控，建议采用在线实时监测和人工监测监控相结合的监测监控方式；而对于最小干滩长度的监测，建议使用成本低的人工监测方式。

C 管理执行

最小干滩长度的确保、调洪库容量的维稳的施工操作，以及对库水位的监测等按照档案管理制度，建立相应的档案，对其进行管理。同时，对出现调洪库容不足、干滩长度短的情况，应编制应急预案，并及时地进行演练。

5.9.2.3 库纵深长，干滩短的安全保障——C（检查）环节

检查环节中，应该对隐患整治的效果进行检查，如图 5-37 所示，检查的内容主要包括干滩长度的检查、调洪库容的检查、监测设备运行状况、生产能力以及安全性能的检查。对这些内容进行检查后，形成相应的检查结果，进行备案，同时，也应该检查应急预案的演练情况以及应急队伍的建设情况。

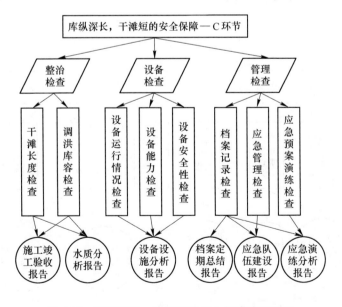

图 5-37 库纵深长，干滩短的安全保障检查环节

5.9.2.4 库纵深长，干滩短的安全保障—— A（处置）环节

对于检查环节中，发现了存在的问题，应及时地处理。并对其进行分析总结，形成新的经验，为下一轮的 PDCA 做准备。

5.9.3 改造后，排洪能力未验证的 Safety Case

尾矿库经过改造后，未对排洪系统的排洪能力进行验证，就有可能导致尾矿库的排洪能力不足，当连续排放废水至尾矿库中或者出现连续降雨天气时，便会演化成为洪水漫顶、导致水土污染等事故。

5.9.3.1 排洪能力未验证的安全保障—— P（计划）环节

计划阶段，对于该尾矿库改造后，其排洪能力未进行验证的安全保障的计划，主要包括以下几个方面：隐患整治计划、整治后的维护计划以及管理计划，如图 5-38 所示。

由于该尾矿库的排洪能力是否满足要求，未得到验证。所以，首先应该通过对排洪设施进行安全评价，制定排洪能力验证计划，然后根据《尾矿库安全技术规程》制定出排洪能力整改计划。排洪设施是尾矿库重要设施之一，需要对其进行维护维修，所以应制定排洪设施的维护维修计划以及检测计划。在制定整治、维护维修计划的同时，也应该制定管理计划，包括应急管理计划以及其他的管理计划，如监测检测数据管理计划等。

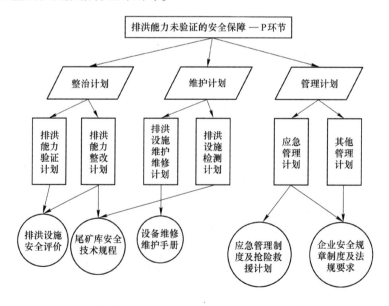

图 5-38 排洪能力未验证的安全保障计划环节

5.9.3.2 排洪能力未验证的安全保障——D（执行）环节

在执行阶段，确保排洪能力未验证的安全保障的主要措施，如图 5-39 所示。首先要对排洪设施的能力进行验证，若满足相应规范和标准的要求，则也应该对其进行维护；若不满足相应的规范标准，则应该对排洪进行整改。一方面，可以增加排洪设施的数量，另一方面，可以增大排洪设施的排洪能力，同时，应该减少尾矿水以及其他水入库，维持调洪库容在一个安全稳定值内。整改后的排洪设施同样需要后期的维护维修，故要定期地对这些设施进行检查维修。将这些整改操作、维护检测操作等进行记录备案，形成有效的证物。

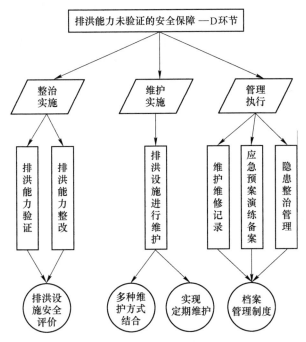

图 5-39 排洪能力未验证的安全保障执行环节

5.9.3.3 排洪能力未验证的安全保障——C（检查）环节

检查环节中，如图 5-40 所示，通过对施工竣工验收报告和排水设施安全评价报告进行排洪能力的检查；通过维护维修记录以及设备的参数实现对设备的能力检查。通过档案定期总结报告、应急队伍建设报告以及应急预案演练报告对档案、应急进行检查。对检查出来的问题，进行统一分析和整理，作为下一环节的有效证物。

5.9.3.4 排洪能力未验证的安全保障——A（处置）环节

对于检查环节中，发现了存在的问题，应及时地处理。并对其进行分析总结，形成新的经验，为下一轮的 PDCA 做准备。

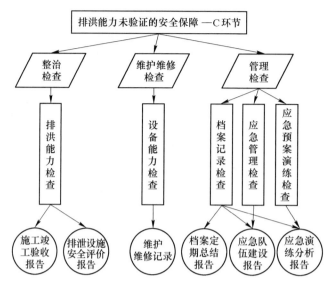

图 5-40   排洪能力未验证的安全保障检查环节

6 尾矿库溃坝风险矩阵评价方法

尾矿库风险评价是一个涉及社会、经济、环境资源的复杂问题，风险矩阵评价方法从人的因素、技术因素、环境因素和管理因素建立起尾矿库风险评价指标体系，运用层次分析法计算出指标的权重，并进行尾矿库风险分级。同时，从生命损失、财产损失和环境资源损失三方面评估尾矿库溃坝事故直接经济损失风险，利用尾矿库溃坝所造成的人员伤亡和直接经济损失风险，度量了尾矿库溃坝事故后果的严重性，并划分相应的等级。最后，通过尾矿库风险分级及尾矿库溃坝事故后果严重性评价相结合，利用尾矿库风险矩阵法实现尾矿库风险综合评价，这将有助于根据风险程度确定尾矿库排险治理优先权，改进和完善尾矿库风险管理，更有针对性的制定事故预防和控制措施，最大限度降低事故损失。

6.1 尾矿库溃坝风险等级评价

6.1.1 评价指标体系的建立

6.1.1.1 指标选取原则

建立准确、全面、有效的尾矿库溃坝可能性评价指标体系，是尾矿库溃坝可能性评价的关键，所建立的指标体系是否科学、合理，直接影响到尾矿库溃坝危险性评价的可靠性及其应用。因此选择评价指标时应注意以下原则：

（1）系统性原则。评价指标体系应该将尾矿库风险视为一个系统对象，全面、综合地反映评价的整体情况，从中抓住主要因素，既能反映直接效果，又要反映间接效果，以保证评价的全面性和可信度。

（2）可操作性原则。指标的设计既要考虑有数据的支持、数据获取的难易程度和数据的可靠性，又要考虑计算方法的简易性等。

（3）独立性原则。所选择的各指标应能说明被评价对象某一方面的特征，指标之间应尽量不相互联系。

根据以上的基本原则，下面将针对尾矿库溃坝建立可能性评价指标体系。

6.1.1.2 指标的选取

我国尾矿库运行期安全等级划分按照《尾矿库安全技术规程》（AQ2006—2005）的规定，依据尾矿库防洪能力和尾矿坝坝体稳定性，分为危库、险库、病库、正常库四个等级。目前，我国尾矿库管理中安全度的划分方法属于定性的判别方法，而在实际的尾矿库工程风险管理过程中尾矿库工程的安全状况受到众多因素的影响，很多因素既有随机性又有模糊性，不容易给出准确而清晰的定义。通过这种定性的判别方法在开展尾矿库安全评价过程中难以准确判断尾矿库的安全状况。因此，通过建立起尾矿库运行期的风险评估指标体系，科学、合理的评估尾矿库运行期风险，对于减少及防止尾矿库事故的发生，确定尾矿库安全运行等方面都具有重要意义。

根据尾矿库事故的特点，建立了尾矿库风险评价指标体系，如表 6-1 所示。

表 6-1　尾矿库风险评价指标体系

评估子系统层		评估指标层
人的因素（B1）	人员素质 C1	接受专业技术培训人员比例 D1
		接受安全管理培训人员比例 D2
		接受特种作业培训人员比例 D3
	人员培训 C2	人员违章作业率 D4
		对安全设施熟练程度 D5
		技术水平达标率 D6
	人为干扰 C3	非正常采挖现象 D7
		爆破现象 D8
技术因素（B2）	尾矿性质 C4	平均粒径 D9
		堆积容重 D10
	堆存系统 C5	筑坝方式 D11
		安全超高 D12
		干滩长度 D13
		下游坡比 D14
		现状坝高 D15
		坝面防护 D16
		抗震能力 D17
		渗透坡降 D18
		浸润线高度 D19
	排洪系统 C6	排洪方式 D20
		防洪标准 D21
		排洪设施可靠性 D22
	输送系统 C7	设备的完好率 D23
		连接方式 D24
		安全运行率 D25
		管型 D26
		支管配套 D27
		管路敷设方式 D28
	回水系统 C8	回水方式 D29
		澄清距离 D30

评估子系统层		评估指标层
环境因素（B3）	地质条件 C9	地质构造 D31
		岩石性质与岩土体结构 D32
		地形坡度 D33
	气象条件 C10	最新 24h 降雨量 D34
		极端气候发生的可能性 D35
	地震烈度 C11	库区设计地震烈度 D36
	生物群活动 C12	生物群活动程度 D37
管理因素（B4）	机构制度设置 C13	安全管理机构 D38
		安全生产制度及规程 D39
	安全检查与档案管理 C14	安全操作记录 D40
		安全监测与预警 D41
		安全评价 D42
		尾矿库工程档案管理 D43
	事故预防与应急处理 C15	事故应急救援设备 D44
		应急救援预案与演练 D45
		事故调查和处理 D46
		安全投入 D47

尾矿库风险评价指标体系分为综合评估层、评估子系统层和评估指标层三个层次，其中评估子系统层包括了人的因素、技术因素、环境因素以及管理因素等四个评估要素。

A　人的因素 B1

a　人员素质 C1

（1）接受专业技术培训的人员比例 D1。根据《尾矿库安全监督管理规定》的有关规定，生产经营单位应当保证尾矿库配备与工作需要相适应的专业技术人员或者具有相应工作能力的人员。

该指标属于定量评价指标，用于评价尾矿库专业技术人员配备情况。评价指标值＝接受尾矿库专业知识培训的员工/所评尾矿库工作人员总数。

（2）接受尾矿库安全管理培训的人员比例 D2。根据《尾矿库安全监督管理规定》的有关规定，生产经营单位应当保证尾矿库具备安全生产条件所必需的安全管理人员。

该指标属于定量评价指标，用于评价尾矿库安全管理人员配备情况。评价指标值＝接受尾矿库安全管理培训的人员/所评尾矿库工作人员总数。

（3）接受特种作业培训的人员比例 D3。根据《尾矿库安全监督管理规定》第九条规定，从事尾矿库放矿、筑坝、排洪和排渗设施操作的专职作业人员必需取得特种作业人员操作资格证书，方可上岗作业。

该指标属于定量评价指标，用于评价尾矿库特种作业人员配备及持证情况。评价指标值＝接受特种作业培训的人员/所评尾矿库工作人员总数。

（4）人员违章作业率 D4。安全意识的高低反映着员工的思想、态度，指导着其行为，使得思想与行为相统一，从而能够真正带生产的安全。当员工安全意识淡薄，没能真正意识其行为存在的危险极其严重的后果，违章作业，则可能会引发尾矿库事故。

该指标属于定量评价指标，用于衡量尾矿库从业人员安全意识水平。评价指标值＝工作人员的违章次数/工作人员总人次。

b 人员培训 C2

（1）对安全设施熟练程度 D5。尾矿库安全设施是指直接影响尾矿库安全的设施，包括初期坝、堆积坝、副坝、排渗设施、尾矿库排水设施、尾矿库观测设施及其他影响尾矿库安全的设施。

尾矿工能够使用安全设施去监测尾矿库的安全运行状况，另一方面是尾矿工在发现不安全因素后，能够使用安全设施将其消除，使得事故消灭在孕育状态。可见，尾矿工对安全设施的熟练程度，对消除初期尾矿库事故起到重要作用。

该指标属于定性评价指标，用于评价尾矿库从业人员对安全设施的位置、使用、维护等的熟练程度。评价指标值来源于现场调查。

（2）技术考核达标率 D6。为减少伤亡事故的发生，必须在企业内部实施定期安全培训制度。所有生产作业人员，每年都要接受必要的安全生产教育和培训，使得尾矿库从业人员技术水平能够满足安全生产要求。主要负责人和安全生产管理人员要按照政府主管部门和安全生产监督管理部门的要求参加有关安全生产知识的教育培训和考核。安全生产教育培训内容主要是：安全生产基本知识、安全生产规章制度、劳动纪律、作业场所和工作岗位存在的危险因素、防范措施及事故应急措施等。

该指标属于定量评价指标，用于评价尾矿库安全教育培训效果。评价指标值＝技术考核达标人员数/员工总数。

c 人为干扰 C3

（1）非法采挖作业现象 D7。尾矿库周边非法采掘或在尾矿坝上和库区进行乱采滥挖等活动，会引发地质灾害或是破坏坝体和排洪设施。

该指标属于定性评价指标，用于评价尾矿库周边是否存在非法采挖作业现象及其严重程度。评价指标值来源于现场调查。

（2）爆破现象 D8。在尾矿库区进行非法爆破活动不仅直接毁坏尾矿库排洪设施和尾矿坝体，而且严重者还会引起尾矿坝震动液化，导致重大事故发生。

该指标属于定性评价指标，用于评价尾矿库区是否存在爆破现象及其严重程度。评价指标值来源于现场调查。

B　技术因素 B2

a　尾矿性质 C4

尾矿性质的包括物理性质和工程性质。尾矿的物理性质主要是指描述土中三相（固相、液相、气相）比例关系的物理量，包括尾砂的重力密度、比重、液限、塑性指数、塑限、重度、颗粒分布、含水量、孔隙比、可塑性指标等特征。尾矿的物理力学性质对于尾矿透水性能有着重要影响。尾矿的透水性能主要由粒度组成所决定，尾砂粒度越细，尾砂的渗透性越弱，尾砂粒度越粗，尾砂的渗透性越强，渗透性随细泥含量的增加而降低；沉积尾矿砂的空隙率与压缩性对尾砂的透水性能影响大，尤其对坝内浸润线位置影响非常大；空隙率大的尾砂透水性好，空隙率小的尾砂透水性差。

尾矿的工程性质指标主要有：抗剪强度、压缩指标和渗透指标等。尾矿的工程力学性质指标是定量分析尾矿坝稳定性的重要基础数据。尾矿堆积层的抗剪强度是直接影响尾矿堆坝稳定性的主要因素。尾矿堆积层的抗剪强度与作用在滑面上的正应力、尾矿堆积层的内摩擦角、尾矿堆积层的黏结力都有关系，并成正比关系。文献研究指出：①内摩擦角越大，抗剪能力也越大，坝体稳定系数也越大，一般内摩擦角每增加 1°，稳定系数增加 4.2% ~ 9.4%；②黏聚力对尾矿堆积坝的稳定性影响不大，当黏聚力从 5kPa 增加到 10kPa 时，稳定系数仅增加 0.05；③尾矿的重度对尾矿坝体稳定有一定影响，天然重度相差 1.0kN/m³，坝体稳定系数仅相差 3% 左右。文献研究指出：坝体尾矿平均粒径与黏聚力成负相关、与摩擦角成正相关，可用尾矿平均粒径指标来反映堆坝材料的抗剪特性。同时《尾矿库设计手册》指出：尾矿的压缩系数是与尾矿粒度、干容重和孔隙比有关，粒度和干容重越大，压缩系数越小；孔隙比越大，压缩系数越大。因此，本文尾矿特性指标用平均粒径、堆积容重指标来反映堆坝材料的抗剪特性、压缩特性和渗透特性。

（1）平均粒径 D9。尾矿的物理力学性质对于尾矿透水性能有着重要影响。尾矿的透水性能主要由粒度组成所决定，尾砂粒度越细，尾砂的渗透性越弱，尾砂粒度越粗，尾砂的渗透性越强，渗透性的强弱随细泥含量的增加而降低。

该指标属于定量评价指标，用于评价尾矿的物理力学性质。评价指标值来源于该尾矿库地质勘察报告、尾矿试验报告等技术资料或当地其他相关的技术资料。

（2）堆积容重 D10。文献研究指出：沉积尾矿砂的空隙率与压缩性对尾砂的透水性能影响大，尤其对坝内浸润线位置影响非常大。空隙率大的尾砂透水性好，空隙率小的尾砂透水性差。空隙率指在材料的体积内，孔隙体积所占的比例。反之，密实度则用来指材料的体积内，被固体物质充满的程度，即空隙率+密实度=1。由于容重易于测量，所以通常采用容重来表示材料的密实程度。

该指标属于定量评价指标，用来评价尾砂堆积的密实度。评价指标值来源于该尾矿库地质勘察报告、尾矿试验报告等技术资料或当地其他相关的技术资料。

b 堆存系统 C5

（1）筑坝方式 D11。尾矿堆积坝的筑坝方式有上游式、中线式、下游式和浓缩锥式等类型。筑坝方法的选择，主要应根据库址地形地貌、尾矿排出量大小、尾矿粒度组成、矿浆浓度、坝长、坝高、年上升速度以及当地气候条件（冰冻期及汛期）等因素决定。各种筑坝方式的特点、优缺点见表6-2所示。

该指标属于定性评价指标，用于评价筑坝方式的相对危险性。评价指标值来源于现场调查。

表6-2 尾矿库筑坝方式

筑坝方式	特 点	缺 点	优 点	应用状况
上游式	子坝中心线位置不断向初期坝上游方向移升，坝体由流动的矿浆水力充填沉积而成	受排矿方式的影响，含细粒夹层较多，渗透性能较差，浸润线位置较高，坝体稳定较差	筑坝工艺简单，管理方便，运营费用较低	国内外均普遍采用
中线式	在堆积过程中保持坝顶中心线位置始终不变	介于上游式与下游式之间	介于上游式与下游式之间	国内外使用较多
下游式	子坝中心线位置不断向初期坝下游方向移升	管理复杂，且只适用于颗粒较粗的原尾矿，又要有比较狭窄的坝址地形条件	坝体尾矿颗粒粗，抗剪强度高，渗透性能较好，浸润线位置较低，坝体稳定性较好	国外使用较多，国内使用较少
浓缩锥式	将尾矿浆浓缩至75%左右在尾矿库内集中放矿，尾矿按照强迫沉降规律（不出现自然分级）呈锥形体状堆积，周边建有很低的围堤，拦截析出的尾矿水和雨水，排出库外	占地面积大，管理复杂	具有较高的安全性	国外处于摸索试验阶段，尚未推广

（2）安全超高 D12。安全超高是指尾矿坝沉积滩顶至设计洪水位的高差，目前尾矿库设计手册、技术标准等对尾矿坝最小安全超高、最小滩长的规定见表6-3、表6-4。安全超高不够，遇到暴雨、洪水时调洪库容不足，库水位上升，将直接危及坝体安全。所以，尾矿库各个时期安全超高应满足最小安全超高的要求。

该指标属于定量评价指标，用于评价尾矿库安全超高是否满足最小安全超高的要求。评价指标值=尾矿库目前安全超高/现行规范规定的最小安全超高。

表 6-3　上游式尾矿坝的最小安全超高与最小滩长

坝的级别	1	2	3	4	5
最小安全超高/m	1.5	1.0	0.7	0.5	0.4
最小滩长/m	150	100	70	50	40

表 6-4　下游式及中线式尾矿坝的最小滩长

坝的级别	1	2	3	4	5
最小滩长/m	100	70	50	35	25

（3）干滩长度 D13。滩长自沉积滩滩顶到库内水边线的距离，称为沉积滩长度，也叫做干滩长度，是尾矿库安全度的一个重要指标。当排放浓度低、流量大的尾砂时，库内的水位是影响最小干滩长度的主要因素。最小干滩长度直接影响尾矿库内回水水质及尾矿坝体稳定性。当最小干滩长度过大时会降低滩面上升速度进而使回水水质变差；当干滩面长度过小时，库内水面到坝顶距离变小将使水位上升，影响尾矿坝体的稳定性。尾矿池的最高洪水位应满足堆积坝稳定的要求，也就是最小干滩长度要求，最高洪水位时的干滩长度应大于或等于最小干滩长度，否则应降低控制水位或增大泄洪能力。

该指标属于定量评价指标，用于衡量尾矿库现状干滩长度是否满足最小干滩长度的要求。评价指标值=尾矿库目前干滩长度/现行规范规定的最小干滩长度。

（4）下游坡比 D14。尾矿坝堆积坡比直接影响尾矿坝稳定。若生产中扩大库容自行将坡比变陡，则必将降低坝体稳定性。

该指标属于定量评价指标，用于评价尾矿库堆积坝下游坡比对坝体稳定性的影响。评价指标值=评价时尾矿库堆积坝下游坡坡比。

（5）现状坝高 D15。现状坝高对初期坝和中线式、下游式筑坝为坝顶与坝轴线处坝底的高差；对上游式筑坝则为堆积坝坝顶与初期坝坝轴线处坝底的高差。现状坝高越高，对尾矿库下游生命财产安全的威胁也越大。

该指标属于定量评价指标，用于评定尾矿库当前的等别。评价指标值=评价时尾矿库现状坝高。

（6）坝面防护 D16。坝面防护主要采用土石覆盖或用其他方式植被绿化，并可结合排渗设施每隔 6~10m 高差设置排水沟，这些措施都是为了保护坝体免受雨水冲蚀和风力剥蚀。

该指标属于定性评价指标，用于评价坝面防护是否完好。评价指标值来源于现场调查。

（7）抗震能力 D17。对于地震设防区的尾矿库，应按照《建筑物抗震鉴定标准》（GB 50023—95）、《水工建筑物抗震设计规范》（SL 203—97）和《尾矿库设计手册》等有关规定进行尾矿库抗震能力评估。《建筑物抗震鉴定标准》（GB 50023—95）将抗震的鉴定方法分为两级。第一级鉴定应以宏观控制和构造鉴定为主进行综合评价，第二级鉴定应以抗震验算为主结合构造影响进行综合评价。当通过第一级鉴定，即可评为满足抗震鉴定要求，不再进行第二级鉴定；当不符第一级鉴定要求时，需要经过两级鉴定，方可对抗震能力进行综合评价。

该指标属于定性评价指标，用于评价尾矿库抵御地震破坏的能力。评价指标值＝尾矿库目前能抵御的地震重现期/现行规范规定的设计地震重现期。

（8）渗透坡降 D18。尾矿库渗透破坏形式主要有：a、管涌（机械管涌），一般容易的非黏性土中发生；b、流土，一般易在的砂性土或黏性土中发生；c、接触冲刷，渗流沿两层不同颗粒交界面流动，一般易在设计不合理的反滤层间发生；d、接触流土，地基局部土壤流入反滤层的空隙中。为了防止尾矿库发生渗透破坏现象，须要综合考虑尾矿库渗透坡降、渗径长度、防渗及止水失效、影响渗流的结构裂缝及尾矿库目前的渗流破坏现象等。其中，渗透坡降，最能代表尾矿库抗渗能力。

该指标属于定量评价指标，用于评价尾矿库抗渗能力。评价指标值＝尾矿库目前的渗透坡降/现行规范运行的渗透坡降。

（9）浸润线高度 D19。浸润线高度与排渗设施的破损、堵塞并不能发挥正常功能有较大的正相关特性。排渗设施是指汇积并排泄尾矿堆积坝内渗流水的构筑物，起降低堆积坝浸润线的作用。可见，浸润线高度与坝内排渗设施可靠性密切相关。

该指标属于定量评价指标，用于评价尾矿坝排渗设施是否安全可靠。评价指标值来源于现场调查。

c　排洪系统 C6

（1）排洪方式 D20。尾矿库设置排洪系统的作用既是为了及时排除库内洪水，又是兼作回收库内尾矿澄清水用。排洪构筑物形式的选择，通常是根据尾矿库排水量的大小、尾矿库地形、地质条件、使用要求以及施工条件等因素，经技术经济比较确定。进水构筑物的基本形式有排水井、排水斜槽、溢洪道以及山坡截洪沟等；尾矿库输水构筑物的基本形式有排水管、隧洞、斜槽、山坡截洪沟等。

该指标属于定性评价指标，用于评定排洪方式合理性。评价指标值来源于现场调查。

（2）防洪标准 D21。防洪标准是国家规定构筑物或设施应具备的抵御洪水的能力，已建、拟建和在建的尾矿库都应满足国家现行防洪标准。通常以某一重现期的设计洪水为防洪标准，也有一些地方以某一实际洪水为防洪标准。

该指标属于定量评价指标，用于评价尾矿库目前能抵御洪水的能力。评价指标值＝尾矿库目前能抵御的洪水重现期/现行规范规定的设计洪水重现期。

（3）排洪设施完好率 D22。尾矿库排洪设施是排泄尾矿库内澄清水和洪水的构筑物，一般由溢水构筑物和排水构筑物组成，多为混凝土结构，容易造成结构受损、堵塞或坍塌等现象，使得排洪系统失效或排洪能力下降。可见，排洪设施的完好对保证排洪设施无故障工作、排洪功能发挥正常有着重要意义。

该指标属于定量评价指标，用于衡量排洪设施正常发挥排洪功能的程度。评价指标值＝完好排洪设施数/排洪设施总数×100%；完好排洪设施数是指运行工况正常的排洪设施数，不包括造成因排洪设施堵塞、坍塌造成排洪能力降低的设施数，以及出现不影响安全使用的裂缝、腐蚀或磨损等设施数。

d 输送系统 C7

（1）设备的完好率 D23。尾矿输送系统中的主要设备是输送泵，它是尾矿输送系统的心脏。输送泵的完好程度关系到尾矿输送系统是否合理，运行能否正常。

该指标属于定量评价指标，用于评价输送设备的技术状况及设备管理工作水平。评价指标值＝完好设备台数/设备总台数×100%；设备总台数包括在用、停用、封存的设备。

（2）连接方式 D24。我国有些矿山的尾矿库往往建在距选矿厂较远的地方，因此，一级泵站难以将尾矿一次输送到尾矿库，所以采用多级泵站串联输送的方式，将尾矿输送到最终目的地。多段砂泵接力扬送尾矿，可采用间接串联（经矿浆仓）、近距离直接串联（在同一泵站内）、远距离直接串联（不经矿浆仓）以及这些方式的混合连接方式。表 6-5 列出几种砂泵的基本连接方式及其特点。

表 6-5 尾矿输送泵站连接方式对比表

连接方式	优 点	缺 点
间接串联	管理简单；发生事故的可能性少，易发生问题，便于处理事故	多消耗爬矿浆仓的一段水头，砂泵扬程不能充分利用；多了矿仓有关工程，占地面积也相应地大些
直接串联	省掉了爬矿仓的水头损失，充分利用砂泵扬程；省掉了矿仓的有关工程及操作	目前矿浆输送系统的安全措施尚不完善，所以发生事故的可能性多；操作管理要求严格

该指标属于定性评价指标，用于评价泵站输送方式对矿浆输送系统的影响。评价指标值来源于现场调查。

（3）安全运行率 D25。尾矿输送泵必须经常处于良好状态，保持安全运行，以确保尾矿输送系统矿浆输送连续进行。倘若尾矿泵出现故障，则管道中会出现积砂，造成堵管等问题。

该指标属于定量评价指标，用于评价尾矿库输送系统中砂泵安全运行率。评价指标值＝砂泵安全运行台时数/（砂泵安全运行台时数+因设备和工程事故导致砂泵停机台时数）；单位，h。

（4）管型 D26。尾矿库输送管道应主要根据砂泵台数、输送管道根数和长短、对闸门的磨损程度、管路的冲洗要求等因素考虑管道的布置形式。输送管道布置形式主要有单打一、Y 型、M 型、H 型、集中分配管型、K 型，各特点如表 6-6 所示。

该指标属于定性评价指标，用于评价输送管道布置形式是否便于维护，事故放矿少。评价指标值来源于现场调查。

表 6-6 尾矿库输送管道管型对比表

布置形式	优　点	缺　点	适用条件
单打一	1. 布置简单，闸门与管件最少；2. 操作与检修方便，水力条件好；3. 所需泵站建筑面积小	1. 当砂泵台数多、输送距离远时，基建投资高；2. 换泵即需转换管道，相应地增加了冲洗用水量及事故放矿次数	1. 砂泵台数少，最适于两台泵，两条管的情况；2. 输送距离短
Y 型	换泵可不换管	1. 闸门较多；2. 管道有立体交叉	多台砂泵或并联砂泵接两条输送管道
M 型	1. 管道布置较简单，闸门数量较少；2. 操作管理比较简单；3. 水力条件较好	两侧砂泵不能互为备用，备用率较其他形式为低	三台砂泵接两条输送管道
H 型	1. 管道布置紧凑，所需建筑面积较"M"型小；2. 砂泵的备用率较"M"型布置高	1. 闸门较多；2. 水力条件不好	同"M"型，但闸门磨损较轻的场合
集中分配管型	1. 管路布置较规则、简单，双排闸门的一排可用逆止阀代替；2. 可做到换泵不换管	1. 集中管段部分或靠近集中管的闸门拆换时，砂泵站需停止运转；2. 不能用砂泵扬水冲洗转换的管道；3. 砂泵工作台数多时，需大口径闸门	1. 多台砂泵并联；2. 管道不需冲洗，或冲洗水可不经砂泵扬送而直接冲洗的单段运作的砂泵站

布置形式	优 点	缺 点	适用条件
K型	1. 可做到少倒换管道；2. 水力条件较好	1. 管路布置不规则占地面积大；2. 闸门多，事故的机会也多	砂泵台数少（不多于3台）

（5）敷设方式D27。输送管路（或流槽）是尾矿输送系统的重要组成部分，其敷设的合理性，直接影响尾矿输送的顺利进行。尾矿输送管（或流槽）敷设方式主要有明设、暗设、埋设和半埋设等四种，各方法的特点如表6-7所示。

该指标属于定性评价指标，用于评价尾矿输送管（或流槽）敷设是否合理，便于安全检查和维护。评价指标值来源于现场调查。

表6-7 尾矿输送管路敷设方式对比表

敷设方式	设置地点	优 点	缺 点
明设	在路堤、路堑或栈桥上	便于安全检查和维护	受气温影响较大，容易造成伸缩节漏矿
暗设	在地沟或隧道内	可用于厂区交通繁华处或受地形限制	建设投资费用较高，漏矿时检修困难
埋设	在地表以下	地表农田仍可耕种，受气温影响较小，可少设甚至不设伸缩接头，漏矿事故较少	漏矿时检修困难
半埋设	管道半埋于地下，或沿地表敷设，其上用土简单覆盖	可减少气温变化的影响，甚至可不设伸缩接头	—

（6）支管配套D28。尾矿库输送系统中矿浆管与放矿支管配套得当、连接顺畅，既有助于矿浆流动，提高尾矿输送系统的抗冻能力，也有助于放矿。反之，则可能导致矿浆管槽冻结。另外，支管配套不合理，易造成连接处矿浆泄漏，造成环境污染。

该指标属于定性评价指标，用于评价矿浆管与放矿支管间配套是否合理。评价指标值来源于现场调查。

e 回水系统C8

（1）回水方式D29。回水设施大多利用库内排洪井、管将澄清水引入下游回水泵站，再扬至高位水池。也有在库内水面边缘设置活动泵站直接抽取澄清水，扬至高位水池。尾矿废水经净化处理后回水再用，既可以解决水源，减少动力消耗，又解决了对环境的污染问题。尾矿回水一般有下列几种方法：浓缩池回水、尾矿库回水、沉淀池回水，各回水方式的特点如表6-8所示。

该指标属于定性评价指标，用于评价尾矿库回水方式对控制尾矿库水位的相对影响。评价值指标来源于现场调查。

表 6-8　尾矿库回水方式对比表

回水方式	回水率	优　点	缺　点	适用范围
浓缩池回水	可达 40%~70%	可取得大量回水，减小供水水源的负担；提高了尾矿浓度而使尾矿矿浆量减小，降低尾矿的输送费用	回水率受浓缩池尺寸和最大排矿浓度的限制，悬浮物含量较高；设置浓缩池提高了工程造价	大型选矿厂或重力选矿厂
尾矿库回水	可达 50%，最高可达 70%~80%	回水的水质好，有部分雨水径流在尾矿库内调节，回水量有时会增多	回水管路长，动力消耗大	
沉淀池回水	低	造价低，操作方便	沉淀在池底的尾矿砂，需要经常清除，花费大量人力	小型选矿厂

（2）澄清距离 D30。在尾矿水力冲积过程中，细粒尾矿随矿浆水进入尾矿池，并需在水中停留一定时间细颗粒才能下沉，使尾矿水得以澄清而达到一定的水质标准。该过程流过的一定距离，即为澄清距离。澄清距离的目的是确保排水井不跑浑水。在满足澄清距离要求的条件下，尾矿库最低水位越低，对尾矿库的稳定越有利，也对尾矿库的防洪越有利。

该指标属于定量评价指标体系，用于评价尾矿库澄清距离是否满足设计要求。评价指标值＝尾矿库目前澄清距离/现行规范规定的设计澄清距离。

C　环境因素

a　地质条件 C9

（1）地质构造 D31。尾矿库设计应对影响尾矿库稳定性的断层、破碎带、滑坡、溶洞、泉眼、泥石流等不良地质条件进行可靠的治理，否则将给工程留下严重的隐患。

该指标属于定性评价指标，用于评价尾矿库工程中不同地质构造的危险程度。评价指标值来源于该尾矿库地质勘察报告等技术资料或当地其他相关的地质资料。

（2）岩石性质与岩土体结构 D32。岩石的成分、结构和物理化学性质对地形发育的影响是十分显著的。不同的岩土性质、不同的岩土结构会出现大小不同的坍塌。当遇到降雨天气时，甚至可能诱发滑坡或泥石流。

该指标属于定性评价指标，用于评价岩土性质对库区附近诱发山坡坍塌、滑坡和泥石流现象的影响。评价指标值来源于该尾矿库地质勘察报告等技术资料或当地其他相关的地质资料。

（3）地形坡度 D33。库区附近山坡在降雨、河流冲刷、人为活动等因素影响下，可能会发生滑坡或泥石流等，它们在重力作用下，顺坡或沿沟由高处向低处运行，对尾矿库安全构成威胁。它们运动的速度都受地形坡度的制约，即地形坡度较缓时，滑坡、泥石流的运动速度较慢；地形坡度较陡时，滑坡、泥石流的运动速度较快。

该指标属于定量评价指标，用于评价地形坡度对诱发库区周边滑坡或泥石流的发生及运动的危险程度。评价指标值来源于现场调查，或是参考该尾矿库的技术资料及当地其他相关的地形地貌资料。

b 气象条件 C10

气象条件是指大气中的冷热、干湿、风、云、雨、雪、霜、雾、雷电等各种物理现象和物理过程的总称。考虑到洪峰流量、洪水总量主要取决于降雨强度，且是设计防洪标准的重要依据。所以，洪峰流量、洪水总量可用最新 24h 降水量指标来衡量。

（1）最新 24h 降水量 D34。滑坡灾害的发生发展受多种因素的影响，如地震、河流冲刷、融雪、降雨以及人类活动等。在诸多因子中，降雨是主要诱发因素，由局部地区降雨引发的滑坡泥石流等灾害占这类灾害总数的 90% 和 95% 以上。通常研究地质灾害与降水之间的相关关系时，采用临界累计雨量（24h，1d，3d，7d，15d 累计雨量等）、临界降雨强度（一般为小时雨量）等阈值。对于尾矿库，降雨尤其是强降雨既会诱发库区附近出现地质灾害，又会造成入库流量的增加，会使尾矿库坝体的含水量增加。依据中国气象部门规定：24h 雨量大于或等于 50mm 为暴雨；大于或等于 100mm 为大暴雨；大于或等于 200mm 为特大暴雨。

该指标属于定量评价指标，用于评价库区 24h 降雨量大小。评价指标值来源于历史记录。

（2）极端气候发生的可能性 D35。极端天气气候事件是指在一定时期内，某一区域或地点发生的出现频率较低的或有相当强度的对人类社会有重要影响的天气气候事件。目前国内外有许多有关极端天气气候事件指标的研究，但是由于没有做统一的标准规范，指标方法繁多，同一类极端事件各地标准不统一，同一指标又由于定义的时间段不同而造成结果不一样。如果概率出现的比较少，在 5% 或 10% 以下这种概率事件就是极端天气气候事件，包括大风、暴雨、暴雪都是极端天气气候事件。

该指标属于定量评价指标，用于评价尾矿库所在当地出现极端天气气候的频次。评价指标值来源于历史记录。

c 地震烈度 C11

库区设计地震烈度 D36。地震烈度是指地震发生时在波及范围内一定地点地面振动的激烈程度（或释为地震影响和破坏的程度）。为了在实际工作中评定烈度的高低，世界各国制定地震烈度表来评定地震影响和破坏的程度。中国最新地震烈度表是 1999 年重新编订的，将地震烈度划分为 12 级。

该评价指标属于定量评价指标，用于评定尾矿库库区设计时采用的地震烈度是否适当。评价指标值来源于中国最新地震烈度表或历史记录。

d　生物群活动 C12

生物群活动 D37。尾矿库生物群活动频繁，如白蚁，会严重破坏坝体的密实性及构筑物，引起溃坝。

该指标属于定性评价指标，用于评价尾矿库周边生物群活动程度。评价指标值来源于现场调查。

D　管理因素 B4

安全管理在尾矿库事故的成因过程中，发挥着举足轻重的作用。安全管理是协调尾矿库系统中"人、物、环"各要素相互关系的重要手段，其目的是为了避免系统各要素的失控和防止生产系统内部关系的失衡。

a　机构制度设置 C13

（1）安全管理机构 D38。《安全生产法》第十九条规定，矿山企业应当设置安全生产管理机构或者配备专职安全生产管理人员。

该指标属于定性评价指标，用于评价尾矿库安全管理机构的组织体现是否合理、运行机制是否有效。评价指标值来源于现场调查。

（2）安全生产制度及规程 D39。《尾矿库安全监督管理规定》（国家安全生产监督管理总局令第 6 号）中第五条规定，生产经营单位负责组织建立、健全尾矿库安全生产责任制，制定完备的安全生产规章制度和操作规程。可见，生产经营单位应建立、健全以安全生产责任制为中心的尾矿库安全生产管理体制，明确责任主体，落实安全责任，制定完备的安全生产规章制度和操作规程。

该指标属于定性评价指标，用于评定尾矿库安全生产制度、作业规程及各工种岗位操作规程的制定，以及安全生产责任制度及安全操作规程的落实情况。评价指标值来源于现场调查。

b　安全检查与档案管理 C14

（1）安全生产记录 D40。尾矿库安全生产记录主要有：事故、事件记录；风险评价记录；培训记录；标准化系统评价报告；事故调查报告；检查记录；职业卫生检查与健康监护记录；安全活动记录；检验监测记录；任务观察记录；许可文件；应急演习信息；纠正与预防行动记录；承包商信息；维护和校验记录；技术资料图纸。

该指标属于定性评价指标，用于评定尾矿库安全生产记录是否充分、完善。评价指标值来源于现场调查。

（2）安全监测与预警 D41。尾矿库安全监测能够及时直观地掌握库区的实际动态,并进行实时安全评价、预警、预报,及时反馈信息指导企业安全生产,为尾矿库加固工程设计、管理及消除隐患提供了依据。目前的尾矿库安全监察预警系统主要涉及坝体外部形变、库区水情监测、浸润线监测、干滩监测等多项指标。

该指标属于定性评价指标,用于评定尾矿库危险源的监测与预警是否全面。

(3)安全评价 D42。《尾矿库安全技术规程》10.1 条文中规定,在用尾矿库进行回采再利用或经批准闭库的尾矿库重新启用或改作他用时,应重新进行安全评价;11.1 条文中规定,尾矿库安全评价属专项安全评价,包括建设期间的安全预评价和安全验收评价、生产运行期间及闭库前的安全现状评价。

根据《非煤矿矿山企业安全生产许可证实施办法》(国家安全生产监督管理总局第 9 号令,2004 年 5 月)对运行中尾矿库的要求,应每 3 年进行 1 次安全现状评价。每次的安全现状评价报告及评审文件等应归档。

根据《尾矿库安全监督管理规定》第十八条规定,尾矿库应当每三年至少进行一次安全评价。安全评价包括现场调查、收集资料、危险因素识别、相关安全性验算和编写安全评价报告。

该指标属于定性评价指标,用于评定尾矿库是否按照规定进行安全评价。评价指标值来源于现场调查。

(4)尾矿库工程档案管理 D43。工程档案是进行科学化和规范化管理的重要依据,尤其是隐蔽工程的档案。根据《尾矿库安全监督管理规定》第八条规定,生产经营单位应当建立尾矿库工程档案,特别是隐蔽工程的档案,并长期保管。根据《尾矿库安全技术规程》规定,尾矿库工程档案包括工程建设档案、生产运行档案和闭库及闭库后再利用档案。

该指标属于定性评价指标,用于评价尾矿库工程档案是否齐全、规范。评价指标值来源于现场调查。

c 事故预防与应急处理 C15

(1)事故应急救援设备 D44。尾矿库事故应急救援是指尾矿库由于各种原因造成或可能造成众多人员伤亡、设备设施损害、环境污染及其他较大社会危害时,为及时控制危害源,抢救受害人员,指导群众防护和组织撤离,消除危害后果而组织的救援活动。尾矿库事故应急救援包括事故单位自救和对事故单位以及事故单位外危害区域的社会救援。

该指标属于定量评价指标,用于评价应急救援救援设备。评价指标值 = 配有个人防护装备的救援人数/参加救援的总人数。

(2)应急救援预案与演练 D45。《尾矿库安全技术规程》6.2.1 条中规定:企业应编制应急预案,并组织演练。6.2.2 条中列出尾矿库应急救援预案种类,分别为:尾矿坝垮坝、洪水漫顶;水位超警戒线;排洪设施损毁、排洪系统堵塞；坝坡深层滑动；防震抗震；其他。这些应急救援预案都是应对可能引发尾矿库最严重事故灾害的预案。

根据《尾矿库安全监督管理规定》第七条规定，生产经营单位应当针对垮坝、漫顶等生产安全事故和重大险情制定应急救援预案，并进行预案演练。通过进行应急演练，做到有备无患，以避免和减少事故灾害造成的损失。

该指标属于定性评价指标，用于评价应急救援预案更新的效率、可操作性及应急演练开展的次数。评价指标值来源于现场调查。

（3）事故调查和处理 D46。尾矿库事故调查和处理是指对尾矿库发生事故的时间、地点、现象、造成的损失、原因分析及认定、处理措施及处理结果（包括处理工程竣工验收文件资料）、责任分析及认定。

该指标属于定性评价指标，用于评价事故发生后，企业对事故调查和处理的及时性、事后总结分析的全面性等。评价指标值来源于现场调查。

（4）安全投入 D47。根据《尾矿库安全监督管理规定》第六条规定，生产经营单位应当保证尾矿库具备安全生产条件所必需的资金投入。在以往的管理中，往往由于资金不到位而拖延了尾矿库安全隐患整治的时间，引发事故。因此，生产经营单位必须确保足够的资金支持，要做到专款专用。大部分尾矿库企业安全投入不足，表现在尾矿库运行阶段未安装照明观测设施，没有配备通讯器材，缺乏应急救援物资；尾矿工劳动防护用品发放不足；后期运营维护不足等。

该指标属于定量评价指标，用于评价尾矿库具备安全生产条件所必需的资金投入是否充足、是否落实到位。评价指标值=实际安全投入费用/安全措施计划费用。

6.1.2　指标权重的确定

综上所述可知，尾矿库风险评价指标体系是一个多层次、多指标的层次结构体系，具体评价指标体系如表 6-1 所示。

确定评价指标的权重是进行尾矿库风险评价的关键技术之一。评价指标包括定性和定量指标，每个指标对尾矿库危险性的影响也不相同。为了能够确切地反映出各评价指标对尾矿库风险的影响程度，需要对每个指标赋予一个数值，以表示其对整个系统危险性评价的重要程度，这即是评价指标的"重要性系数"或"权值"。

权重的确定方法分两大类：第一类为主观赋权法，即根据人们主观判断来评定各指标的权重，主要有模糊标准法、层次分析法等；第二类为客观赋权法，即依据各指标标准化后的权重，按照一定规律或规则进行自动赋权的方法，主要有特征向量法、主成分法等。由于尾矿库风险因素较为复杂，评价指标包括人为因素、技术因素、环境因素和管理因素等四个方面，每个方面包括若干具体评价指标，对这些评价指标逐一给出一个相对合理的重要性权值具有一定的难度，并且部分评价指标的数据量很有限，缺乏典型的分布规律。因此，本文采用层次分析法确定指标的权重。

层次分析法（The Analysis Hierarchy Process，简写 AHP）是 20 世纪 70 年代由美国学者 A. L. 萨坦（A. L. Saaty）最早提出的一种多目标评价决策方法，是一种定性和定量相结合的、系统的、层次化的分析方法，广泛应用于复杂系统的分析与决策。它对样本量和样本的规律没有限制，能把多目标、多准则的复杂系统又难以全部量化处理的决策问题化为多层次单目标的问题，通过两两比较确定层次中诸因素的相对重要性，然后综合人的判断以决定决策诸因素相对重要性总的顺序。由于层次分析法对各指标之间的重要度的分析特别是具有模糊性的指标或有样本数据的指标，具有较强的逻辑性，再加上数学处理，可信度较大，因此应用范围较广。本文采用层次分析法来确定尾矿库溃坝可能性评价，具体步骤如下。

6.1.2.1 建立层次结构

在应用层次分析法进行评判决策时，必须建立决策问题的层次结构。在深入分析尾矿库溃坝风险的实际问题基础上，将有关的各个因素按照不同属性自上而下地分解成若干层次，同一层的诸因素从属于上一层的因素或对上层因素有影响，同时又支配下一层的因素或受到下层因素的作用。

6.1.2.2 构造两两成对比较的判断矩阵

判断矩阵元素的值反映了人们对风险因素关于目标的相对重要性的认识。其中判断基准为：设置相比较元素中的一个风险指标的重要度为 1，其他指标与其相比较，判断矩阵中对 b_{ij} 的赋值采用 1~9 标度法，如表 6-9 所示。

表 6-9 相对重要性判断基准

A_i 和 A_j 的相对重要性	b_{ij} 的取值
A_i 和 A_j 同等重要	1
A_i 比 A_j 稍微重要	3
A_i 比 A_j 重要	5
A_i 比 A_j 重要得多	7
A_i 比 A_j 极其重要	9
以上各值的中间值	2，4，6，8
A_j 和 A_i 的相对重要性	各值的倒数

其中 $b_{ij} > 0$，$b_{ij} = \dfrac{1}{b_{ji}}$ （$i \neq j$，$i = 1, 2, 3, \cdots, n$，$j = 1, 2, 3, \cdots, n$）。

由于判断矩阵阶数较多较易犯逻辑错误，为使决策人对各要素的重要与否较易做出判断，避免做出错误的逻辑判断，本文采用 0、1、2 三个判断尺度建立判断矩阵，其判断尺度如表 6-10 所示。

表 6-10　三尺度判断表

A_i 和 A_j 的相对重要性	a_{ij} 的取值
A_i 和 A_j 同等重要	1
A_i 比 A_j 重要	2
A_j 比 A_i 重要	0

　　根据建立的评价指标体系基础上，向尾矿库专家发放尾矿库风险评价体系调查表，通过统计分析，形成各层次的判断矩阵，并取其平均值，形成各层次的平均判断矩阵。由 3 个判断尺度建立的判断矩阵是一个间接判断矩阵，在计算各指标的相对权重时必需换算成 1~9 判断尺度判断矩阵才能进行。其换算方法如下。

　　先按下式计算各要素重要程度的排序指数 r_i：

$$r_i = \sum_{j=1}^{n} a_{ij} \qquad (i = 1,\ 2,\ \cdots,\ j) \qquad (6\text{-}1)$$

式中，a_{ij} 是指间接判断矩阵中的元素。

　　设有关于的 A 的间接判断矩阵如下：

A	B1	B2	B3	r_i
B1	1	2	0	3
B2	0	1	0	1
B3	2	2	1	5

　　设最大排序指数为 $r_{\max}$，最小排序指数为 $r_{\min}$，则由上述计算可知：

$$r_{\max} = 5,\ r_{\min} = 1$$

　　与 $r_{\max}$ 和 $r_{\min}$ 相对应的要素为 B3 和 B2，将其称为两个基点比较要素，将基点比较要素按 1~9 判断尺度进行比较判断，得出其相对重要性程度为 b_m，现通过比较，要素 B3 比 B2 重要，则 $b_m = 5$。至于其他要素的相对重要度，可以通过线性插值法求得，即可用式（6-2）换算。这样，就可以将上述间接判断矩阵变换成 1~9 判断尺度的判断矩阵。

$$b_{ij} = \begin{cases} \dfrac{r_i - r_j}{r_{\max} - r_{\min}}(b_m - 1) + 1 & r_i - r_j \geq 0 \\[3mm] 1 \Big/ \left[\dfrac{r_i - r_j}{r_{\max} - r_{\min}}(b_m - 1) + 1 \right] & r_i - r_j < 0 \end{cases} \qquad (6\text{-}2)$$

　　计算单一准则下元素的相对权重的方法可以采用多种方法，本文采用的是"方根法"。判断矩阵的一致性检验，以计算一致性比率 C. R.（Consistency Ratio）来判断，一般认为，若 C. R. ≤0.10，就可认为判断矩阵 A 具有一致性，据此计算的权重集就可以接受，否则需调整判断矩阵。

根据回收的专家调研问卷，分层次整理出 47 个指标的判断矩阵，运用层次分析法确定指标权重，如表6-11 所示。

表 6-11 尾矿库风险评价指标相对权重系数表

序号	指　标	权重	序号	指　标	权重
1	人的因素 B1	0.3243	35	现状坝高 D15	0.0507
2	技术因素 B2	0.1026	36	坝面防护 D16	0.0196
3	环境因素 B3	0.0655	37	抗震能力 D17	0.0572
4	管理因素 B4	0.5076	38	渗透坡降 D18	0.2151
5	人员素质 C1	0.1047	39	浸润线高度 D19	0.3029
6	人员培训 C2	0.6370	40	排洪方式 D20	0.3420
7	人为干扰 C3	0.2583	41	防洪标准 D21	0.0811
8	尾矿性质 C4	0.0656	42	排洪设施可靠性 D22	0.5769
9	堆存系统 C5	0.3007	43	设备的完好率 D23	0.0531
10	排洪系统 C6	0.4495	44	连接方式 D24	0.1607
11	输送系统 C7	0.0439	45	安全运行率 D25	0.3401
13	回水系统 C8	0.1404	46	管型 D26	0.0782
14	地质条件 C9	0.3373	47	支管配套 D27	0.0278
15	气象条件 C10	0.0566	48	管路敷设方式 D28	0.3401
16	地震烈度 C11	0.5189	49	回水方式 D29	0.2500
17	生物群活动 C12	0.0871	50	澄清距离 D30	0.7500
18	机构制度设置 C13	0.6370	51	地质构造 D31	0.1429
19	安全检查与档案管理 C14	0.1047	52	岩石性质与岩土体结构 D32	0.4286
20	事故预防与应急处理 C15	0.2583	53	地形坡度 D33	0.4286
21	接受专业技术培训人员比例 D1	0.3974	54	最新 24h 降雨量 D34	0.2500
22	接受专业安全管理人员比例 D2	0.3974	55	极端气候发生的可能性 D35	0.7500
23	接受特种作业培训人员比例 D3	0.1026	56	库区设计地震烈度 D36	1.0000
24	人员违章作业率 D4	0.1026	57	生物群活动程度 D37	1.0000
25	对安全设施熟练程度 D5	0.1667	58	安全管理机构 D38	0.7500
26	技术水平达标率 D6	0.8333	59	安全生产制度及规程 D39	0.2500
27	非正常采挖现象 D7	0.8333	60	安全操作记录 D40	0.2038
28	爆破现象 D8	0.1667	61	安全监测与预警 D41	0.5669
29	平均粒径 D9	0.8333	62	安全评价 D42	0.0755
30	堆积容重 D10	0.1667	63	尾矿库工程档案管理 D43	0.1538
31	筑坝方式 D11	0.0404	64	事故应急救援设备 D44	0.0885
32	安全超高 D12	0.0918	65	应急救援预案与演练 D45	0.4336
33	干滩长度 D13	0.1042	66	事故调查和处理 D46	0.0443
34	下游坡比 D14	0.1181	67	安全投入 D47	0.4336

6.1.2.3 总目标累积权重的计算

计算出各指标在其所属层次及类别中的相对权重后，采用权重乘积的方式，可以确定所有评价指标对于总目标的累积权重。

假定评价指标层 D_i 所属的中间层指标为 C_j，而 C_j 所属的最高层指标为 B_k，则指标 D_i 的累积权重：

$$W_{D_i} = w_{B_k} \cdot w_{C_j} \cdot w_{D_i} \tag{6-3}$$

评价指标层各要素的累积权重值，如表 6-12 所示。

表 6-12　尾矿库风险评价指标累积权重系数

序号	指　标	累积权重	序号	指　标	累积权重
1	人的因素 B1	0.3243	35	现状坝高 D15	0.0016
2	技术因素 B2	0.1026	36	坝面防护 D16	0.0006
3	环境因素 B3	0.0655	37	抗震能力 D17	0.0018
4	管理因素 B4	0.5076	38	渗透坡降 D18	0.0066
5	人员素质 C1	0.0340	39	浸润线高度 D19	0.0093
6	人员培训 C2	0.2066	40	排洪方式 D20	0.0158
7	人为干扰 C3	0.0838	41	防洪标准 D21	0.0037
8	尾矿性质 C4	0.0067	42	排洪设施可靠性 D22	0.0266
9	堆存系统 C5	0.0308	43	设备的完好率 D23	0.0002
10	排洪系统 C6	0.0461	44	连接方式 D24	0.0007
11	输送系统 C7	0.0045	45	安全运行率 D25	0.0015
13	回水系统 C8	0.0455	46	管型 D26	0.0004
14	地质条件 C9	0.0221	47	支管配套 D27	0.0001
15	气象条件 C10	0.0037	48	管路敷设方式 D28	0.0015
16	地震烈度 C11	0.0340	49	回水方式 D29	0.0114
17	生物群活动 C12	0.0057	50	澄清距离 D30	0.0342
18	机构制度设置 C13	0.3233	51	地质构造 D31	0.0032
19	安全检查与档案管理 C14	0.0532	52	岩石性质与岩土体结构 D32	0.0095
20	事故预防与应急处理 C15	0.1311	53	地形坡度 D33	0.0095
21	接受专业技术培训人员比例 D1	0.0135	54	最新 24h 降雨量 D34	0.0009
22	接受专业安全管理人员比例 D2	0.0135	55	极端气候发生的可能性 D35	0.0028
23	接受特种作业培训人员比例 D3	0.0035	56	库区设计地震烈度 D36	0.0340
24	人员违章作业率 D4	0.0035	57	生物群活动程度 D37	0.0057
25	对安全设施熟练程度 D5	0.0344	58	安全管理机构 D38	0.2425
26	技术水平达标率 D6	0.1722	59	安全生产制度及规程 D39	0.2425
27	非正常采挖现象 D7	0.0698	60	安全操作记录 D40	0.0108
28	爆破现象 D8	0.0140	61	安全监测与预警 D41	0.0301
29	平均粒径 D9	0.0056	62	安全评价 D42	0.0040
30	堆积容重 D10	0.0011	63	尾矿库工程档案管理 D43	0.0082
31	筑坝方式 D11	0.0012	64	事故应急救援设备 D44	0.0116
32	安全超高 D12	0.0028	65	应急救援预案与演练 D45	0.0568
33	干滩长度 D13	0.0032	66	事故调查和处理 D46	0.0058
34	下游坡比 D14	0.0036	67	安全投入 D47	0.0568

6.1.3 尾矿库风险分级

尾矿库风险评价指标体系涵盖的评价指标内容十分复杂，具有多层次、多指标特性，其中既有定性指标，又有定量指标。定量指标的评价标准具有一定的相对性，可以通过与标准进行比较得出该指标的优劣程度。定性指标具有模糊性特点，为了便于统计处理，定性时需对反映指标优劣程度的标度赋值，将定性标度转换成定量标度。定性指标的评价标度等级划分见表，对定性指标的量化采用百分制，具体结果如表 6-13 所示。

表 6-13 定性评价指标评价标度等级划分

评价指标	I 级	II 级	III 级	IV 级
D5 对安全设施熟练程度	熟练	良好	一般	差
D7 非采挖作业现象	没有，没有破坏	少量，局部破坏	部分破坏	破坏严重
D8 爆破现象	稀少	少量	较多	密集
D11 筑坝方式	筑坝方式合理，能充分考虑库址的地形地貌、气象条件、企业生产状况等因素影响，所用材料符合质量要求	筑坝方式的选择较合理，基本上能够满足企业安全生产需要，不会影响到安全使用	筑坝方式选择有缺陷，会影响到企业安全生产需要	筑坝方式选择不当，材料有质量缺陷
D16 坝面防护	坝面无肉眼可见裂缝	坝面肉眼可见辨识的裂缝小于 3 条，且主裂缝宽度小于 10cm，且裂缝深度小于 0.5m	坝面肉眼可见辨识的裂缝小于 8 条，且主裂缝宽度小于 10cm，且裂缝深度小于 0.5m	坝面肉眼可见辨识的裂缝大于 8 条，且主裂缝有贯穿性裂缝
D20 排洪方式	满足排洪要求，当 24h 洪水总量小于调洪库容时，洪水排出时间不超过 50h；设施各工况正常，能够正常运行，满足排洪要求	基本满足排洪要求，当 24h 洪水总量小于调洪库容时，洪水排出时间不超过 72h；排洪设施出现不影响安全使用的裂缝、磨蚀或磨损	排洪轻度异常，当 24h 洪水总量小于调洪库容时，洪水排出时间不超过 76h；部分堵塞或坍塌，排水能力有所降低，达不到设计要求	排洪重度异常，当 24h 洪水总量小于调洪库容时，洪水排出时间超过 76h；严重堵塞或坍塌，不能排水或排水能力急剧降低

评价指标	Ⅰ级	Ⅱ级	Ⅲ级	Ⅳ级
D24 连接方式	间接串联	间接串联与直接串联相结合	近距离直接串联	远距离直接串联
D26 管型	布置形式合理，易维护，事故放矿少	事故放矿少，维护较难	维护较易，事故放矿多	难于维护，事故放矿多
D27 敷设方式	敷设合理，便于安全检查和维护	敷设较为合理，不影响安全检查和维护	敷设方式使得安全检查和维护困难	敷设方式不合理，严重影响安全检查和维护
D28 支管配套	矿浆管与放矿支管配套得当、连接顺畅	矿浆管与放矿支管配套较好，连接处未出现矿浆泄漏	矿浆管与放矿支管连接处的矿浆泄漏少于 3 处	矿浆管与放矿支管配套不当，连接处矿浆泄漏大于 3 处
D29 回水方式	回水率 70% 以上，沉积滩滩长满足设计或有关技术规定的要求	回水率 40%～70%，沉积滩滩长满足设计或有关技术规定的要求	回水率 40% 以下，沉积滩滩长满足设计或有关技术规定的要求	回水时，沉积滩滩长不能满足设计或有关技术规定的要求
D31 地质构造	不发育：只有少量小型断裂	较发育：只有小型断裂或少量主干断裂	发育：有大型断裂或大量主干断裂	特别发育：巨大断裂带、断裂密集带、断裂复合带
D32 岩石性质与岩土体结构	岩石坚硬，结构完整	岩石较坚硬，结构比较完整	岩石较破碎，结构不完整	岩石破碎，有软弱结构面
D37 生物群活动	少	较少	丰富	很丰富
D43 安全管理机构	建立了健全的安全管理机构，落实了各级岗位责任制	建立了较为健全的安全管理机构，各级岗位责任较明确	建立了安全管理机构，但各级岗位责任制不健全	没有建立安全管理机构，责任不明确
D39 安全生产制度及规程	建立了健全的安全生产制度与规程，并能有效落实	建立起较为健全的安全生产制度和规程，能够基本满足尾矿库生产需要	安全生产制度只落实在文件，未能有效落实	没有建立安全生产制度及规程
D40 安全生产记录	记录翔实齐全，各岗位记录，规范	记录资料较齐全，基本满足尾矿库安全生产需要	记录资料不齐全，未能有效落实	无记录

评价指标	I 级	II 级	III 级	IV 级
D41 安全监测与预警	监测设施运行正常，监测手段和预警方案完善	监测设施运行基本正常，个别监测监测点失效，但能够基本运行，预警方案基本完善	有监测设施，无预警方案	无监测设施，也无尾矿库日常巡检制度
D42 安全评价	每3年开展一次安全评价工作	—	—	未开展安全评价工作
D43 尾矿库工程档案管理	档案资料齐全，特别是隐蔽工程档案、安全检查档案和隐患排查治理档案	档案资料较齐全，有隐蔽工程档案、安全检查档案和隐患排查治理档案	有档案资料，但缺少隐蔽工程档案、安全检查档案和隐患排查治理档案	无档案资料
D45 应急救援预案与演练	有完善的应急机构，应急预案齐全，应急通信保障健全，有抢险救援人员、资金和物资准备，定期开展尾矿库事故应急救援演练	应急管理基本满足尾矿库安全生产需要，有应急预案，应急准备、应急保障基本能满足尾矿库重大险情的需要	应急救援只落实在文件，有抢险救援人员，但演练次数少	无应急预案，责任不明确，无应急通信保障，无抢险救援人员
D46 事故调查和处理	建立了事故调查制度，员工及其代表参与了事故调查，事故调查处理及时、责任认定明确、处理措施有效落实	有事故调查制度，事故调查处理较及时、责任认定较明确、处理措施基本上能够落实	有事故调查制度，事故调查处理流于形式	无事故调查制度，未能对事故进行调查处理

尾矿库风险评价采用定量指标与定性指标相结合的方法，考虑到定性指标存在一定的模糊性，因此，其等级划分采用等级制。同时，考虑到《尾矿库安全技术规程》中规定了我国尾矿库安全度的划分方法，根据尾矿库防洪能力和尾矿坝坝体稳定性确定，分为危库、险库、病库、正常库四个等级。基于此，本文将尾矿库风险划分为 4 个等级，分别为 I 级：能继续安全运行的尾矿库；II 级：带病运行的尾矿库；III 级：有严重缺陷，需限期整改的尾矿库；IV 级：停止使用，需整改合格才可运行的尾矿库。指标评价尺度和评价等级，如表 6-14 所示。指标

体系的分级结果如表 6-15 所示。

表 6-14　指标评价尺度及系统评价等级

指标评价等级	I 级	II 级	III 级	IV 级
各指标对应的分数	4	3	2	1
系统安全分区间	[3.5, 4]	[2.5, 3.5)	[1.5, 2.5)	[0, 1.5)

表 6-14 中，系统安全分是所有评价指标得分与其累积权重乘积的和，计算方法如下：

设最低层评价指标 E_i 的得分为 P_{Ei}，其累积权重为 W_{Ei}，则安全分 $S.V.$ 为

$$S.V. = \sum_{i=1} P_{Ei} \cdot W_{Ei} \tag{6-4}$$

表 6-15　尾矿库风险评价指标体系分级标准

评价指标	I 级	II 级	III 级	IV 级
D1 接受专业技术培训人员比例	>0.75	0.75~0.5	0.5~0.25	<0.25
D2 接受安全管理培训人员比例	>0.75	0.75~0.5	0.5~0.25	<0.25
D3 接受特种作业培训人员比例	>0.75	0.75~0.5	0.5~0.25	<0.25
D4 人员违章作业率	<0.25	0.25~0.5	0.5~0.75	>0.75
D5 对安全设施熟练程度	>80	80~60	60~40	<40
D6 技术考核达标率	>0.80	0.80~0.60	0.60~0.40	<0.40
D7 非采挖作业现象	>80	80~60	60~40	<40
D8 爆破现象	>80	80~60	60~40	<40
D9 平均粒径	>0.50	0.50~0.20	0.20~0.05	<0.05
D10 堆积容重	>2.0	2.0~1.7	1.7~1.4	<1.4
D11 筑坝方式	>80	80~60	60~40	<40
D12 安全超高	>1.5	1.5~1.2	1.0~0.5	<0.5
D13 干滩长度	>1.5	1.5~1.2	1.0~0.5	<0.5
D14 下游坡比	>5.0	5.0~3.0	3.0~1.0	<1.0
D15 现状坝高	<20	20~50	50~80	>80
D16 坝面防护	>80	80~60	60~40	<40
D17 抗震能力	>8.0	8.0~6.5	6.5~5.0	<5.0
D18 渗透坡降	>1.5	1.5~1.2	1.0~0.5	<0.5
D19 浸润线高度	>8.0	8.0~6.5	6.5~5.0	<5.0
D20 排洪方式	>80	80~60	60~40	<40
D21 防洪标准	>500	500~100	100~50	<50
D22 排洪设施完好率	>0.80	0.80~0.60	0.60~0.40	<0.40

评 价 指 标	Ⅰ级	Ⅱ级	Ⅲ级	Ⅳ级
D23 设备的完好率	>0.80	0.80~0.60	0.60~0.40	<0.40
D24 连接方式	>80	80~60	60~40	<40
D25 安全运行率	>0.80	0.80~0.60	0.60~0.40	<0.40
D26 管型	>80	80~60	60~40	<40
D27 敷设方式	>80	80~60	60~40	<40
D28 支管配套	>80	80~60	60~40	<40
D29 回水方式	>80	80~60	60~40	<40
D30 澄清距离	>1.5	1.5~1	1~0.5	<0.5
D31 地质构造	>80	80~60	60~40	<40
D32 岩石性质与岩土体结构	>80	80~60	60~40	<40
D33 地形坡度	<20°	20°~40°	40°~60°	>60°
D34 最新 24h 降水量 mm	<50	50~100	100~200	>200
D35 极端气候发生的可能性	<1	2~10	11~50	>50
D36 库区设计地震烈度 M_s	无	<5	5~7	>7
D37 生物群活动	>80	80~60	60~40	<40
D38 安全管理机构	>90	90~75	75~60	<60
D39 安全生产制度及规程	>90	90~75	75~60	<60
D40 安全生产记录	>90	90~75	75~60	<60
D41 安全监测与预警	>0.80	0.80~0.60	0.60~0.40	<0.40
D42 安全评价	1			0
D43 尾矿库工程档案管理	>90	90~75	75~60	<60
D44 事故应急救援设备	>0.80	0.80~0.60	0.60~0.40	<0.40
D45 应急救援预案与演练	>90	90~75	75~60	<60
D46 事故调查和处理	>90	90~75	75~60	<60
D47 安全投入	>0.80	0.80~0.60	0.60~0.40	<0.40

6.2 尾矿库溃坝事故后果严重性评价

尾矿库是矿山企业生产过程中主要设施，但也是潜伏巨大安全隐患的危险源，其下游多为江湖水源等生态敏感区或人口密集的居民区，且尾矿中还含有各种有毒有害物质，一旦溃坝失事，不仅将给工农业生产及下游人民生命财产造成巨大的灾害和损失，而且也会造成环境污染和生态破坏。通过预测尾矿库溃坝事故影响的范围及其事故损失，判定尾矿库溃坝事故后果的严重程度，按照轻重缓急有针对性的制定事故预防和控制措施，对做好尾矿库风险分析、降低事故损失都是十分必要的。因此，进行尾矿库溃坝事故后果严重性风险评估研究具有重要的意义。

6.2.1 尾矿库溃坝事故经济损失风险的构成

在"企业职工伤亡事故经济损失统计标准"（GB 6721—86）中，直接经济统计指标包括将人身伤亡后所支出的费用、善后处理费用、财产损失。但考虑到伤亡支出费用、救援及善后处理费用发生在尾矿库溃坝事故后，且该费用支出与事故影响范围、伤亡人数成正相关，譬如，事故影响范围大，则财产损失、善后处理费用等会增加；伤亡人数多，则伤亡支出费用增加。另外，尾矿库溃坝事故后果还有不同于其他生产安全事故的特点，尾矿库溃坝事故伴生、次生泥石流、泥浆流等地质灾害，进一步造成生态环境破坏、水土污染。所以，本文在研究尾矿库溃坝事故可能造成的经济损失影响时，选取生命损失、财产损失和环境资源损失三方面来统计估算尾矿库溃坝事故后果损失风险。

6.2.2 尾矿库溃坝事故经济损失风险评估

6.2.2.1 尾矿库事故影响范围

尾矿库溃坝的事故影响范围，主要是通过模拟尾矿库溃坝后尾矿下泄引起的砂流的覆盖范围来进行估算。在构建尾矿库溃坝砂流数学模型时，假定：（1）尾矿砂是各向同性的连续介质体；（2）计算中只考虑偏应力张量所引起的变形，不考虑各向等压的应力状态及其相应的体积变形；（3）尾矿砂的流动符合宾汉流动模式。通过以上假定，将尾矿库溃坝砂流运动假定为介于"流体"和"散粒体"之间的一种特殊的运动形式，用类似流体流动的动力方程和连续方程来描述。从而求出下泄的尾矿在距坝体不同位置处的流速和深度，以及灾害的影响范围。

6.2.2.2 生命损失

生命损失主要包括因事故死亡损失和因事故伤害损失，其伤亡人数反映尾矿库溃坝事故对社会影响程度。

A 伤亡人数的估算

确定尾矿库发生溃坝事故所影响的范围后，根据该事故影响范围内居民点的居民人数、居民点的位置及离坝距离、人口密集程度、房屋坚固程度及尾矿库的级别等因素，尾矿库溃坝事故可能造成的死亡人数按下列经验公式估算。

$$P_D = \sum_{i=1}^{n} (N_i \times K_i) \tag{6-5}$$

$$K_i = 0.5K \times K_{1i} \times K_{2i} \times K_{3i} \times K_{4i} \tag{6-6}$$

式中，P_D 为尾矿库溃坝事故可能造成的死亡人数，人；i 为溃坝事故所影响的范围内，n 个居民点的顺序数；N_i 为第 i 个居民点的居民人数，人；K_i 为第 i 个居民点的居民致死率；K 为尾矿库等别系数；K_{1i} 为第 i 个居民点沿主河道到尾矿坝的距离系数；K_{2i} 为第 i 个居民点的房屋不坚固系数；K_{3i} 为第 i 个居民点的位置系数；K_{4i} 为第 i 个居民点的密集程度系数。各系数的确定可见重大危险源普查表填表说明中的相关内容。

$$P_{\mathrm{I}} = \sum_{i=1}^{n} N_i - P_{\mathrm{D}} \tag{6-7}$$

式中，P_{I} 为尾矿库溃坝可能造成的伤害人数，人。

B 生命损失的定量化

虽然生命损失不能直接用货币来衡量，但为了对事故造成的社会经济影响做出全面、精确的评价，常需要将"人的价值"货币化来定量化表达生命损失。此前提出的生命价值测定理论方法有人力资本法、生命绝对值法、支付意愿法等，但由于这些方法受未来的或人主观意愿的不确定因素、不可预知性影响，在现实损失评价中难以应用，所以本文在定量化评估人的生命损失时，采用个人在社会中所创造的经济财富来近似"人的价值"，认为死亡个体的生命价值为该生产者的时间（一般为 30a）与其当年人均 GDP 的乘积；伤害个体包括治疗、恢复、误工等费用，可采用当年、当地的人均 GDP 的损失值来粗略估算。用公式表示为：

$$S_{\mathrm{D}} = 30 \times Y \times P_{\mathrm{D}} \tag{6-8}$$
$$S_{\mathrm{T}} = Y \times P_{\mathrm{T}} \tag{6-9}$$

式中，S_{D} 为因尾矿库溃坝事故造成的人员死亡损失，万元；S_{T} 为因尾矿库溃坝事故造成的人员伤害损失，万元；Y 为当年、当地人均 GDP，万元/人。

综合式（6-8）、（6-9），定量化后的尾矿库溃坝事故生命损失 S_{H}（万元）用公式表示为：

$$S_{\mathrm{H}} = S_{\mathrm{D}} + S_{\mathrm{T}} = 30 \times Y \times S_{\mathrm{D}} + Y \times S_{\mathrm{T}} \tag{6-10}$$

6.2.2.3 财产损失

尾矿库溃坝财产损失包括直接经济财产损失和间接财产损失，本文只考虑尾矿库溃坝直接财产损失，主要包括尾矿坝自身因事故破坏造成的直接财产损失及尾矿库溃坝对下游造成的直接财产损失，如建筑物与构筑物损失、室内财产损失、生命线损失、交通水利损失、农作物损失等。

（1）尾矿坝因破坏造成的直接财产损失。可采用重置完全价值折旧法来估算，用公式表示为：

$$S_1 = V_{\mathrm{R}}\left(1 - \frac{T_{\mathrm{use}}}{T_{\mathrm{design}}}\right)\lambda_{\mathrm{d}} \tag{6-11}$$

式中，S_1 为尾矿坝破坏经济损失，万元；V_{R} 为尾矿坝重置完全价值，万元；T_{use} 为尾矿坝已使用年数；T_{design} 为尾矿库设计使用年限；λ_d 为尾矿坝破坏比，是指尾矿坝修复、重建面积与其溃坝前建筑面积的比。

（2）建筑物、室内财产、生命线工程、交通水利等财产损失。对于这些承灾体可采用成本价值或修复成本价值法来估算价值损失，用公式表示为：

$$S_2 = \sum_{i=1}^{4} \sum_{j=1}^{n} V_{ij} \cdot y_{ij} \tag{6-12}$$

式中，S_2 为承灾体财产损失，万元；i 为主要承灾体类型，分别表示建筑物与构筑物、室内财产、生命线工程、交通水利四种；j 为第 i 种类型下 n 个承灾体的顺序数；V_{ij} 为第 i 种类型下第 j 个承灾体成本价值，即承灾体受灾前的现实价值，万元；y_{ij} 为第 i 种类型下第 j 个承灾体的损失率（易损性指数）。

承灾体易损性从实际案例取得数据较难，主要是通过专家凭经验估计各类承灾体损失的百分数。由于尾矿库溃坝事故多伴生泥石流或泥浆流等地质灾害，所以尾矿库溃坝事故造成承灾体易损性数据可参考地质灾害承灾体的易损性数据，具体见表 6-16。

表 6-16   承灾体的易损性专家建议汇总表

| 物质财富种类 | 易 损 性 | | | | | | | | | |
| | 崩塌滑坡 | | | | 泥石流 | | | | |
	特大型	大型	中型	小型	不分级	特大型	大型	中型	小型	不分级
1. 城市居民房屋	80.4	80.3	60.8	51.2	55.8	93.5	93.3	53.9	10.9	53.8
2. 城市居民家居用品	93.1	88.1	68.2	30.0	58.1	96.0	96.9	91.0	91.8	88.7
3. 农村居民房屋	81.1	79.9	60.7	50.2	59.6	91.6	91.6	70.4	51.0	79.9
4. 农村居民家居用品	93.1	88.1	68.5	30.0	59.0	97.3	97.1	88.5	83.3	88.4
5. 种养动植物	90.0	89.9	89.7	89.4	89.9	98.4	98.0	93.1	86.8	92.6
6. 农业净资产	91.6	89.5	50.4	21.0	41.2	93.9	88.7	51.0	14.2	60.4
7. 工业净资产	94.2	89.3	49.6	19.9	40.4	91.2	89.3	50.7	12.9	60.2
8. 建筑业净资产	91.6	90.1	51.5	22.9	42.4	93.4	89.2	51.0	13.4	67.6
9. 工业建筑业净资产平均值	91.4	89.7	50.5	21.4	41.4	93.8	89.2	50.8	13.2	63.9
10. 商业净资产	93.8	89.0	57.6	40.6	52.3	97.1	88.9	49.4	10.4	59.0
11. 交通运输工具	94.4	89.0	50.6	21.5	42.1	93.8	88.9	51.7	9.9	56.3
12. 铁路	80.0	70.2	53.8	30.1	58.3	93.8	93.3	79.4	20.3	66.5
13. 公路	97.1	82.6	67.2	42.6	66.7	96.7	96.0	94.7	75.1	89.5
14. 医疗卫生净资产	94.4	89.0	51.3	21.7	41.7	93.8	88.8	50.4	12.4	59.3
15. 金融科研机关及附属事业单位	80.9	80.1	61.4	50.2	65.8	93.8	92.6	55.2	14.3	58.3
16. 各类学校净资产	85.2	79.8	60.6	49.8	64.4	94.6	93.3	57.1	22.3	60.8
17. 新增价值	16.5	11.5	6.5	4.3	6.5	94.2	81.6	47.2	26.2	46.0

（3）农作物财产损失。农作物受灾后的直接表现是受到挫折或者死亡、毁灭，其最终后果是农作物减产或绝收。农作物受尾砂污染财产损失可采用市场价值法进行估算，用公式表示为：

$$S_3 = V_3 \sum_{i=1}^{n} \Delta R_i \qquad (6-13)$$

式中，S_3 为受尾砂污染或破坏价值损失；V_3 为受污染或破坏物种的市场价格；ΔR_i 为某农作物在 i 类污染或破坏程度时的损失产量；i 为污染或破坏等级，一般分为四类（$i = 1, 2, 3, 4$），分别表示轻、中、重、严重污染或破坏。

ΔR_i 的计算方法与环境资源要素的污染或损失过程有关，对于农作物受污染财产损失时可按下式计算：

$$\Delta R_i = M_i (R_0 - R_i) \qquad (6-14)$$

式中，M_i 为第 i 类污染或破坏程度时的面积；R_i 为农田在第 i 类污染或程度时的单产；R_0 为未受污染或破坏类比区的单产。

综合式（6-11）~（6-13），尾矿库溃坝财产损失 S_P 用公式表示为：

$$S_P = S_1 + S_2 + S_3 \qquad (6-15)$$

6.2.2.4 环境资源损失

尾矿库溃坝事故造成的环境资源损失，主要指溃坝事故后次生的泥石流等地质灾害影响或破坏土地资源和水资源造成的价值损失。环境资源损失的大小反映出尾矿库溃坝事故对环境资源的影响或破坏的程度。尾矿库溃坝事故造成环境污染或连带的经济损失估算中，考虑到环境资源是有限的，被污染和破坏后就会失去其使用价值，故可采用机会成本法来估算由此而引起的经济损失。用公式表示为：

$$S_E = \sum_{i=1}^{n} V_i \cdot W_i \qquad (6-16)$$

式中，S_E 为环境资源损失的机会成本值，万元；i 为环境资源类别，分为二类（$i = 1, 2$），分别表示土地资源和水资源；V_i 为第 i 种资源的单位机会成本；W_i 为第 i 种资源的污染或破坏量，其估算方法也与环境要素和污染过程有关。

6.2.3 损失风险评估

尾矿库溃坝事故可能造成的损失风险主要体现在生命损失、财产损失和环境资源损失，故可综合式（6-10）、式（6-15）、式（6-16），尾矿库溃坝所造成的直接经济损失风险 S_{risk}（万元）用公式表示为：

$$S_{\text{risk}} = S_H + S_P + S_E \qquad (6-17)$$

参考生产安全事故等级划分、地质灾害等级划分、泥石流灾害防治工程安全等级标准以及尾矿库安全度划分，利用 S_D、S_{risk} 结果来度量尾矿库溃坝事故后果的严重性，并划分相应的严重性等级，见表 6-17。

表 6-17   尾矿库溃坝事故后果严重性等级划分

参　数	尾矿库溃坝事故后果严重性等级			
	轻度	中度	重度	极重度
S_D /人	$S_D < 3$	$3 \leq S_D < 10$	$10 \leq S_D < 30$	$S_D \geq 30$
S_{risk} /万元	$S_{risk} < 100$	$100 \leq S_{risk} < 500$	$500 \leq S_{risk} < 1000$	$S_{risk} \geq 1000$

由于不同区域的经济发展水平存在差异，对事故灾害的承受能力也不同，为了能够评估不同区域内尾矿库溃坝事故对当地社会经济的影响程度，使得尾矿库溃坝事故影响在空间上具有可比性。用公式表示：

$$\beta = S_{risk} / G \tag{6-18}$$

式中，β 为相对损失度；G 为前一年当地的 GDP 总量，万元。

如果对于两个地区 A 和 B，G_A 和 G_B 相当，β 越大则说明溃坝事故对该地区经济损失风险越严重，亟需尽快采取措施进行尾矿库溃坝隐患治理或提高事故防护能力，以避免更大损失。

6.3   尾矿库风险综合评价

建立的尾矿库风险评价指标体系侧重评价尾矿库事故风险程度，另建立的尾矿库溃坝事故后果严重性等级侧重评价发生溃坝事故后可能会造成的损失风险。为了综合评估尾矿库风险，本文采用风险矩阵法来综合评估尾矿库风险状况，确定尾矿库综合风险等级，具体如表 6-18 所示。

风险矩阵法通过定量分析和定性分析综合考虑风险影响及风险概率，对风险因素对项目的影响进行评估的方法。风险矩阵法由三个矩阵组成，分别为：（1）后果矩阵，评价危害性事件的严重性等级，本文用尾矿库溃坝事故后果严重性等级来反映事故后果严重程度；（2）频率矩阵，评价危害性事件的可能性等级，本文用尾矿库风险评价指标体系评估的风险等级来反映发生事故的可能性程度；（3）风险矩阵，确定风险及风险可接受程度。

表 6-18   尾矿库事故风险矩阵表

风险等级	可能造成的后果		发生的可能性			
	人员伤害 S_D（人）	财产损失 S_{risk}（万元）	I	II	III	IV
轻度	<3	<100 万元	1	2	3	4
中度	$3 \leq S_D < 10$	$100 \leq S_{risk} < 500$	2	4	6	8
重度	$10 \leq S_D < 30$	$500 \leq S_{risk} < 1000$	3	6	9	12
极重度	$S_D \geq 30$	$S_{risk} \geq 1000$	4	8	12	16

由表6-18可以看出，综合风险等级，分为三级：红色区域（深色）为高风险；黄色区域（浅色）为中风险；绿色区域（白色）为低风险。风险等级为高时，尾矿库应停止使用，待整改合格后才允许运行；风险等级为中时，应采取控制措施，限期整改存在的隐患，持续加强预警管理；风险等级为低时，应采取必要的控制措施，消除潜在的带病运行风险。

6.4 模型示例

6.4.1 项目概况

山西宏伟矿业有限公司泽水沟东沟尾矿库位于灵丘县城北15km处，与县城有矿山水泥路相通，交通十分便利，库区周边3km内无其他工矿企业。

该尾矿库通过了山西省安全生产监督管理局的建设项目安全设施设计审查，设计采用"上游式"筑坝方式。在施工过程中发现，"上游式"尾矿筑坝方式所占库容较少、排洪及配套设施使用能力差、服务年限较短。为此，公司通过专家论证后，决定将尾矿库筑坝方式由"上游式"变为"中线式"，可有效利用前期浪费的库容，更增加了尾矿库的稳定性。并经过由山西省安全生产监督管理局组织市、县安监局相关人员、设计院、安全评价单位、专家等召开了该尾矿库改、扩建建设项目安全设施设计审查会。经过审查后同意该尾矿库改、扩建《安全专篇》安全设施建设施工。

该尾矿库为选厂年处理原矿60万吨，年排出尾矿量为45万吨，尾矿平均堆积干密度为1.4t/m³，尾矿库服务年限4.09年，经过改、扩建后，尾矿库服务年限23.5年。

6.4.1.1 地形地貌

尾矿库位于一冲沟内，三面环山，断面呈"V"型沟谷，地貌单元属基岩低山区，地形起伏较大，高差350.0m。冲沟呈西北—东南走向。冲沟纵坡坡度16°，沟口较窄。

6.4.1.2 气象与地震

尾矿库所在地区属于典型的温带大陆性季风气候，四季分明，春季干旱多风，夏季炎热雨量集中，秋季气候晴朗凉爽，冬季寒冷干燥少雪。该区气候垂直变化差异较大，年平均气温7.1℃，极端最低气温-28℃，极端最高气温36℃，年平均降雨量468.9mm，蒸发量为1850.8mm。年平均风速3.2m/s，年主导风向为WN，9月至翌年3月盛行西北风，4~8月盛行东南风。

根据《建筑抗震设计规范》（GB 50011—2001）规定，尾矿库所在区域抗震设防烈度为7度，属强震区，设防基本地震加速度为0.15g。

6.4.1.3　工程地质

库区内地质构造简单，为单斜岩层。库区底层主要为太古界五台群变质岩类。沟谷东侧植被茂盛，南侧较少，顶部岩石出露良好。

经过勘察揭露，尾矿坝坝基地层为太古界五台群变质岩层，冲沟底部坡度平均为16°。尾矿堆积坝地层主要由尾粉砂、尾细砂、尾中砂及尾粉土组成，坝基主要为太古代角闪片麻岩。根据勘察结果，尾矿坝及其附近地段未发现滑坡、断层、崩塌等不良地质作用。库区周边3km内无其他工矿企业。

6.4.1.4　库区周边环境

尾矿库位于选矿厂东北山沟中，距离约700m。库区分布两条支沟，即东沟和北沟，东沟为中线式尾矿筑坝，北沟尾矿库已经闭库。

尾矿库下游有选矿厂，选矿厂在沟口下游河槽左岸，沟深约7m，河道宽度约15m，河岸为进厂道路靠河岸一侧为混凝土路边挡墙，附近无居民居住。选矿厂在尾矿库下游河岸一侧，选厂高于河道。

6.4.1.5　尾矿库现状

A　坝体

尾矿库现状是采用上游式尾矿筑坝方式，坝上分散放矿。现尾矿库初期坝为土石坝，坝体内外坡坡比均为1：1，坝顶和坝外坡采用砂浆砌石护坡，库底留有12条 ϕ110mm 排渗管。现尾矿库初期坝坝底标高1223.3m，坝顶标高1240.0m，坝纵向轴线长80.0m，轴线坝高16.7m（设计值），坝顶宽64.0m，服务年限4.09年。尾矿堆积坝由尾矿堆积，内外坡比不等，尾矿堆积坝平均外坡比为1：3，堆积坝外坡全坡进行覆盖，利用块石或碎石进行复压。堆积坝坝顶轴线长174.0m，坝顶宽9.0m，最终尾矿堆积设计标高为1310m，尾矿堆积高度70m，总坝高86.7m，库容为168.69万立方米，服务年限4.09年。按每升高10.0m设一级马道，马道宽4.0m，马道内侧设浆砌石截水沟，在坝面与两岸坡结合处修筑浆砌石截水沟，保护坝面。

现尾矿库改、扩建工程采取对尾矿库生产现状进行"中线式"尾矿筑坝的改、扩建工程设计，同时扩大原尾矿堆积坝的外坡以外的尾矿储存空间。经过改扩建后，沉积砂尾矿挡坝为堆石筑坝，外坡比为1：2，1：1.75尾矿堆积坝坝外坡平均坡比为1：3，最终尾矿堆积设计标高为1227~1345m，尾矿堆积高度118m，库容为831.24万立方米，服务年限23.5年。

B　尾矿库等级

尾矿库现状初期坝坝底标高为1223.3m，堆积坝设计高度为1310m，坝高为86.7m，总库容168.69万立方米。按库容尾矿库属三等尾矿库，根据《选矿厂尾矿设施设计规范》（ZBJ 1—90），尾矿库等别为三等库。采用"中线式"改、扩建后，尾矿堆积标高 1227~1345m，尾矿堆积高度 118m，总库容 955.55 万立方米，新增库容 831.24 万立方米（其中库内 378.07 万立方米，库外 453.17 万立方米），按库容尾矿库及根据《选矿厂尾矿设施设计规范》（ZBJ 1—90），尾矿库等别为三等库。

6.4.2 风险综合评价

尾矿库风险评价以实现安全为目的，辨识与分析尾矿库系统中的危险、有害因素，预测发生尾矿库事故造成的危害的可能性及其严重程度，提出科学、合理、可行的安全对策措施建议，并做出评价结论。根据第 5 章提出的尾矿库致灾风险评价技术，对山西宏伟矿业有限公司泽水沟东沟尾矿库进行风险综合评价，具体过程如下。

6.4.2.1 尾矿库事故风险程度

尾矿库事故风险程度采用 6.1 建立的尾矿库风险评价指标体系进行评价。根据评价指标状况，结合 6.1 中介绍的指标评价等级及分级标准，完成对相应评价指标的赋值，具体如表 6-19 所示。

表 6-19 山西宏伟矿业有限公司泽水沟东沟尾矿库评价指标赋值

评价指标	评价指标状况	指标值
D1 接受专业技术培训人员比例	维护、分级筑坝工：三班制，每班 2 人，共计 6 人，全部接受专业技术培训	4
D2 接受安全管理培训人员比例	生产管理人员：2 班制，2 人，共计 2 人，全部接受安全管理培训	4
D3 接受特种作业培训人员比例	100%	4
D4 人员违章作业率	<0.25	4
D5 对安全设施熟练程度	良好	3
D6 技术考核达标率	>0.80	4
D7 非采挖作业现象	没有，没有破坏	4
D8 爆破现象	稀少	4
D9 平均粒径	0.074mm 达到 85%	2
D10 堆积容重	尾矿堆积干容重 1.40t/m³	2
D11 筑坝方式	筑坝方式的选择较合理，基本上能够满足企业安全生产需要，不会影响到安全使用	3
D12 安全超高	根据规范尾矿库在遭遇设计洪水时，三等库安全超高约 0.943m，大于现行规范要求的最小安全超高 0.7m	3
D13 干滩长度	约 100.0m，中线式尾矿坝的三等库最小滩长为 50m	4
D14 下游坡比	3.0	3
D15 现状坝高	现状总坝高 86.5m，改、扩建后总坝高 118m	1

评价指标	评价指标状况	指标值
D16 坝面防护	坝体未发现有裂缝，变形等现象	4
D17 抗震能力	7 度	3
D18 渗透坡降	渗流计算（洪水运行）时渗透坡降介于 0.1~0.138	1
D19 浸润线高度	浸润线位置介于 0.85~6.8m	1
D20 排洪方式	洪峰流量为 5.96m³/s，库区中的排洪系统采用溢洪井—溢洪涵洞管的形式，经计算泄洪过流量为 8.19m³/s，完全满足最大洪水时的流量；排洪设施出现不影响安全使用的裂缝、磨蚀或磨损	4
D21 防洪标准	500 年一遇	3
D22 排洪设施完好率	勘察过程未见有损坏失效之处。	4
D23 设备的完好率	100%	4
D24 连接方式	间接串联与直接串联相结合	3
D25 安全运行率	>0.80	4
D26 管型	布置形式合理，易维护，事故放矿少	4
D27 敷设方式	敷设较为合理，不影响安全检查和维护	3
D28 支管配套	矿浆管与放矿支管配套较好，连接处未出现矿浆泄漏	3
D29 回水方式	回水率 60%，沉积滩滩长满足设计或有关技术规定的要求	3
D30 澄清距离	>1.5	4
D31 地质构造	尾矿坝及其附近地段未发现滑坡、断层、崩塌等不良地质作用	4
D32 岩石性质与岩土体结构	坝基地层为太古界五台群变质岩层，岩石较坚硬，结构比较完整	3
D33 地形坡度	冲沟底部坡度平均为 16°	4
D34 最新 24h 降水量 mm	<50mm	4
D35 极端气候发生的可能性	<1	4
D36 库区设计地震烈度 M_s	$M_s = 7$	2
D37 生物群活动	少	4
D38 安全管理机构	建立了较为健全的安全管理机构，各级岗位责任较明确	3
D39 安全生产制度及规程	建立起较为健全的安全生产制度和规程，能够基本满足尾矿库生产需要	3

评价指标	评价指标状况	指标值
D40 安全生产记录	记录资料较齐全, 基本满足尾矿库安全生产需要	3
D41 安全监测与预警	有监测设施, 无预警方案	2
D42 安全评价	每 3 年开展一次安全评价工作	4
D43 尾矿库工程档案管理	档案资料较齐全, 有隐蔽工程档案、安全检查档案和隐患排查治理档案	3
D44 事故应急救援设备	全员配备较简单的个人防护装备, 参加救援的总人数主要为企业自身员工	4
D45 应急救援预案与演练	应急管理基本满足尾矿库安全生产需要, 有应急预案, 应急准备、应急保障基本能满足尾矿库重大险情的需要	3
D46 事故调查和处理	有事故调查制度, 事故调查处理较及时、责任认定较明确、处理措施基本上能够落实	3
D47 安全投入	未能掌握以往年度安全投入状况, 但由"上游式"改为"中线式"尾矿筑坝的工程投资概算来看, 安全投入费用十分有限。	1

对各评价指标值的得分乘以对应的累积权重, 最终得到该尾矿库的系统安全分数为 3.17, 结合尾矿库系统评价等级划分标准, 该尾矿库属于Ⅱ级, 即带病运行的尾矿库。通过对各子系统及评价指标的分析, 尾矿库带病原因主要表现在:

(1) 排渗系统不健全, 浸润线较高。因该尾矿库沟谷纵深较短, 为节省费用, 提高尾矿水的回收利用率, 只在初期坝坝顶向堆积坝内埋设长度 20.0m、直径 100.0m 的排渗管, 影响到坝体排渗, 致使坝体浸润线较高。并且通过对浸润线的观测, 浸润线位置介于 0.85~6.8m, 总体上呈上游高、下游低 (按坝坡), 库内高、坝前低的趋势。并且通过对现运行状态和洪水运行两种工况的渗流稳定性计算发现, 浸润线出逸点均在堆积坝上且渗流稳定性均不能满足要求, 因此有必要采取有效的工程措施降低尾矿坝的浸润线高度。

(2) 安全监测与预警有待加强。根据尾矿库设计规范 (ZBJ 1—90) 的相关规定, 四等库以上的尾矿坝应设置坝体位移和坝体浸润线观测设施, 但是该尾矿库经"中线式"改扩建后, 尾矿库为三等库, 还应设置水位观测设施。

(3) 安全投入不足。虽然未能掌握以往年度安全投入状况, 但根据"上游式"改为"中线式"尾矿筑坝的工程投资概算来看, 仅涉及值班室、坝上照明等投入。

针对尾矿库存在的病症, 提出相关的风险处置措施与建议, 保障尾矿库的安全运行。主要措施与建议如下:

(1) 在坝体增设排渗或排洪设施。在初期坝顶设水平排渗管, 以后每升高 10.0m 设水平排渗管; 在堆积坝外坡及干滩内水平设置 6 个排降水井, 且堆积坝在继续升高时，在坝顶设水平排渗管；在沉砂尾矿堆积体底部纵横向排渗盲沟。

（2）延长库区原有排水斜槽，并且排洪系统采用即来即排的形式。构筑物有溢洪井、排洪涵洞和泄洪渠联合泄洪；库尾建拦洪坝与排洪涵洞相连，库底埋设排洪管道与溢洪井相连，泄洪渠与库内相连至库外。

（3）加强对尾矿库及尾矿坝内浸润线的长期观测，设置变形观测点，进行必要的变形观测。并在尾矿堆积坝面垂直于坝体轴线布置浸润线观测线共两条，横向观测点间距离40m。

（4）尾矿堆积高度达到118m，堆积坝外坡坡比不应过陡，建议修整堆积坝外坡，保持堆积坝外坡比为1：4。

（5）确保尾矿库安全投入资金得到充足、落实到位，并加强日常巡查工作，做好相关记录，发现问题及时汇报、处理。

6.4.2.2　发生溃坝事故后可能会造成的损失风险

尾矿库事故风险程度采用6.2建立的尾矿库溃坝事故后果严重性等级进行评价。根据尾矿库下游典型控制断面处的溃坝最大流量（可采用萧克列奇、波额流量法、圣维南法等经验公式计算）和相应流速的估算，计算该断面的过流面积。再根据1：1000地形图估算该断面处的洪水淹没边界，从而得出尾矿库溃坝影响范围，如图6-1所示。该图给出的是距离坝址（尾矿砂挡坝）300m的尾砂砂流影响范围。

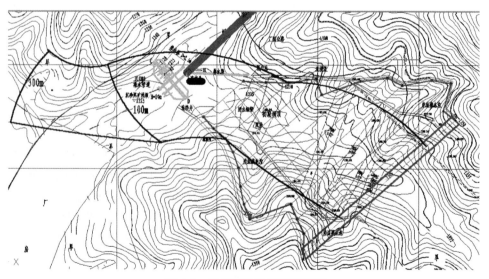

图6-1　溃坝尾砂砂流影响范围

尾矿库下游有选矿厂，选矿厂在沟口下游河槽左岸，沟深约7m，河道宽度约15m，距离原尾矿库约700m，河岸为进厂道路靠河岸一侧为混凝土路边挡墙，附近无居民居住。根据溃坝尾矿砂计算结果，距离原尾矿库 700m 处的尾矿厚度约 1.5m，溃坝尾砂堆积标高约 1228.5m。根据东沟尾矿库平面图，东沟沟底标高约 1215m，考虑到沟深约 7m，选矿厂地面标高约 1222m。如果发生全库容溃坝，选矿厂的安全将会受到影响，但考虑河岸为进厂道路靠河岸一侧为混凝土路边挡墙，这对溃坝尾矿砂流动将会产生一定的阻挡作用。总体来看，尾矿库下游的选矿厂在尾矿库溃坝事故风险影响范围内，但受到外围挡墙的防护，其受到溃坝破坏影响有限。

在尾矿库溃坝事故风险影响范围内，除了尾矿库下游有选矿厂外，尾矿库周围 3 公里范围内无其他工矿企业，也无居民区、生命线工程、交通水利设施及农作物等。同时，考虑到尾矿库三面环山，溃坝尾矿砂主要是沿着冲沟沟谷向下游流动，冲沟内环境资源损失的机会成本值低，环境资源损失风险有限，可以忽略不计。因此，该尾矿库发生溃坝事故后可能会造成的损失风险主要为尾矿坝因破坏造成的直接财产损失。

由于该尾矿库已接近设计使用年限，可视为该尾矿库坝体已完成价值折旧。为了延长尾矿库的使用年限，该尾矿库实施由"上游式"尾矿筑坝改为"中线式"尾矿筑坝的改、扩建工程项目。其中，涉及的工程量主要为尾矿沉砂尾矿挡坝、原排水明渠加长、原有排水管道延长、排水塔、排渗盲沟等工程。根据该尾矿库改、扩建工程投资概算，尾矿沉砂尾矿挡坝工程造价约 60 万元、排渗盲沟工程造价约 11 万元、水位观测设施约 20 万元，所以，尾矿坝因破坏造成改、扩建工程的直接财产损失约 91 万元。

综上所述，该尾矿库的溃坝事故经济损失风险主要为财产损失风险，直接经济损失约 91 万元，根据尾矿库溃坝事故后果严重性等级划分，发生溃坝事故后可能会造成的损失风险为轻度。

6.4.2.3　风险综合评价

由于山西宏伟矿业有限公司泽水沟东沟尾矿库事故风险程度为 Ⅱ 级、发生溃坝事故后可能会造成的损失风险为轻度，根据尾矿库事故风险矩阵表，该尾矿库风险等级为低，采取必要的控制措施，消除潜在的带病运行风险，可保障尾矿库的安全运行。

附录 A 国内尾矿坝失事年表

日期	位置	所属公司	矿石类型	事件类型	释放形式（泄流量）	事故影响	事故原因/经过	工程背景	事故对策/防范措施/教训
2015年11月24日上午9时	甘肃省陇南市西和县	西和县陇星锑业有限责任公司	锑矿	尾砂泄漏	3000m³ 尾砂溢出	尾砂溢出，流入太石河及西汉水，通过省界断面进入汉中，污染区跨甘陕川三省	11月24日9时，西和县接到报告，陇星锑业公司崖湾山青尾矿库二号溢流井隔板破损出现漏砂。经初步勘查，约3000立方米尾砂溢出，流入太石河及西汉水，通过省界断面进入汉中，造成河水污染		
2015年11月16日晚	湖南省郴州市	云南锡业郴州矿冶有限公司屋场坪尾矿库	锡矿	排水竖井部分坍塌	不详	排洪出口杨家河两岸居住人员4人失联	2015年11月16日23时11分，云南锡业郴州矿冶有限公司屋场坪锡矿尾矿库因连日来持续强降雨导致山洪暴发，山洪直泄尾矿库，致使尾矿排水竖井上部坍塌，库内积水及部分尾矿经排洪涵洞下泄		
2014年6月22日凌晨1时左右	河南内乡县	河南内乡县下关乡镇卢家坪铅锌矿	铅锌矿	溃坝	不详	当地河水造成污染	由于埋在坝体内的泄洪管道发生爆裂或者移位引起		

续附录 A

日期	位置	所属公司	矿石类型	事件类型	释放形式（泄流量）	事故影响	事故原因/经过	工程背景	事故对策/防范措施/教训
2014年4月19日晚21时30分许	浙江遂昌县	大金庄矿业有限公司	萤石矿	溃坝	不详	废渣被冲到下游，污染河流	尾矿库水位过高，干滩长度严重不足		
2014年3月31日13时左右	山东烟台市	福山鼎盛钼业	钼矿	污水泄漏	不详	河水污染	蓄水量过大导致事故发生		
2013年12月23日	云南金平	昆钢金河有限公司李子箐尾矿库	铁矿	滑坡	滑坡 2500m³	事故造成1人受伤，4人死亡	12月23日8时43分许，金平昆钢金河有限公司李子箐尾矿库5号输水井上方山体因连续强降雨发生滑坡		
2013年10月10日9时55分左右	辽宁建平	金源矿业有限公司尾矿库	铁矿	溃坝	尾矿砂约5万立方米	泻出尾矿砂约5万立方米，12户民宅受损			

续附录 A

日期	位置	所属公司	矿石类型	事件类型	释放形式（泄流量）	事故影响	事故原因/经过	工程背景	事故对策/防范措施/教训
2011年12月4日	湖北郧西	湖北省郧西县人和矿业开发有限公司柳家沟尾矿库	伊利石	尾砂泄漏	6000m³ 矿渣泄漏	导致约2km长的山洞沟河受污染，未造成人员伤亡	据初步分析，导致尾矿泄漏的主要原因：一是排水井简要求采用砖砌，未按设计要求使用混凝土浇筑，强度不够。二是一号排水井堵于井简顶部，不符合应封堵要求的规定要求。随着尾砂堆存厚度的不足，导致封堵体的升高，导致尾砂封堵破坏，发生尾砂流失和泄漏。加之封堵和井简存堵破坏，发生尾砂流失和泄漏		
2010年9月21日10时许	广东信宜	广东信宜紫金矿业金银锡矿银岩锡矿尾矿库	锡矿	溃坝	不详	溃坝共造成22人死亡，房屋全倒户523户，受损户815户。受溃坝范围内交通、下游流域公共基础设施以及农田、农作物等严重损毁	发生溃坝的诱因是台风引起的特大暴雨降雨量，超过200年一遇；发生溃坝的直接原因是尾矿库排水井在施工过程中被擅自抬高进水口标高，企业对尾矿库运行管理安全责任不落实；导致溃坝的间接原因是尾矿库设计标准取值不合理，致使尾矿库实际防洪标准偏低		（1）事故发生后，广东省成立了事故调查处理领导小组，全面调查事故。企业停止生产，配合政府的救灾措施。（2）广东省、市、县三级环保部门在信宜银岩锡矿尾矿库溃坝事故现场进行监测，以防超过标准的水质能得到标准及时处理。（3）梧州市环保部队分赴梧州工作首，多个监测点开展水质检测工作。岑溪、藤县等相关责任人员故移交司法机关处理。（4）相关责任人员移交司法机关处理

续附录 A

日期	位置	所属公司	矿石类型	事件类型	释放形式（泄流量）	事故影响	事故原因/经过	工程背景	事故对策/防范措施/教训
2010年2月28日凌晨1时许	山西运城闻喜县石门乡上横榆村	中鑫矿业青山选矿厂尾矿库	铁矿	溢洪明渠堵塞，引发坝体决口	不详	事故没有造成人员伤亡，部分民房损坏			
2009年11月25日22时	江西德兴市	江西铜业公司银山铅锌矿尾矿库	铅锌矿	老溢流槽斜槽盖板断裂出现尾砂泄漏	尾砂 3万立方米	2009年11月25日22时左右，银山铅锌矿尾矿库一老溢流槽出现尾砂泄漏。历时1小时后完全控制了尾矿砂外泄。经初步分析，是部分斜槽盖板断裂引起，下泄尾砂约3万立方米，下游约3km长的沟谷内近300亩旱地、水田受污染，一所小学停课2天	（1）初期坝坝高度就投入使用。初期坝的设计高度是12m，而先期施工高度仅为6m就开始投入生产。在坝决口之前，尾矿已堆至坝顶顶只有10~20m，几乎没有调洪库容 （2）坝体施工质量差。原设计采用黏土类土壤作为筑坝土料，但施工筑坝土料中却夹有大量的强风化性岩石，施工时未按设计要求夯实所填土层，黏性基差。另外，在原设计要求夯实的土层，夯实度为70cm松土计中30cm松土夯实至20cm，而实际是70cm松土夯实至50cm。由于一次填土过厚，打夯时冲击力不达不到下层，表面显得很实，而下层却很疏松，层与层的结合不佳，黏合不够紧密	银山铅锌矿尾矿库建在选厂西北100m处的西山两侧袋型山合中，占地面积654m²，回水面积1.05km²。该尾矿库于1961年初开始建设，同年底投入使用。原设计最大库容为570万立方米，初期坝坝高12m（坝顶标高67.5m），坝长107m，最终堆积坝顶标高100m	尾矿库应按设计程序建成后方可投入使用。当尾矿充填到高度最期坝顶的高度时，应必须调洪库容小，必确定排水流量，否则调洪库能力不够；若泄水能力加高筑坝，势必造成溃坝。尾矿坝的施工管理上应及时加高筑坝，特别注意质量。在施工时要求和作业计划时必须严格按作心手续求和设计要技术规定精心作业。必须施工验收和生产单位要互协作，共同把好质量关

续附录A

日期	位置	所属公司	矿石类型	事件类型	释放形式（泄流量）	事故影响	事故原因/经过	工程背景	事故对策/防范措施/教训
							（3）排水管施工质量差。在排水管施工后进行试验，出现漏水现象。当时进行抢修。在施工中排水管基础未能按预设料到排水管施工，因而很难预料到排水管在投产后，由于不均匀沉降，以致引起排水管折裂，各管段相互错动，减少水断面，排水量未达设计要求。 （4）管理不善。该坝无专人负责，暴雨时排水斜槽盖板仅开20cm宽，未完全打开，降低了排洪能力。另外，尾矿堆放不够均匀，靠决口处尾矿堆层较薄，对坝体的加强作用就弱些。 （5）原设计中，对坝体与山体采用的是平接面未采用嵌入山体结合内，因而坝体与山体结合的牢固性基差，致使决口出现在坝体与山体连接处		加强生产管理和安全技术监测。尾矿库要配备足够的生产维护人员和一定的专业技术人员。建立必要的坝体动态监测系统，定期进行观测检查，分析异常情况，发现异常时采取处理措施，以保证尾矿库的安全运行 在汛期要加强尾矿库的巡视，昼夜值班。汛期要制定好防洪抢险措施，做好防洪组织和物资准备，以防万一—

续附录 A

日期	位置	所属公司	矿石类型	事件类型	释放形式（泄流量）	事故影响	事故原因/经过	工程背景	事故对策/防范措施/教训
2009 年 8 月 29 日	陕西省汉阴县	汉阴县黄龙金矿尾矿库	金矿	排洪涵洞塌陷	尾砂 8000m³	8 月 29 日，汉阴县黄龙金矿尾矿库因暴雨引发排洪涵洞塌陷，导致青泥河砂严重污染，老城区水源地观音河水库水质受到严重影响。县自来水公司于 8 月 30 日凌晨停止向老城区供水。此次事故未造成人员伤亡和直接经济损失	8 月 29 日晨 5 时许，连续的降雨，致使尾矿库水位上涨，突然使尾部八个现库区中间下陷，不一会儿就出现了一个坑，监测人员立即就这一情况向矿方领导汇报。县委、县政府对接到报告后高度重视，立即组织环保、安监、水利等部门赶赴现场组织抢险。8 月 30 日，正在抢险人员采取措施封堵泄漏的过程中，库区再次发生坍塌。由于降雨集中，雨量大，流速急，塌陷泄漏的尾矿砂随洪水从大窖沟进人清泥河河道，河水严重浑浊，呈灰黑色，清泥河水质和下游生态环境受到严重威胁。这次尾矿库事故中，泄洪槽坍塌是泄漏主因		（1）成立了黄龙金矿尾矿库抢险指挥部，下设八个工作组昼夜不间断组织抢险施工。主要工作有： 迅速调集大型抽水泵 10 余台对后陷坑集水进行抽排，防止出现穿孔塌陷 再次出现穿孔塌陷协调十天高速汉阴段十三、十四标段项目部组织精干施工队伍紧急支援抢险 对抬高坝头进行加厚，并在库中部新建一处挡水坝 迅速通报并邀请领导专家组现场，指导抢险工作，组织该尾矿库原设计

续附录 A

日期	位置	所属公司	矿石类型	事件类型	释放形式（泄流量）	事故影响	事故原因/经过	工程背景	事故对策/防范措施/教训
							8月29日晨5时许，连续的降雨，致使尾矿库水位上涨，突然监测人员发现库区的尾部中间下陷，不一会儿就出现了一个坑，监测人员立即将这一情况向矿方领导汇报。县委、县政府接到报告后高度重视，立即组织环保、安监、水利等部门赶赴现场组织抢险。8月30日，正在抢险人员采取措施封堵泄漏的过程中，库区再次发生坍塌，雨量大，流速急、塌陷泄漏洪水从大豪沟的尾矿砂随洪水进入清泥河河道，河水严重浑浊，呈灰黑色，清泥河水质受到严重威胁。这次尾矿库事故中，泄洪槽坍塌是泄漏主因		单位工程专家制定科学处置方案和安全防范措施，实施工程排险。 （2）环保监测人员迅速赶赴责任监测点开展工作，并于当天获取了第一组水质监测数据以后，每隔2小时出具上报1次监测数据，同时依据水质的变化，及时调整生石灰和漂白粉的投放量
2009年6月17日	江西上饶县	江西上饶县营前矿业有限公司尾矿库	铅锌矿	排水斜槽与连接井处断裂造成尾砂	不详	2009年6月17日排水斜槽连接井断裂造成尾砂泄漏，部分农田被淹没，无人员伤亡			

续附录 A

日期	位置	所属公司	矿石类型	事件类型	释放形式（泄流量）	事故影响	事故原因/经过	工程背景	事故对策/防范措施/教训
2009年4月15日下午5时20分	河北省承德市平泉县	承德市平泉县富有铁矿尾矿库	铁矿	坝体发生局部管涌，造成部分坝体	尾砂7万立方米	2009年4月15日下午5：20左右，承德市平泉县富有铁矿一停用尾矿库发生局部管涌，下造成部分坝体坍塌，泄尾矿砂约7万立方米，有3人下落不明			
2008年9月8日上午7时58分	山西省临汾市	新塔矿业有限公司尾矿库	铁矿	尾矿坝溃坝	尾砂19万立方米	巨大的泥石流冲毁集贸市场、办公楼及下游部分村庄，死亡276人，33人受伤，直接经济损失9619万元	直接原因：新塔矿业公司长期违法生产，尾矿库超储导致溃坝。新塔矿业公司通过拍卖购买了塔儿山铁矿产权，本应该履行了合法的手续后重新修建新的尾矿库，但矿方却置自在旧库上挖库排尾，从而造成尾砂大面积液化，坝体失稳，并引发了这起重特大溃坝事故。间接原因：有关部门对废弃和闲库后的尾矿库疏于监管，地方政府对非法违法生产经营活动不坚决、不得力。企业的安全	1977年建设，初期坝坝高8m 1988年停用，堆积坝坝高28.4m，堆积尾矿19万立方米 1988年停用后，进行了简单的闭库处理 2000年，拟重新启用，筑7m高黄土子坝，后未使用 2007年9月开始启用，堆至最终坝高50.7m，新增尾砂10.3万立方米	积极开展搜救工作，对官员同责，襄汾县县委书记、县长等数人撤职处分襄汾县委免职检查建立安全监控体系，切实防控制体系，预防影响隐患，预防恶劣的重特大安全事故再次发生启用前未进行工程勘察和稳定性分析→新建、增高扩容扩建尾矿库建设的前必须进行有效的稳定性工程勘察和稳定性计算

续附录 A

日期	位置	所属公司	矿石类型	事件类型	释放形式（泄流量）	事故影响	事故原因/经过	工程背景	事故对策/防范措施/教训
							生产许可证已经被吊销两年多了但却依然非法生产，监管部门在明知企业非法生产的情况下，却没有进行彻底整改和停产。 为片面扩大尾矿库库容，下游面坡比1:1.38，坝体稳定性不能得到保证 为解决选矿用水不足，在库内违规超量蓄水；启用该库之初，就在黄土子坝上游铺设塑料膜，在后铺的筑坝过程中，先后铺设多层塑料膜，导致库内水位过高，干滩长度过短，浸润线抬升 2008年年初，坝面出现渗水，事故前1个月，利用渗透性很差的黄土进行压坡，阻挡了坝内水外渗，导致坝体斜坡渗水，浸润线快速升高，坝体处于饱和状态		启用也未进行正规设计→须由正规设计单位设计 库内蓄水、浸润线过高、生产过程中不能蓄水，生产保证浸润线有必须保证浸润线有效埋深 堆积坝外坡比过陡→生产过程中改变外坡比时，必须经过稳定性验算，并经设计单位和安监部门同意后才可

续附录 A

日期	位置	所属公司	矿石类型	事件类型	释放形式（泄流量）	事故影响	事故原因/经过	工程背景	事故对策/防范措施/教训
2008年7月22日凌晨5时30分	陕西省山阳县王阎乡双河村	陕西省水恒矿业建公司双河钒矿尾矿库	钒矿	1号排洪斜槽竖井井壁及其连接排洪隧洞进口端突然发生塌陷	9300m³的尾矿泥沙和库内废水泄漏	2008年7月22日凌晨5时30分左右，位于山阳县王阎乡双河村的陕西省水恒矿业建公司双河钒矿（以下简称"双河钒矿"），因尾矿库1号排洪斜槽竖井井壁及其排洪隧洞进口端突然发生塌陷，约9300m³的尾矿泥沙和库内废水泄漏，造成该县王阎镇东河约6公里河段河水受到污染，450亩农田被淤积淹没，危及出陕西进入湖北郧西谢家河流域环境安全，直接经济损失达192.6万元	直接原因：排洪竖井顶端接近地表，地质条件较差，岩石风化较强，受"5·12"汶川特大地震及余震影响，使地质结构发生了一定变化，且尾矿库压力随着尾矿堆高度增加。排洪斜槽坡度较陡，泄洪时流速较高，水流直接冲刷井壁，随着尾矿库使用时间的延长，致使石石的强度逐渐降低。 间接原因：该尾矿库的地质勘察、设计、施工未按正规程序进行，且施工单位无资质，无法保证其工程质量，无梯子，无照明，企业安全隐患排查出现疏漏，隐患排查整改不到位等		（1）启动应急预案，加强组织协调。泄漏事故发生后，山阳县政府领导等各部门启动事故抢险救援预案，组织开展抢险控污工作。 （2）落实应急措施，全力抢险控污。一是科学制定工作方案；二是精心组织现场抢险；三是严格防止污染扩散。 （3）全面进行整治，严防事故发生。成立了事故处理小组，按照原"四不放过"原则，对"7·22"尾矿库泄漏事故开展调查

续附录 A

日期	位置	所属公司	矿石类型	事件类型	释放形式（泄流量）	事故影响	事故原因/经过	工程背景	事故对策/防范措施/教训
2008年4月22日15时30分	山东蓬莱市大柳行镇	山东蓬莱市大柳行镇金鑫金业总公司金矿尾矿库	金矿	尾矿库塌陷事故	不详	2008年4月22日15时30分蓬莱市大柳行镇金鑫实业公司一金矿尾矿库发生塌陷事故，对泄漏尾矿库地表水进行拦截，对塌陷口进行充填，对井下积水进行抽排。初步查明，这起事故系因连日降雨，不明采空区发生意外塌陷，导致存放在尾矿库的泥沙泄漏所致。发生塌陷的采空区是一个多年废弃不用的老矿井，深部情况不明，给救援工作带来很大困难。导致8名矿工被困在井下			

续附录 A

日期	位置	所属公司	矿石类型	事件类型	释放形式（泄流量）	事故影响	事故原因/经过	工程背景	事故对策/防范措施/教训
2008年4月18日下午2点	安徽马鞍山市银塘镇	黄梅山铁矿丙子山矿东郊尾矿库	铁矿	部分坝体坍塌	无泄漏	2008年4月18日下午2点左右，马鞍山市银塘镇境内的黄梅山铁矿，丙子山矿东郊尾矿库部分坝体发生坍塌事故。所幸没有造成人员伤亡以及其他损失。黄梅山铁矿是马鞍山市一家地方企业，这个尾矿库1971年建成并投入使用，2000年底接近设计标高后，库容量达到90万立方米，并停止使用。目前，坝顶标高48m，坝长约300m。发生坍塌的坝体长约180m，塌方土体坝脚处约水平外移10多米，侵蚀了少量农田			

续附录 A

日期	位置	所属公司	矿石类型	事件类型	释放形式（泄流量）	事故影响	事故原因/经过	工程背景	事故对策/防范措施/教训
2007年11月25日5时50分	辽宁省海城市	鼎洋矿业有限公司选矿厂5号尾矿库	铁矿	尾矿坝溃坝	尾砂54万立方米	2007年11月25日5：50左右，辽宁省鞍山市海城西洋矿业有限公司选矿厂5号尾矿库发生溃坝事故，致使约54万立方米尾矿下泄，造成该库下游约2km处的甘泉镇向阳寨村10户村民的33间房屋被冲毁，13人死亡，3人失踪，39人受伤（其中4人重伤）	直接原因：该库擅自加高坝体，改变坡比，造成坝体超高、边坡过陡，超过极限平衡，致使5号库南坝最大坝高处坝体失稳，引发深层滑坡溃坝间接原因： 1. 设计单位管理不规范。设计单位中冶北方工程技术有限公司设计研究所无设计资质，却以中冶北方公司的设计资质承揽设计；在未签外聘单位人员设计情况下无组织人员设计；在未作施工图设计和缺少验收条件的情况下在工程验收单上盖章。 2. 建设单位严重违反设计施工。海城西洋鼎洋矿业有限公司擅自加高坝体，改变坡比，严重违反原设计，造成坝体超高，边坡过陡，坝体失稳。 3. 施工单位管理混乱。		

续附录 A

日期	位置	所属公司	矿石类型	事件类型	释放形式（泄流量）	事故影响	事故原因/经过	工程背景	事故对策/防范措施/教训
							施工单位甘泉建筑工程有限公司未与建设单位签订合同，以劳务合作形式提供20余人的施工人员，施工机械全部由建设单位提供，却在工程验收单施工单位上盖章。 4. 监理单位失职。鞍山金石工程建设单位签订监理中心未与建设单位签订监理合同，未对二期工程进行有效的监理 5. 验收评价机构不认真，不负责 6. 安全生产许可工作审查把关不严。该尾矿车二期工程11月6日取得安全生产许可证，11月25日即发生溃坝事故		

续附录 A

日期	位置	所属公司	矿石类型	事件类型	释放形式（泄流量）	事故影响	事故原因/经过	工程背景	事故对策/防范措施/教训
2007 年 6 月 8 日晚上 23 时	广东罗城县	罗城县一洞锡矿尾矿库	锡矿	一级尾矿库泄漏二级尾矿库垮坝事故	尾砂 2500m³	2007 年 6 月 8 日天降大雨，晚上 23 时左右一洞锡矿一级尾矿库库溢流沟的管道爆裂，大量的选矿废水、淤泥和尾矿砂顺溢流沟下流，冲击坝首的初期坝。初期坝的泥砂被冲刷后，顺势而下，全部流进下游二级尾矿库，二级尾矿库对突来的一级尾矿库废水、淤泥、尾矿砂、初期坝泥砂、泄洪不及，9 日凌晨 1 时左右，二级尾矿库发生垮坝事故。据现场勘查，当时废水约 2000m³，淤泥及尾矿砂约 500m³，初期坝泥砂约 400m³，一级尾矿库初期坝目前发现有决裂现象。二级尾矿库约 2000m³ 尾砂随跨塌口流入下游宝坛河，目前二级尾矿库尚存约 1000m³ 的尾矿砂还堆存在尾矿库的左侧			

续附录 A

日期	位置	所属公司	矿石类型	事件类型	释放形式（泄流量）	事故影响	事故原因/经过	工程背景	事故对策/防范措施/教训
2007年5月18日	山西繁峙县	山西宝山矿业公司尾矿库	铁矿	尾矿坝溃坝	尾砂100万立方米	共有近100万立方米尾砂泥浆倾泻而下，沿山排洪沟、河道冲入峨河下游，绵延10km多，致使选厂尾矿库彻底冲毁，办破碎车间全部被破坏，选矿车间大型砂楼、运输队数十辆大型推土机挖掘机、载重汽车被洪水冲走；沿途排洪渠、道路、场地等被淹没；太原钢铁公司峨口铁矿口铁矿变电站被冲毁，下游太原钢铁公司峨口铁矿变电站及部分工业设施被毁，代县沿线交通公路迫中断，繁（峙）五（台）公路交通部分路段被毁，淹没了繁峙县、代县沿峨河、林地561亩的农田、林地，还造成峨河、滹沱河污染。直接经济损失4000多万元。无人员伤亡	直接原因：回水塔堵塞不严，从回水塔溢出的尾矿将排水管堵塞，库内水位通过回水管和排水管，塔和排水管没有的处于尾矿堆积坝外坡下的田水塔顶渗出，从而引起尾矿坝的流土破坏，造成尾矿坝坝坡局部滑坡。由于压力渗水不断，滑坡面积不断扩大，造成最终溃坝；间接原因：（1）设计不规范。大钢矿业公司对矿山设计研究所编制的《宝山矿业有限公司选矿厂尾矿库初步设计》及施工图件存在疏忽，对宝山公司尾矿库建设和生产形成误导（2）自然因素影响。2007年2月底至3月初，包括库区在内的五台山地区连降大雪，库区周		1. 在尾矿库对面山头设立险情观察点，每隔10min向指挥部汇报1次险情，指挥部成员可以在第一时间了解尾矿坝险情变化情况 2. 对繁县—五台县）公路部分危险路段实行交通管制，对事故现场实行警戒，防止闲散人员和车辆进入 3. 对处在危险区域内的100多名滞留人员紧急撤离、疏散 4. 通知太原钢铁公司峨口铁矿，短时间内撤离尾矿库下游的所有企业和居住的所有人员

续附录 A

日期	位置	所属公司	矿石类型	事件类型	释放形式（泄流量）	事故影响	事故原因/经过	工程背景	事故对策/防范措施/教训
							边积雪达 0.5m 以上。雪后气温较高，冰雪融化速度快，融水沿尾矿库表面向深部渗透，尾矿坝体的强度和稳定性降低 （3）尾矿库现场安全管理不到位。一是擅自和超能力排尾；二是企业长期没有聘用尾矿安全技术管理的专业人才，不重视对员工的安全培训教育		5. 通知代县政府关闭峨口镇相关村组的泄地闸口，防止矿浆进入农田 6. 通知下游可能受到威胁的村庄做好应急撤离准备 教训： 尾矿库先天性不足的问题比较严重，在选址、设计、施工建设等方面不科学、不规范，不严格、安全欠账较多 尾矿库从业人员的业务技能和安全尾矿的素质差，从事尾矿库设计和评价的中介技术服务机构不能严格按技术规范、规程开展工作，不能正确地指导企业建设和生产，甚至产生误导作用

续附录 A

日期	位置	所属公司	矿石类型	事件类型	释放形式（泄流量）	事故影响	事故原因/经过	工程背景	事故对策/防范措施教训
									企业在生产运行中不按设计和技术规范要求进行作业，事故隐患随处可见。如排洪能力不完善，排洪线过高，不均匀放矿、干滩长度过短、堆积边坡过陡等，尾矿库本质安全性能不强
2006年8月15日	山西省太原市娄烦县马家乡蔡家庄村	山西娄烦县马家乡蔡家庄村新阳光选矿和银岩选矿厂尾矿库	铁矿	尾矿坝坝体垮塌	不详	溃坝后泥沙奔涌而下，造成6人死亡，16人受伤，十余间房屋被毁；2006年8月15日晚22时左右，位于太原市娄烦县的银岩选矿厂和新阳光选矿厂相继发生一起尾矿坝溃坝事故，造成6人死亡，1人失踪，21人受伤的重大伤亡事故	经过：2006年8月15日晚21时30分左右，随羊沟内上游的娄烦县银岩选矿厂尾矿库溃坝，坝内储存的水，尾砂涌入下游的家庄村随羊沟，正在车房内打电话的该车保管员张士锐此时听到屋外有水声，发现该厂尾矿库坝内水从排洪管和坝顶往外流，随即通知尾矿库安全负责人，并通知上游的银岩选矿厂立即停止生产	（1）娄烦县银岩选矿厂基本情况 娄烦县银岩选矿厂，位于娄烦县马家乡蔡家村随羊沟，建于2005年4月，法定代表人：牛拴奎，为私营企业，营业执照、环保手续齐全。厂（矿）长安全生产许可证、尾矿库未设计，未领取过期证，已列入当地产停止生产	

续附录A

日期	位置	所属公司	矿石类型	事件类型	释放形式（泄流量）	事故影响	事故原因/经过	工程背景	事故对策/防范措施/教训
							大约22时，新阳光选矿厂尾矿库坝空瞬水压力增大，造成该库坝坝体垮塌，大量的尾矿浆掺着虚土形成泥石流沿着河道直冲入下游，将10余亩土地及附近的一个临时加油站淹没，冲毁大量房屋、商铺、高铺，接电线杆倾倒后产生的电火花引发储油罐着火，接到此警报告后，县公安局出动消防大队，交警大队的80多人赶到现场，发现大量泥石流沿着河床往下游流动，立即将此情况报告县委、县政府、同时组织干警抢险救援。县委、县政府有关领导接到报告后，立即赶赴现场，并组织300余人开展事故搜找到搜救工作。经过搜救找到受困人员22名，被找到的受伤人员敬急送往医院救治	政府的关闭名单。尾矿库库容量约为24万立方米。事故发生前该企业一直在私自组织生产 （2）娄烦县新阳光选矿厂基本情况 建于2004年3月8日，法人代表：刘晓林，为私营企业，2004年11月领取了矿（矿）营业执照，安全管理员、安全特种工种作业证齐全。该厂尾矿坝上游的银岩距下游的蔡家庄村350米，距下游的蔡家庄村约600余米、尾矿库库容量约为70万立方米。事故前，该企业按山西环经公司做的补充设计方案，对尾矿库存在的问题进行了整改，太原市安监局已对其设计进行了审查批复，省安监局丁审查批复，省安全生产许可申请，没有颁发安全生产许可证	

续附录 A

日期	位置	所属公司	矿石类型	事件类型	释放形式（泄流量）	事故影响	事故原因/经过	工程背景	事故对策/防范措施/教训
							（1）直接原因： 银岩选矿厂尾矿库坝体，库内黄土堆筑水不透水坝，而库内长期单测任何排渗排水设施，致使库内水位长期过高，加之 8 月 13~15 日降雨水相对集中，引起坝体浸润线短期急剧升高，同时 15 日铲车上坝产生振动引起坝体局部液化，是造成银岩选矿厂尾矿库跨塌的主要原因 新阳光选矿器产生的尾砂为利用尾矿库砂筑坝，库内设有 φ500mm 的排洪管及排洪井，但库容小，容纳不了上游尾矿库坝的浆液，必然要产生漫顶，从现场的痕迹也证实了这一点。同时，坝体外围没有石砌加固，坝体及周边山体土质的稳固性差，不能有效阻挡尾浆的冲击力，造成跨坝，引发泥石流		

续附录 A

日期	位置	所属公司	矿石类型	事件类型	释放形式（泄流量）	事故影响	事故原因/经过	工程背景	事故对策/防范措施/教训
							（2）间接原因：银岩选矿厂尾矿库严重违反尾矿库的基本建设程序，建设前没有进行正规设计、选址不当、违规建设、违规营运；新阳光选矿厂面对上游仅 300m 处的尾矿库对自己形成的威胁，没有及时消除隐患；两库均缺少尾矿库安全管理的专业技术人员，没有严格的安全管理措施；县政府及其有关职能部门长期以来对尾矿库运营的监管不到位		
2006 年 5 月 30 日 11 时 50 分	陕西省旬阳县	旬阳县鑫源矿业有限公司火烧沟选矿厂尾矿库	不详	施工取土引起山体滑塌	山体滑塌 2 万立方米	2006 年 5 月 30 日 11 时 50 分，旬阳县鑫源矿业有限公司火烧沟选矿厂尾矿库施工现场上方山体滑塌，施工取土过程中，约 2 万立方米，造成 3 名正在施工现场作业的司机失踪，4 辆运输车辆和 1 台挖掘机被埋			

续附录 A

日期	位置	所属公司	矿石类型	事件类型	释放形式（泄流量）	事故影响	事故原因/经过	工程背景	事故对策/防范措施/教训
2006年4月30日18时24分	陕西省商洛镇安县	镇安县黄金矿业有限责任公司尾矿库	黄金矿	尾矿库在第六次坝体加高施工时发生溃坝	尾矿浆12万立方米	2006年4月30日下午，镇安县黄金矿业有限责任公司（以下简称镇安黄金矿业公司）组织1台推土机和一台自卸汽车及4名作业人员在尾矿库进行坝体加高施工作业。18时24分左右，在第四期坝体外坡，坝面出现蠕动变形，并向坝外移动，随后产生剪切破坏，沿剪切口有泥浆喷出，瞬间发生溃坝，形成泥石流，冲向坝下游的左山坡，然后转向右侧，约12万立方米尾矿渣下泄到距坝脚约200余米处，其中绝大部分尾矿渣滞留在坝胸下方的200m×70m范围内，少部分尾矿渣及污水流入米粮河。正在施工的1台自卸汽车及推土机和1台自卸汽车及4名作业人员随溃坝尾矿	据官方报道，金矿尾矿库的六期加宽加高工程中，自四期都属自行设计、自行施工的违规操作，设计、施工方并无相关资质。据了解，镇安金矿尾矿库一、二期工程设计容量为30多万立方米，三、四、五期违规加坝工程使尾矿库增容至近百万立方米。事故发生在尾矿坝第六次违规加坝时，尾矿坝周围加高，还有行人，在自行放炮，拆除旧坝时，尾矿坝周围居民、车辆的震动，这从破坏时喷出很近距离的浆液可以判断出。另外，根据调查，有些中小尾矿坝，完全是复制其他尾矿坝的设计来应对检查，其中许多没有勘察设计及施工验收资料，是典型的三无产品	镇安县黄金矿业有限责任公司位于米粮镇安县城60公里的米粮镇光明村，始建于1993年10月，是集采、选、冶于一处的黄金企业，日处理矿石300吨。镇安金矿位于陕西商洛市镇安县，目前选矿厂日处理量450t。尾矿库为均质坝，原设计初期坝高20m，后期坝采用上游法尾矿筑坝，尾矿较细，粒径小于0.074mm的占90%以上。堆积坡比1∶5，并设排渗设施。堆积高度16m，总坝高36m，库容28×10⁴m³。1993年车投入运行，在生产中改为石料堆筑后期坝，至标高735m时，已接近勘察设计堆积高736m，设计最终堆积标高736m，下游坝比为1∶1.5。此	（1）紧急疏散，妥善安置受威胁的群众。（2）陕西省镇安县5月初即进入汛期，为防止尾雨和汛情对尾矿库和围堰的威胁，确保尾矿库安全，有关部门关闭尾矿河道，挖人工渠，使上游来水绕过尾矿倾入处。（3）发生尾矿溃坝事件的陕西省镇安县5月初入汛期，抢险人员加固了拦截有毒物质的围堰。（4）在米粮河原河道，工人在用漂白粉中和有毒物质

续附录 A

日期	位置	所属公司	矿石类型	事件类型	释放形式（泄流量）	事故影响	事故原因/经过	工程背景	事故对策/防范措施 教训
						渣滑下。下泄的尾矿渣造成 15 人死亡，2 人失踪，5 人受伤，76 间房屋毁坏淹没的特大尾矿库溃坝事故 直接经济损失 187.65 万元。有毒氰化钾污水流入（米粮）华水河，污染了下游 5km	该坝的破坏的主要类型主要是因为属自行设计，自行施工的违规操作 直接原因： 镇安黄金矿业公司在尾矿库坝体达到最终设计坝高后，未进行安全论证和正规设计，而擅自进行三次加高扩筑，形成了实际坝坡比为 1:1.5 的临界危险状态的坝体。更为严重的是在 2006 年 4 月，该公司未进行安全评价和环境影响评价，又违规组织对尾矿库坝加高扩筑，致使坝体加高大于极限抗滑强度，导致坝体失稳，发生溃坝事故。 间接原因： （1）西安有色冶金设计研究院工程师王建军私自为镇安黄金矿业公司提供了不符合工程建设强制性标	后，未经论证、设计，擅自进行加高扩筑，采用土石料按 1:1.5 坡比向上游推进实施了三次加高增筑工程，总坝高加 50m，总库容约 105×10^4m^3。2006 年 4 月又开始进行第四次（六期）加高扩筑，采用土石料向库内推进 10m 加筑 4m 高子坝一道，至 4 分子坝。施工至大坝最高处发生突发坝体失稳溃决，流失尾矿浆约 15×10^4m^3，造成 17 人失踪，伤 5 人，同时摧毁民房 76 间，流失的尾矿浆还含有超标氰化物污染了环境，经采取应急措施得到控制	

续附录 A

日期	位置	所属公司	矿石类型	事件类型	释放形式（泄流量）	事故影响	事故原因/经过	工程背景	事故对策/防范措施/教训
							准和行业技术规范的增容加坝设计图，传真给该矿，对该矿决定并组织实施增容加坝起到误导作用（2）陕西旭田安全技术服务有限公司没有针对该尾矿库已经超过设计坝实际坝高和企业擅自三次加高尾矿库已成危库的实际状况做出符合现状的、正确的内容与评价。评价报告的内容与实际严重不符，评价该尾矿库属运行正常库的结论严重错误，对继续使用危库和实施第四次加高坝体加高起到误导作用		
2006 年4 月23 日7 时许	河北省迁安市蔡园镇	蔡园镇北小店场蔡园村庙岭沟铁矿尾矿库	铁矿	已废弃尾矿库发生溃坝事故	不详	尾矿库坝体出现向外渗水，矿上的负责人组织发生溃坝，派人用铲车和运输车，打眼机到尾矿坝坝体中部修补堤坝，在修补过程中发生溃坝，导致多人被泥石流埋住，1 人死亡，5 人下落不明			

续附录 A

日期	位置	所属公司	矿石类型	事件类型	释放形式（泄流量）	事故影响	事故原因/经过	工程背景	事故对策/防范措施/教训
2005年11月8日	山西浮山县	山西浮山县的城南、峰光两家选矿厂尾矿库	铁矿	尾矿坝决口	尾砂数百立方米	2005年11月8日，浮山县的城南、峰光两家选矿厂尾矿库大坝发生决口，顷刻间，数百吨的泥沙从300m高的山头顺着山谷冲了下来。事故造成4人遇难。			
2005年5月10日	广西恭城县	广西恭城县铅锌矿厂的尾矿库	铅锌矿	尾矿坝坝体崩塌	不详	5月9日晚上至10日凌晨当地一直下着大暴雨，尽管他们有人24小时值班，但由于雨声太大，根本没人听见库堤崩塌的声音，直到凌晨6时多，值班人员才发现，但为时已晚，缺口已达10多米宽，无法立即补堤，只能停产，等到不能采再大面积崩塌时才取补救措施。库区内大量滞存的含硫酸铜等杂质的石灰块决堤而出，流入附近江河，造成恭城、平乐以及往梧州方向的江河严重污染			

续附录A

日期	位置	所属公司	矿石类型	事件类型	释放形式（泄流量）	事故影响	事故原因/经过	工程背景	事故对策/防范措施/教训
2000年10月18日上午9时50分	广西南丹县大厂镇	广西南丹县大厂镇鸿图选矿厂尾矿库锡矿	锡矿	尾矿坝垮坝	尾砂1.43万立方米	事故将尾矿坝下的34间外来民工工棚和36间铜坑矿基建队的房屋冲垮和毁坏，共有28人死亡，56人受伤，其中铜坑矿基建队职工家属死亡5人，外来人员死亡23人。直接经济损失340万元	南丹尾矿坝大坍塌，事故原因主要是因为业主对尾矿库管理不善，违规操作造成的。一方面，由于当地前段时间降水少，矿区生产用水不足，为节约用水，降低成本，业主有意使选矿废水在库内停留沉淀的时间延长，以便废水回用，于是违规操作，将溢流口的排水口设置在较高的位置，使大量的洗矿水积于库内，加上近来连续下雨，向库内补充了不少水量，库容明显增加，但业主仍未采取排水措施，致使库内水面与坝首持平，坝体尾砂难以固结，坝体受库内水体的巨大压力而造成坍塌；另一方面，由于这家个体选矿企业超出原来设计的生产能力进行超量生产，使尾矿砂大大超过尾矿库的设计	选矿厂尾矿库没有进行设计，是依照其他尾矿库模式建成的，没有经过有关部门和专家评审。尾矿库基建是用石头砌筑的一道不透水坝，坝顶宽4m，地上部分高2.2m，埋入地下约4m。在工程施工结束后，只是县环保局到现场检查一下就同意投入使用。后期坝筑采用人工集中放矿子坝筑成坝，并按照县环保局提出的筑坝要求筑坝，出的筑坝和尾矿设施。期坝总高9m，坝面水平长度25.5m，事故前坝高和库容已接近最终闭库数值	（1）坚持"安全第一，预防为主"的方针，把安全生产工作责任落到实处，切实保障人民群众的生命财产安全 （2）要加强对非公有制经济的监督，同时加快对非公有制经济安全生产服务中的中介组织的发展 （3）针对尾矿库的重大危害性和事故的隐蔽性，要规范和严格尾矿库建设项目安全生产审查机制 （4）规范和整顿选矿业，严格尾矿库的管理 （5）深化改革，建立安全生产依法行政机制

续附录 A

日期	位置	所属公司	矿石类型	事件类型	释放形式（泄流量）	事故影响	事故原因/经过	工程背景	事故对策/防范措施/教训
							要求，加快了坝体垒高的速度，不利于坝首的加固，使坝体的抗压能力明显降低，从而易于垮坝 该坝的破坏的主要类型实际上是因为人为的使库水位升高，造成的流土破坏 （1）直接原因： 由于基础坝不透水，在基础坝与后期堆积坝之间形成一个抗剪能力极低的滑动面。又由于尾矿库库长期人为蓄水过多，干滩长度不够，致使坝内尾砂含水饱和，坝面沼泽化，坝体始终处于浸泡状态而不到固结。最终因巨大压力而沿基础坝与后期堆积坝之间的滑动面住巨大压力而沿基础坝后期堆积坝垮塌 （2）间接原因 1）严重违反基本建设程序，审批把关不严。尾矿库		

续附录 A

日期	位置	所属公司	矿石类型	事件类型	释放形式（泄流量）	事故影响	事故原因/经过	工程背景	事故对策/防范措施/教训
							的选址没有进行安全认证，也没有进行正规则设计，而由环保部门进行筑坝则指导；基础坝建成后未经安全验收即投入使用 2）企业急功近利，降低安全投入，超量排放尾砂，人为使库内蓄水容太小。由于尾矿库库容太小，与选矿处理量严重不配套，尾砂固结时间缩短，造成坝体升高过快，同时由于库容太小，尾矿水澄清距离短，为了达到环保排放要求，库内冒险高位贮水，仅留干滩长度 4m 3）由于是综合选矿厂，尾矿砂的平均粒径只有 0.07~0.4mm。尾砂粒径过小，导致透水性差，不易固结 4）业主、从业人员和政府部门监管人员没有经过		

续附录 A

日期	位置	所属公司	矿石类型	事件类型	释放形式（泄流量）	事故影响	事故原因/经过	工程背景	事故对策/防范措施/教训
							专业培训，素质低，法律意识，安全意识差，仅凭经验办事 5) 安全生产责任制不落实，安全生产职责不清，监管不力，没有认真把好审批关，没能及时发现隐患		
1994年7月13日	湖北省大冶市	湖北省大冶有色金属公司龙角山铜矿尾矿库	铜矿	尾矿坝溃坝	不详	1994年7月13日，湖北省大冶有色金属公司龙角山铜矿尾矿库溃坝，死亡28人	因发生超标洪水，造成洪水漫顶导致溃坝		
1994年5月7日		永福锡矿尾矿库				永福锡矿尾矿业已闭库，1994年5月7日因严重违反安全生产规程，在尾矿坝下挖取尾矿，引发大面积坍塌，造成13人死亡			

续附录 A

日期	位置	所属公司	矿石类型	事件类型	释放形式（泄流量）	事故影响	事故原因/经过	工程背景	事故对策/防范措施/教训
1993 年 6 月 13 日上午约 8 时 55 分	福建省龙岩县	福建省潘洛铁矿尾矿库	铁矿	山体滑坡	4 万立方米老土滑入尾矿库	1993 年 6 月 13 日上午约 8 时 55 分，福建省潘洛铁矿尾矿库左侧距坝址约 300m 处边坡，突然发生滑坡。滑坡体上沿标高为 480m，下沿标高为 329m，宽约 130m，厚约 30m，体积 56～60 万立方米，其中，约 4 万立方米老土滑入尾矿库，导致库内淤积泥水溢出坝外，形成泥石流，酿成特大灾害。造成 8 人死亡，6 人失踪，9 人受伤（其中重伤 4 人）。失踪 6 人为滑坡体下部直接掩埋所致，其他遇难人员均为坝外泥石流造成	发生事故的原因是，地方及个体企业在尾矿库上游左岸山坡乱采滥挖，造成山体失衡，导致大滑坡挤压尾矿库		

续附录 A

日期	位置	所属公司	矿石类型	事件类型	释放形式（泄流量）	事故影响	事故原因/经过	工程背景	事故对策/防范措施/教训
1993 年 5 月		江西赣南某钨矿尾矿坝				因为矿山资源枯竭等原因而停产关闭，矿井停产关闭后，尾矿库也就自然停止使用，但没有对尾矿库实施闭库处理，而是顺其自然，无人管理。结果于 1993 年 5 月因尾矿库内排水井被树枝石块等杂物堵塞，排水不畅，导致尾矿库内的水位上涨，造成尾矿库的主坝一半溃决，洪水挟着尾砂呼啸而下，形成泥石流，冲毁了下游的许多民房，淹没了数百亩良田，使下游的河床平均抬高了 2.5m，损失甚惨重，教训深刻	该坝的破坏主要类型是洪水漫顶，排洪排水管失效		
1992 年 5 月 24 日	河南栾川县赤土店乡	河南栾川县赤土店乡钼矿尾矿库	钼矿	坝体坍塌	不详	1992 年 5 月 24 日，河南栾川县赤土店乡钼矿尾矿库发生大规模坍塌，12 人死亡			

续附录 A

日期	位置	所属公司	矿石类型	事件类型	释放形式（泄流量）	事故影响	事故原因/经过	工程背景	事故对策/防范措施/教训
1989年2月25日	郑州	郑州铝厂灰渣库					由于库内排水钢管结垢，排水能力降低，水位上升，加之事故前连续降雨，1989年2月25日，致库副坝地基失稳塌陷发生溃决，近30×10⁴m³陷发生黄土，塌体下，灰渣及水直冲下游专线铁路和道路，死亡2人	该库位于郑州铝厂西南2.5km，上下游均为铝厂赤泥库，用于堆存电厂排出的灰渣。随着库水位逐年升高，在该库西侧黄口处赤泥采用池填筑法筑副坝，其坝基坐落于湿陷性黄土地基上	
1988年4月13日	中国陕西省金华县金堆城镇	金堆城钼业公司栗西沟尾矿库	钼矿	排洪隧洞进口塌陷造成栗西河下游百公里范围内河道污染	700000m³	1988年4月13日23时左右在距新一号井43～45m处，隧洞线上（距洞轴约1.5m）水面发生旋涡，水面开始下降。至4月14日凌晨3时30分左右，库内水位已下降1m多，库内存水已基本泄尽。此时，库面发现1号塌陷区，长约26.5m，宽度约27m，塌陷深度约42m，陷体约为1.8×10⁴m³。至晚上9时左右又发生第二个塌陷区，长度约14m，	产生这一事故的主要原因是在排洪隧洞施工中未及时处理塌落的临空区（高达19m多），造成隐患。当库内堆存尾矿达到一定厚度时，临空区上部承载力失衡造成突然塌落，从而导致排洪隧洞被破坏，造成我国尾矿库运行史上重大污染事故	栗西沟尾矿库位于陕西省华县，隶属于金堆城钼业公司。栗西沟南属于黄河水系的南洛河的四级支流，栗西沟水流经石门河进入南洛河中。栗西沟尾矿库汇水面积10km²，尾矿库库水经排洪隧洞排入邻沟中再注入麻坪河。尾矿库初期坝为透水堆石坝，坝高40.5m，上游式筑坝，尾矿堆积坝高124m，总坝高164.5m，	

续附录 A

日期	位置	所属公司	矿石类型	事件类型	释放形式（泄流量）	事故影响	事故原因/经过	工程背景	事故对策/防范措施/教训
						宽度 27m，深度达 48m，塌陷体约为 1.5×10⁴ m³，两塌陷体总体积达 3.3×10⁴ m³。本次隧洞塌落事故共流失尾矿水体 136×10⁴ m³，造成栗裕沟下游的栗裕沟、麻坪河、石门沟、洛河、伊洛河及黄河沿线长达 440km（跨两省一市）范围内河道受到严重污染。本次事故造成 736 亩耕地被淹没，危及及树木 235 万株，水井 118 眼，公路 8.9km，涵洞 132 座（中小型）14 个，冲毁桥梁受损河堤长度 18km，死亡牲畜及家禽 6885 头（只），致污河 8800 人饮水困难，经济损失近 3000 万元		总库容 1.65×10⁸ m³。尾矿库排洪系统设于库区左岸，原设计由排洪斜槽、两座排洪井、排洪涵管及排洪隧洞组成。后因排洪涵管基础存在不均匀沉陷等问题，将原设计排洪系统改为使用 3～5 年后，另外建新的排洪系统　　新排洪系是在距排洪隧洞进口的 49.5m 处新建一座内径 3.0m 的排洪竖井，井深 46.774m，上部建一桁架式排洪塔，塔高 48m，新建排洪隧洞简称为新一号井。排洪隧洞断面为宽 3.0m，高 3.72m 的城门洞型，底坡 1.25%，全长 848m，其中进口明洞 30m 为马蹄型明洞，隧洞中有 614m 长洞段共顶未进行衬砌，尾矿库	

续附录 A

日期	位置	所属公司	矿石类型	事件类型	释放形式（泄流量）	事故影响	事故原因/经过	工程背景	事故对策/防范措施/教训
								平面图如图 7 所示。该库于 1983 年 10 月投入运行，排洪隧洞于 1984 年 7 月起开始排洪。随着生产运行，库内尾矿堆积逐年增高，隧洞内漏透水量水相应增高，至 1988 年 4 月 6 日漏水量已达 332.3m³/h（库内水位 1189m）	
1986 年 4 月 30 日	黄梅山	黄梅山（金山）尾矿库	铁矿	（边坡不稳/渗漏）溃坝	$84×10^4 m^3$ 的尾矿及水大部分倾泻	1986 年 4 月 30 日凌晨发生溃坝事故，溃坝前子坝顶部标高 45.7m（此前设计单位经核算已明确提出尾矿坝顶标高高得超过 45m），子坝前滩面高 44.88m（子坝顶高 0.82m，坝顶宽 1.2m，为松散尾矿所堆筑），库内水位已达 44.96m（处于子坝拦水状态，并且根据此前观测记录，坝内浸润线已接近坝坡，坝体完全饱和）。由于松	库内水位过高，直接施到子坝内坡，离子坝坝宽只有 0.7m。子坝顶宽只有 1.2m，系用松散尾砂堆成，不可能承受水的渗透压力，很快导致发生渗透坍塌，漫过沉积滩顶溃坝尾矿库长期处于高水浸库运行状态，会导致坝体浸润线过高，稳定性差，一旦局部产生渗流破坏，坝立即引发整体溃坝生产与安全关系处理不当，未能按设计确认的	该库位于安徽省马鞍山市，隶属黄梅山铁矿，该库原设计位于金山坳处，坝址位于金山坳处，库区纵深 338m，尾矿坝总高 30m，库容 $240×10^4 m^3$。库区汇水面积 $0.25km^2$。施工中为减少占地，将初期坝址向库内推移 188m，库区纵深（仅为 150m，汇水面积 $0.2km^2$，当尾矿堆积高顶标高 50m 时，相应坝容 $103×10^4 m^3$。初期坝	擅自将坝轴线内移 188m，不按程序办事，违反客观规律。当尾矿库所需的干滩长度与澄清距离发生矛盾时，应设法降低库水位，必要时，排泥甚至停产，也得保障。上游法尾矿筑坝未经技术论证用于筑坝拦水、拦洪，不仅是违反上游法筑筑

续附录 A

日期	位置	所属公司	矿石类型	事件类型	释放形式（泄流量）	事故影响	事故原因/经过	工程背景	事故对策/防范措施/教训
						散尾矿堆筑的子坝的渗流破坏导致溃坝，坝顶溃决宽度245.5m，底部溃决宽度111m，致使库内贮84×10⁴m³的尾矿及水均大部分倾泻。下游 2km 范围内的农田及水塘均被淹没，坝下回水泵站不见踪影（仅有设备基础尚存）。本次事故造成19人死亡，95人受伤，生命财产损失惨重	45m 坝顶标高及时停用闭库 造成此次溃坝的主要原因是子坝挡水，渗流破坏导致溃坝的典型的实例	坝高 6m，为均质土坝，而于1980年建成投入运行，采用上法筑坝，至发生事故时，总坝高21.7m（至子坝顶）。库内贮存尾矿及水 84×10⁴m³。由于库深仅为150m，为确保澄清水质，尾滩长度保持在20m左右，尾矿库内经常处于高水位运行状态，一般干滩长度仅为20m左右，达不到规范要求	坝的基本原则，而且任往往是造成决口溃坝的直接原因对尾矿坝存在的坝坡渗水、沼泽化、浸润线过高等不安全因素，应及时采取有效措施
1986 年 4月 30日 凌晨 3点 零5分	安徽马鞍山市	安徽马鞍山市黄梅山铁矿金山尾矿库	铁矿	尾矿坝溃坝	尾矿浆 84万立方米	当时，尾矿坝子坝坝顶标高为45.7m，子坝前滩面标高为44.88m，而库内水位为44.96m，跨坝前子坝直接挡水的状态，坝顶决口宽245.5m，底部决口宽111m，库内84万立方米的尾矿和水顷刻而下，造成下游的25户居民房屋和财产全部被冲毁，8户			

续附录 A

日期	位置	所属公司	矿石类型	事件类型	释放形式（泄流量）	事故影响	事故原因/经过	工程背景	事故对策/防范措施/教训
						民房和财产部分被冲毁，367亩农田和459亩水面被泥沙覆盖，填平，死亡19人，轻伤86人，直接经济损失152万余元			
1985年8月25日凌晨3点40分	湖南省郴州市苏仙区白露塘镇牛角垄尾矿库	湖南柿竹园有色矿	白钨矿	尾矿坝溃坝	尾矿浆110万立方米	1985年8月25日凌晨3点40分，山洪暴发，坡陡水急，洪水挟带大量泥沙石、杂草、树木、排洪涵洞，截洪沟堵塞和破坏日无法承担大量洪水，泥石流，洪水直接冲入库内，加之距离主坝100m处泥石流直冲人死亡。毁坏公路7.3km，设备25台，水泥建材1400t，冲毁房屋39栋，桥梁3座，直接通讯线路4.38km，泥建材漫顶，冲垮坝体，冲出尾矿浆110万立方米左右，49经济损失1300万元	该坝达到了设计要求，坝基、排洪涵洞都无异常，无阻塞物。设计时收集的气象资料日最大降水量为180mm，因此没有考虑这么大的水量，设计时的最大日降雨量为195mm，而实际降雨达429.6mm，因此排洪设施无法满足要求。设计部门只按最大日降雨量和最大小时降雨量进行设计，造成了排洪溢洪不够设计的现象。从断面来分析排洪能力，截洪沟仅10.8m²，排洪涵洞仅2.28m²，合计仅13.08m²的排水断面，而8月	该库位于湖南省郴州地区，为一山谷型尾矿库。初期坝坝高16m，坝顶宽度3m，坝长92m。后期坝采用上游法水力冲填坝，尾矿堆积坝高41.5m，库容 150×10^4 m³。库内设有1.2m×1.9m的排水沟及涵洞，长度约570m，库尾还设有断面为4m×2.9m，长度222.7m的截洪沟，将库区洪水排入东河，矿区的降雨量为429.8mm，最大小时降雨量为75.6mm，分别为郴州地区日最大降水	设计前的汇水面积，降雨量、降雨频率、排洪能力大小等主要因素应反复调查论证，切不可马虎。坝址选择不能光顾经济效益，还要考虑其他工业建设等因素。选用山谷型的尾矿库时，要考虑库区周围的泥石流情况，解决泥石流对尾矿库危害的可行措施。值班室不能建于坝下，要建在安全可靠地点

续附录 A

日期	位置	所属公司	矿石类型	事件类型	释放形式（泄流量）	事故影响	事故原因/经过	工程背景	事故对策/防范措施/教训
							25 日进入尾矿库的流入断面除排水断面外还有 1 号、2 号、3 号、4 号及排洪入库内，超过处的大股流入库流，因此 17.05m² 的断面南水流，该库无法排洪，造成垮坝垮坝决口的分析，从坝基上的测量标志来看东端标高为 513m，西端标高为 510.3m，因此满坝后，洪水即从西端干始外溢，冲垮子坝继而冲整个基础坝 多方面综合分析及现场勘察，认定为不可抗拒的自然灾害冲垮了尾矿坝	量 180mm 的 2.39 倍、小时降雨量 63.7mm 的 1.19 倍	尾矿库绝对禁止超役服务 岩溶发育区、溶洞漏尾矿矿很难处理，有时一次、二次也无法堵塞住，因此在岩溶发育区建尾矿库、工程地质要摸清，要有堵溶洞的措施 尾矿库的汇水面积不能只计算库面积，还要考虑地表面积及地下水的流量及地下水的汇水面积 坝下游尽量避免建筑生活、生产设施，否则倒塌后果不堪设想。对已建好的山谷型尾矿坝，其下游已建好的生活、生产设施有条件时应有计划地组织一些撤退演习，要有明确的疏散通道

续附录 A

日期	位置	所属公司	矿石类型	事件类型	释放形式（泄流量）	事故影响	事故原因/经过	工程背景	事故对策/防范措施/教训
1976年7月28日		天津碱厂白灰埝渣库					因唐山丰南大地震（震级为7.8级强度）而发生坝体液化溃决		
1962年9月26日凌晨2点30分	云南省个旧市	云南锡业公司新冠选厂火谷都尾矿库	锡矿	尾矿坝溃坝	尾矿浆368万立方米	造成11个村寨及1座农场被毁，近8200亩农田被冲毁及淹没，损失粮食675t，冲毁房屋578间，其中死亡171人，92人受伤。冲毁淤塞河道1700m，冲毁和淹没公路长达4.5km，大量厂矿企业停产。直接经济损失达2000多万元，直接原因是洪水漫顶	坝坡太陡，坝体断面单薄。由于第二期坝的设计经过几次修改，最后施工的边坡，上游1:1.5，下游1:1.6，这对于用粉性土壤堆筑的高29m的坝来说显然过陡。坝顶宽度仅有2.68m，上面还安装了两条铸铁输送管，加重了坝顶的荷载，在一期坝坡上堆筑的临时小坝，当时是作为维持生产特殊需要的临时措施，施工质量差，且小坝基础坐落在尾矿砂和矿泥上，本身就不稳定，后在未经详细勘探和技术鉴定的情况下，将第二期坝压在上面，增加了土坝向下滑动的危险尾矿坝修筑时，为了维	该库位于我国云南省红河州境内，为一个自然封闭地形。它位于个旧市城区以北6km，西南与火谷都车站相邻，东部高于旧一开近公路约100m，水平距离160m，北邻松树脑村，再向北即为午甸泉出水口，高于该泉300m，周围山峦起伏，地势高峻。库区有两个垭口，北面垭口底部标高1625m，且小垭口底部高1615m，东部垭口底部标高1650m，东部垭口建主坝，待尾矿升高后，再以副坝封闭垭口部坝体构造：	尾矿处理应有一个长远规范，才能保证生产的顺利进行。尾矿工程周期长，征地难，不能填渴挖井或采取填坝朴的临时措施对细粒级量大的尾矿来说，必须坚持从坝前均匀分散放矿，使细粒尾矿压在坝内坡，把细粒泥浆和清水赶到尾矿库中间或水末端去

续附录 A

日期	位置	所属公司	矿石类型	事件类型	释放形式（泄流量）	事故影响	事故原因/经过	工程背景	事故对策/防范措施/教训
							持生产，不得不多次分期加高，使土坝的结合面增多，较大的结合面有六处。接小的接缝为数更多。接口处未按照土坝施工规范的要求进行处理，结合情况不好，影响坝的整体稳定。在修改原坝来二期坝的设计后，未对使用的土料进行物理力学性能试验，缺乏筑坝必需的数据。施工时铺土过厚，土料不均匀，并接有风化石块。临时小坝下游坡的土壤，施工时设有很好夯实，其中有一段含水饱和时期无法人的的树木、支架、草皮和钢轨等也未清除。在第一期坝的下游坡还有一段长 43m 的石砌挡墙，也被埋入坝体内，这就增加了坝体不均匀沉	该库位于溶岩不甚发育地区，周边位于车区东部溶洞，垭口处为土石。原设计为土石混合坝，因工程量大分两期施工。第一期土坝，坝高 18m，坝顶标高 1633m，内坡为 1：2.5～1：2，外坡为 1：2，相应库容 475×10⁴m³，土方量 12×10⁴m³。第二期工程为土石混合坝，坝高 35m，坝顶标高 1650m，相应库容 1275×10⁴m³，石方方量 32×10⁴m³，第一期土方量 18×10⁴m³。第一期土坝工程施工质量良好，实际施工坝顶标高降低了 5.5m，坝顶标高为 1627.5m，相应减少土方工程量 9×10⁴m³，相	

续附录 A

日期	位置	所属公司	矿石类型	事件类型	释放形式（泄流量）	事故影响	事故原因/经过	工程背景	事故对策/防范措施/教训
							降和形成裂缝的隐患。另外，土坝碾压仅有平碾压路机，各层结合情况不好，有些部位上还夹有尾砂矿的整体性受到破坏。构筑二期坝时边施工、边生产，蓄水放矿同时进行，使坝身土壤不能很好固结。加之坝下游没有设置过滤水体，使土坝的浸润线抬高，渗透压力加大。在尾矿设施的运行管理上，缺少严格的防护、维修、观测，记录制度，运行过程中对尾砂矿的堆积情况研究不够	应库容量为 $325 \times 10^4 \, m^3$。生产运行中，坝体情况良好，未发现异常现象	
1962年7月2日		江西铜业银山铅锌矿					1962年7月2日上午因排水管质量差，引起排水管折裂，各管段相互错动，减少过水断面，排水量达不到设计要求，以致尾矿库洪水漫顶、溃坝		

续附录 A

日期	位置	所属公司	矿石类型	事件类型	释放形式（泄流量）	事故影响	事故原因/经过	工程背景	事故对策/防范措施/教训
1960 年 8 月 27 日	江西省赣州地区	岿（kui）美山尾矿库		洪水漫顶造成溃坝	土方 $4 \times 10^4 m^3$，尾矿 $3 \times 10^4 m^3$	该库位于我国江西省赣州地区，因尾矿库泄洪能力不足，1960 年 8 月 27 日，洪水漫顶造成溃坝。该库初期坝坝高 17m，宽度 3m，坝长 198m，相应库容 $5.0 \times 10^5 m^3$，库内设有直径 1.6m 的排水管，上部为 $0.5m \times 0.6m$ 双格排水斜槽	溃坝之前已连续降雨 16 小时，雨量达 136mm，库内已是汪洋一片，排水斜槽盖板已被泥沙覆盖，泄流不足，导致洪水漫顶，坝体溃决，冲走土方 $4 \times 10^4 m^3$，尾矿 $3 \times 10^4 m^3$，近千亩田地受害		

附录 B 国外尾矿坝失事年表

日期	位置	所属公司	矿石类型	事件类型	释放形式（泄流量）	事故影响	事故原因/经过	工程背景
2006年11月6日	赞比亚 chingola 恩昌加	konkolaPLC 铜矿（KCM 公司）(51% PLCvedanta 资源）	铜矿石	从恩昌加铜矿浸出厂到 Muntimpa 尾矿堆放场的尾矿输送管道失事		释放高度酸性尾矿到 Kafue 河；高浓度的铜、锰、钴进入河水；致使下游社区的饮水供应关闭		
2005年4月14日	美国密西西比杰克逊县邦斯湖	密西西比州磷酸盐公司	磷酸盐	因为该公司根据密西西比州环境质量部指示正在试图比以往更快的速度增加池塘的能力，从而导致磷石膏栈垮塌（该公司已抱怨暴雨使泄漏增加）	约 17 百万加仑酸性液体 (64350m³)	液体涌入毗邻的沼泽地，造成植被死亡		
2004年11月30日	加拿大不列颠哥伦比亚省 pinchi 湖	彭得 Cominco 有限公司	汞	尾矿坝（长 100m，高 12m）在填海工程中坍塌	6000~8000m³ 的岩石、泥土和废水	尾矿溢漏到 5500 公顷到 pinchi 湖		
2004年9月5日	美国 Florida 河	嘉吉作物营养公司	磷酸盐	在顶端端有一个100 英尺高的石膏栈桥，被飓风古中后，水源污染波及西南角落	60 百万加仑 (22700m³ 的酸性液体)	液体波及阿尔奇河，导致湾 Hillsborough 污染		

续附录 B

日期	位置	所属公司	矿石类型	事件类型	释放形式（泄流量）	事故影响	事故原因/经过	工程背景
2004年5月22日	俄罗斯 primorski边疆 游击队城	Dalenergo	粉煤灰	圈地面积约1平方公里的环形坝，控制约20万立方米粉煤灰。坝上穿了大约50m宽洞。	大约16000m³灰	粉煤灰浆通过排水支沟进入运河的一条支流，流向nahodka湾 partizanskaya 河的边疆区（符拉迪沃斯托克以东）。		
2004年3月20日	法国aude, malvési	comurhex (cogéma / Areva 公司)	铀转化厂迁入蒸发池	一年前的暴雨到时失事（请查看详情）	3.0万立方米的液体和泥浆	在几个星期中释放高价硝酸盐（废物）使浓度高达170mg/L		
2003年10月3日	智利金塔地区, 佩托尔卡省 cerro 内格罗	中央情报局的内格罗 cerro 矿物	铜矿	尾矿坝溃坝	5万吨尾矿	尾矿流到下游20km的里奥香格里拉 ligua		
2002年8月27日/9月11日	菲律宾新 marcelino, zambales	西塔迪庄铜银公司	铜银矿	暴雨之后被废弃的两个尾矿库的溢洪道溢流溃坝		8月27日：一些尾矿溢漏到 mapanuepe 湖，并最终融入 STO. 托马斯河；9月11日：低洼废物淹没，250家被矿废物淹没；庭被淹流散；没有人伤亡		

续附录 B

日期	位置	所属公司	矿石类型	事件类型	释放形式（泄流量）	事故影响	事故原因/经过	工程背景
2001 年 6 月 22 日	巴西米纳斯吉拉斯州新利马区塞巴斯蒂昂之 6guas claras	里约佛得角矿业公司	铁矿	矿山废物大坝溃坝		尾矿浆蔓延至少 6 公里，造成至少 2 名煤矿工人死亡，至少 3 人失踪		
2000 年 10 月 11 日	美国肯塔基州马丁县 inez	马丁县煤炭公司	煤矿	崩溃的一个地下矿井下方的泥浆池导致尾矿坝的溃坝（见详细资料）	250 百万加仑（95 万立方米）煤矸石泥浆被排放当地的溪流	约 75 英里（120 公里）的河流和溪流变成 irridescent 黑色，造成 Tug 交叉路口的大沙河和它的一些支流的鱼类死亡。Tug 城镇被迫关闭他们的饮用水取水口		
2000 年 9 月 8 日	瑞典 gällivare aitik 矿井	Boliden 有限公司	铜矿	过滤器通透性失效导致尾矿坝的溃坝	释放 2.5 百万立方米液体到相邻的沉淀池，随后从沉淀池中释放 1.5 百万立方米水（携带泥浆）到环境			

续附录 B

日期	位置	所属公司	矿石类型	事件类型	释放形式（泄流量）	事故影响	事故原因/经过	工程背景
2000年3月10日	罗马尼亚博尔沙	Remin S. A		暴雨导致溃坝	2.2t 被污染的重金属尾矿	Vaser 流、支流蒂萨河被污染		
2000年1月30日	罗马尼亚巴亚马雷	澳大利亚 AurulS. A(50%)，南澳 remin (44.8%)	从老尾矿中回收金	大雨和冰雪融化造成尾矿坝漫顶造成溃坝	10万立方米被氰化物污染的液体	在匈牙利 somes/szamos 的、支流蒂萨河被污染的，造成公吨的鱼类中毒和200多万人饮水困难		
1999年4月26日	菲律宾 surigao 砂矿	马尼拉矿业公司	金矿	混凝土管损坏导致尾矿泄漏	70万吨的氰化物尾矿	17家被埋、淹没51公顷的 riceland		
1998年12月31日	西班牙 Huelva	Fertiberia, Foret	磷酸盐	在磷酸盐风暴导致大坝溃坝	5万立方米有毒水			
1998年4月25日	西班牙 aznalcolla. Frailes. 洛杉矶	加拿大 Boliden 有限公司	锌，铅，铜，银	薄弱基础导致大坝的失事	400~500万立方米的有毒水泥浆	数千公顷的农田被泥浆涵盖		

续附录 B

日期	位置	所属公司	矿石类型	事件类型	释放形式（泄流量）	事故影响	事故原因/经过	工程背景
1997年12月7日	美国佛罗里达州里克县 tmulberry 磷酸盐	Mulberry 磷酸盐公司	磷酸盐	磷石膏栈失败（溃坝）	20万立方米磷石膏被水冲击	alafia 河生物群被淘汰		
1997年10月22日	美国 Arizona 平托谷	BHP 铜业公司	铜矿	尾矿坝边坡失稳	23万立方米尾矿和矿岩	尾矿流涵盖16公顷		
1996年11月12日	秘鲁纳兹卡 amatista			上游式尾矿坝在地震中被液化溃坝	30万立方米以上尾矿	液体流动600m，泄漏到河流，农田被污染		
1996年8月29日	玻利维亚 El Porco	Comsur（62%），Rio Tinto（33%）	锌，铅，银	坝体溃坝	40万吨	皮科马约河约300km被污染		
1996年3月24日	菲律宾马林杜克岛，marcopper	加拿大圆顶砂矿公司	铜矿	尾矿从老排水隧道的渗漏	1.6百万立方米	疏散1200户居民，18km的河道溢满尾矿，损害8000万美元		
1995年12月	新西兰黄金两岸	美国 Coeur d'Alène, Idaho	金矿	大坝运动时载有300万吨尾矿大坝（继续）	到目前为无	到目前为无		

续附录 B

日期	位置	所属公司	矿石类型	事件类型	释放形式（泄流量）	事故影响	事故原因/经过	工程背景
1995 年 9 月 2 日	圭亚那 omai	加拿大 cambior 公司（65%）美国 Colorado 金星资源公司	金矿	大坝内部被侵蚀导致尾矿坝溃坝	4.2 百万立方米氰化物泥浆	80km 的埃塞奎博灾害区宣布为环境灾害区	1995 年 8 月，当尾矿坝中储存尾砂的高度离坝终高度仅差 1m 时，曾对尾矿坝坝体检查并未发现异常情况。但 8 月 19 日不久，即 8 月 19 日深夜，一位警觉的驾驶员发现尾矿坝一端漏水，黎明，坝体另一端开裂出出水，喷泻而出，将含有 25ppm 的氰化物尾砂坝废水 2.9Mm³ 排到了阿迈河及埃塞奎博河，造成了近千人的死亡以及非常严重的环境污染	圭亚那阿迈金矿尾矿坝跨塌案例及分析阿迈金矿位于阿迈河边，阿迈河宽仅几米，水流量为 4.5m³/s，与南非主要河流之一埃塞奎博河相临接　阿迈金矿尾矿坝坝体建在残余风化土石基础上，坝体建筑材料有黏质、渗透性较差的残余风化土石，一座较宽的废石堆与坝体相连，残余风化土石也是废石堆的主要成分，废石堆延伸 400m 直至阿迈河边。除坝的两坝底部安装了波（坝体破坏

续附录 B

日期	位置	所属公司	矿石类型	事件类型	释放形式（泄流量）	事故影响	事故原因/经过	工程背景
							纹排水钢管临时排水，在重型管线周备碾压管型线周围设的回填材料时，破坏了管路的完整性，为细粒材料流失创造了条件，由于没有采取其他有效措施阻止或有效控制管道周围回填料中的渗漏，引起坝体内部侵蚀破坏。另外石队之间缺乏反滤，细砂可以容易地从废石堆孔隙之间穿过，实际上是管涌破坏。该破坏型有因渗漏管涌破坏	位置）外，坝体均与废石堆相连。坝体破坏后，遍布在坝体中的裂缝明显可见，这些裂缝沿坝体整个长度扩展，最大的裂缝朝蓄水池方向旋转倾斜，在迎水坡面上，有20多个落水洞及沉陷洼地

续附录 B

日期	位置	所属公司	矿石类型	事件类型	释放形式（泄流量）	事故影响	事故原因/经过	工程背景
1994 年 11 月 19 日	美国 Hillsborough. Florida 合矿县	IMC-Agrico	磷酸盐	溃坝	黏土沉淀池有近 1.9 百万立米水	泄漏到附近的湿地和 alafia 河，keysville 被淹没		
1994 年 10 月 2 日	美国佛罗里达州波尔克县佩恩河煤矿	IMC-Agrico	磷酸盐	溃坝	黏土沉淀池中有 6.8 百万立方米水	大多数泄漏到邻近矿区；50 万方米释放到向克科支流佩恩河		
1994 年 10 月	美国 Florida. Fort．Meade	嘉吉	磷酸盐		7.6 万立方米的水	泄漏到附近堡米德和平河		
1994 年 6 月	美国 Florida. IMC-Agrico	IMC-Agrico	磷酸盐	陷穴开放在磷石膏堆		石膏和水流入地下水		
1994 年 2 月 22 日	南澳大利亚州 roxby 丘陵奥林匹克大坝	WMC 有限公司	铜，铀	在两年或两年以上期间尾矿坝发生渗漏				
1993 年 10 月	美国 Florida 吉布森顿	Cargill（嘉吉）	磷酸盐			酸性水排到阿尔奇河，导致鱼类死亡		

续附录 B

日期	位置	所属公司	矿石类型	事件类型	释放形式（泄流量）	事故影响	事故原因/经过	工程背景
1993年	秘鲁 marsa	Marsa 矿业公司	金矿	漫顶溃坝	50 万立方米	6 人死亡		
1992年3月1日	保加利亚 Stara Zagora 附近的伊斯托克 1 的 marisa,		灰/渣	水灾导致溃坝				
1992年1月	菲律宾 Luzon. Padcal 第2 号尾矿库	Philex 矿业公司	铜矿	大坝崩溃（基础失事）	8 千万吨			
1991年8月23日	加拿大不列颠哥伦比亚省金巴利沙利文矿	Cominco 有限公司	铅/锌	老尾矿库基础施工期间的增量提高造成液化	75000 m^3	滑坡材料被载于相邻的（尾矿库）池塘		
1989年8月25日	美国马里兰佩里维尔 stancil		沙及砾石	尾矿储存达到极限遭遇暴雨后溃坝	38000m^3	尾矿涵盖 5000m^2		
1988年1月19日	美国 TN 格雷斯河美国田纳西州的综合第一	美国田纳西州综合煤炭有限公司	煤矿	一根废弃的出水管造成内部侵蚀，导致坝墙溃坝	250000m^3			

续附录 B

日期	位置	所属公司	矿石类型	事件类型	释放形式（泄流量）	事故影响	事故原因/经过	工程背景
1988 年	美国佛罗里达州河	Floridagardinier（现在嘉吉）	磷酸盐	酸性溢漏		在 alafia 河入口处数以千计的鱼类死亡		
1987 年 4 月 8 日	美国西弗吉亚州，罗利县 montcoal 第 7 号	皮博迪煤炭公司（现在的皮博第等能源）	煤矿	溢洪道道规违规大坝失事	87000m³ 的水和泥浆	尾矿流入下游 80km		
1986 年 5 月	巴西米纳斯吉拉斯州伊塔比里图	Itaminos Comercio de Minerios		坝墙内水管爆裂	100000t	尾矿流入下游 12km		
1985 年 7 月 19 日	意大利 Trento. stava	Prealpi Mineraia	萤石	大坝的安全系数和澄清管道建设不够导致溃坝	200000m³	尾矿以 90km/h 流入下游 4.2km；造成 268 人死亡，62 所建筑物被毁	1985 年 1 月，当上方坝达到 28m 高时，在上方坝右侧处发生小塌陷，其原因是排水系统涵管冻结结堵，从而由渗漏引起。1985 年 6 月上旬，在下方坝上方，库汇水区域出现 30m 宽、3～4m 深的漏洞，这是由于排水涵管破裂，大量泥浆处裂，矿漏出。1985 年	斯塔瓦尾矿坝分为上方坝及下方坝，于 1962 年开始建设下方坝，用上游法筑子坝，上升的最终高度大约为 26m，坝的下游平均为 32°；上方坝于初期坝施工结束，初期坝高 5m，3～4m 宽，由天然黏土建成，没有采用任何地基处理及加固手段。1985 年在大坝升到 10m

续附录 B

日期	位置	所属公司	矿石类型	事件类型	释放形式（泄流量）	事故影响	事故原因/经过	工程背景
							7月19日当上方坝升到高到 30m，下方库也蓄有大量的水时，上方坝首先发生灾难性溃毁，同时也冲毁了下方坝，上下两坝的洪流淹没了阿维苏流域。该坝的破坏的主要类型有因排水系统冻结堵塞，渗漏管涌及流土破坏	高以前是采用中线法筑坝，下游坡面角大约 40°，坡角伸入到下方汇水区域的软沉积层中。10m 高以上用上游法筑坝，下游坝角坡面角度不变。1975 年，上方坝继续进行堆积，下游坡面角变缓平均为 35°。在 19m 高处修建了一个 4m 宽的马道。1978 年，上方坝堆积筑到 26m 高时暂停筑坝，可是自然地下水继续流入上方库的汇水区域。这样两坝后都蓄存着高水位水

续附录B

日期	位置	所属公司	矿石类型	事件类型	释放形式（泄流量）	事故影响	事故原因/经过	工程背景
1985年3月3日	智利veta德阿瓜1号		铜矿	地震期间液化导致坝墙崩塌	280000m³	尾矿流入下游5km		
1985年3月3日	智利cerro内格罗四号	中央情报局内格罗矿物cerro	铜矿	地震期间液化导致坝墙崩塌	500000m³	尾矿流入下游8km		
1985年	美国内华达州wadsworth olinghouse	Olinghouse矿业公司	金矿	饱和（导致）河堤崩溃	25000m³	尾矿流入下游1.5km		
1982年11月8日	菲律宾内格罗斯西方锡帕莱	马林杜克采矿和工业股份有限公司	铜矿	土壤中的黏土使基础滑脱导致大坝事故	28百万吨	淹没农田高达1.5m		
1981年12月18日	美国肯塔基州哈兰县	伊斯托弗采矿公司	煤矿	暴雨溃坝	96000m³煤矸石泥浆	泥浆波及下游Fork of Ages Creek左岸1.3km，在Clover Fork of the Cumberland河造成1人死亡，3间房屋被毁，30家受损，鱼类死亡		
1981年1月20日	俄罗斯Lebedinskyc. Hufcheva巴尔卡		铁矿	溃坝	3.5百万立方米	尾矿行进距离1.3km		

续附录 B

日期	位置	所属公司	矿石类型	事件类型	释放形式（泄流量）	事故影响	事故原因/经过	工程背景
1980 年 10 月 13 日	美国新墨西哥州泰隆	菲尔普斯道奇	铜矿	坝墙高度迅速增加，使坝内部孔隙压力增加，使坝墙违背制约（溃坝）	2 百万立方米	尾矿流入下游 8km 并淹没农田		
1979 年 7 月 16 日	美国新墨西哥州 Church Rock	美国核公司	铀矿	由于不同的基础沉降使坝体失事	37 万立方米放射性水，1000 公吨的淤泥污染	Rio Puerco 淤泥污染 高 对下游的影响达 110km		
1979 年或更早时间	（不明）加拿大哥伦比亚英国			沙滩尾矿坝的管涌	库中有 40000m³ 的水	财产损失相当的大		
1978 年 1 月 30 日	津巴布韦大角星	Corsyn 综合矿业	金矿	连续降雨数天后泥浆溢流	3 万吨	1 人死亡，航道淤积及波及毗连粗糙的牧场		
1978 年 1 月 14 日	日本 Mochikoshi 1 号		金矿	地震期间液化导致溃坝	80000m³	1 人死亡，尾矿波及下游 7~8km		
1977 年 2 月 1 日	美国新墨西哥州米兰姆斯塔克	姆斯塔克矿业公司	铀矿	堵塞破裂的浆体管道溃坝	30000m³	对矿址意外没有影响		
1976 年 3 月 1 日	南斯拉夫 zlevoto		铅锌矿	浸润线过高及渗水冲破路堤使坝发生事故	300000m³	尾矿流出污染附近的河流		

续附录 B

日期	位置	所属公司	矿石类型	事件类型	释放形式（泄流量）	事故影响	事故原因/经过	工程背景
1975年6月	美国科罗拉多州 Silverton		（金属）	坝失事	116000t	尾矿流动滑入 Animas河及其支流，造成污染近100英里（160公里）；财产损失严重；无人员受伤		
1975年4月	保加利亚 Madjarevo		铅锌金矿	设计水平上的加高造成的澄清（回水）塔和集热器超载	250000m³			
1975年	美国蒙家那麦克马		铅锌矿	暴雨使坝溃载	150000m³			
1974年11月11日	南非巴福青		铂矿	通过裂缝的集中渗漏及管涌使堤坝失事	3百万立方米	尾矿淹没一个矿井，12人死亡，下游波及45km		
1974年6月1日	美国北卡罗来纳州 Deneen Mica		云母	暴雨溃坝	38000m³	尾矿释放到相邻的河流		
1973年	美国西南部		铜矿	在施工期间的增量提高使孔隙水压力增加导致大坝失事	170000m³	尾矿向下游移动25km		
1972年2月26日	美国西弗吉尼亚州 水牛溪	Pittston煤（公司）	煤矿	暴雨使坝体坍塌	500000m³	尾矿向下游推移27km，125人死亡，500间房屋被毁。财产的损失超过了6500万美元		

续附录 B

日期	位置	所属公司	矿石类型	事件类型	释放形式（泄流量）	事故影响	事故原因/经过	工程背景
1971 年 12 月 3 日	美国佛罗里达州 Fort Meade	城市服务公司	磷酸盐	黏土大坝失事原因不明	9 百万立方米的黏土水	尾矿蔓延下游与和平河 120km，大量鱼类死亡		
1970 年	赞比亚 Mufulira		铜矿	液化尾矿流入地下运作	大约 1 百万吨	89 名矿工死亡		
1970 年	联合王国 Maggie Pie		陶土	暴雨后提高坝体使其失事	15000m³	尾矿溢漏到下游 35m		
1969 年或者更早时间	西班牙毕尔巴鄂			暴雨后坝失事（液化）	115000m³	主要是对下游生命财产造成损失		
1968 年	日本北海道			在地震期间失事（液化）	90000m³	尾矿向下移动 150m		
1967 年 3 月	美国佛罗里达州 Fort Meade	美孚化学	磷酸盐	没有详细的坝失事资料	250000m³ 的磷酸盐黏土泥，1.5 百万升的水	泄漏到达和平河河流，报道有鱼类死亡		
1967 年	（地点不明）联合王国		煤矿	操作期间溃坝		尾矿流涵盖面积为 4 公顷		
1966 年	（地点不明）美国东得克萨斯州		石膏	溃坝	76000~130000 m³ 的石膏	滑块移动 300m，没有人员伤亡		
1966 年	联合王国德比部		煤矿	基础失效溃坝	30000m³	尾矿向下推移 100m		

续附录 B

日期	位置	所属公司	矿石类型	事件类型	释放形式（泄流量）	事故影响	事故原因/经过	工程背景
1966 年 10 月 21 日	联合王国 威尔斯阿伯芬	黔瑟谷煤矿	煤矿	暴雨导致坝失事（液化）	162000m³	尾矿移动 600m，144 人死亡		
1966 年 5 月 1 日	保加利亚 Sgorigrad Mir 矿		铅，锌，铜，银（铀）	暴雨后库内水位上升/导流明渠失效使坝失事	450000m³	尾矿波行程 8km 到达 Vratza 下游 1km 的 Sgorigrad 村庄被摧毁，488 人死亡		
1965 年 3 月 28 日	智利 Bellavista		铜矿	在地震期间坝失事	70000m³	尾矿向下游移动 800m		
1965 年 3 月 28 日	智利内格罗 cerro 第 3 号		铜矿	在地震期间坝失事	85000m³	尾矿向下游移动 5km		
1965 年 3 月 28 日	智利 El Cobre 新坝		铜矿	在地震期间坝失事（液化）	350000m³	尾矿向下游移动 12km，El Cobre 城镇遭到破坏，至少 200 人死亡		
1965 年 3 月 28 日	智利 El Cobre 老坝		铜矿	在地震期间坝失事（液化）	1.9 百万立方米			
1965 年 3 月 28 日	智利 La Patagua 新坝		铜矿	在地震期间坝失事（液化）	35000m³	尾矿向下游移动 5km		

续附录 B

日期	位置	所属公司	矿石类型	事件类型	释放形式（泄流量）	事故影响	事故原因/经过	工程背景
1965 年 3 月 28 日	智利 Los Maquis		铜矿	在地震期间坝失事（液化）	21000m³	尾矿向下游移动 5km		
1965 年	联合王国 Tymawr		煤矿	坝漫顶失事		尾矿向下游移动 700m，造成相当大的破坏		
1962 年	秘鲁（不确定）			在地震和暴雨之后溃坝				
1961 年	联合王国 Tymawr		煤矿	坝失事的详细资料未知		尾矿向下游移动 800m		

参 考 文 献

［1］Boulanger A，Gorman A. Hardrock Mining：Risks to Community Health ［R］. Women's Voices for the Earth，2004.

［2］Soldan P，Pavonic M，Boucek J，et al. Baia Mare accident-brief ecotoxicological report of Czech experts ［J］. Ecotoxicology and environmental safety，2001，49（3）：255-261.

［3］李全明，王云海，廖国礼. 尾矿库安全评价中的科学问题及评价方法探讨 ［J］. 中国安全生产科学技术，2006，2（6）：53-57.

［4］谢旭阳，田文旗，王海云，等. 我国尾矿库安全现状分析及管理对策研究 ［J］. 中国安全生产科学技术，2009，5（2）：5-8.

［5］杨丽红，李全明，程五一，等. 国内外尾矿坝事故主要危险因素的分析研究 ［J］. 中国安全生产科学技术，2008，4（5）：28-31.

［6］Scott M D，Lo R C. Optimal tailings management at Highland Valley Copper ［J］. CIm Bulletin，1992，85（962）：85-88.

［7］Mihai S，Deak St. ，Deak Gy. ，et al. Tailings dams and waste-rock dumps safety assessment using 3D numerical modelling of geotechnical and geophysical data ［C］. The 12th International Conference of International Association for Computer Methods and Advances in Geomechanics（IACMAG），Goa，India，2008.

［8］The mining Association of Canada. A Guide to the Management of Tailing Facilities ［S］. Ottawa，2009.

［9］The mining Association of Canada. A Guide to Audit and Assessment of Tailing Facility Management ［S］. Ottawa，2009.

［10］Lain G. Bruce，Franco Oboni. Tailing management using quantitative risk assessment，In Tailings Dams 2000 ［A］. Proceedings of the Association of State Dam Safety Officials，US Committee on Large dams ［C］，March 28-30，2000，Las Vegas，Nevada. P. 449-460.

［11］Golestanifar M，Bazzazi A A. TISS：a decision framework for tailing impoundment site selection ［J］. Environmental Earth Sciences，2010，61（7）：1505-1513.

［12］周汉民. 尾矿库建设与安全管理技术 ［M］. 北京：化学工业出版社，2011.

［13］张力霆. 尾矿库溃坝研究综述 ［J］. 水利学报，2013，44（5）：594-600.

［14］李强，张力霆，齐清兰，等. 基于流固耦合理论某尾矿坝失稳特性及稳定性分析 ［J］. 岩土力学，2012，33（S2）：243-250.

［15］王飞跃，杨铠腾，徐志胜，等. 基于浸润线矩阵的尾矿坝稳定性分析 ［J］. 岩土力学，2009，30（3）：840-844.

［16］路瑞利，孙东坡，位伟. 排渗系统对尾矿库填筑期渗流场的影响 ［J］. 应用基础与工程科学学报，2013，21（3）：532-543.

［17］敬小非，尹光志，魏作安，等. 尾矿坝垮塌机制与溃决模式试验研究 ［J］. 岩土力学，2011，32（5）：1377-1384，1404.

［18］彭康，李夕兵，王世鸣，等. 基于未确知测度模型的尾矿库溃坝风险评价 ［J］. 中南大

学学报（自然科学版），2012，43（4）：1447-1452.

[19] 李全明，张兴凯，王云海，等. 尾矿库溃坝风险指标体系及风险评价模型研究［J］. 水利学报，2009，40（8）：989-994.

[20] 于广明，宋传旺，吴艳霞，等. 尾矿坝的工程特性和安全监测信息化关键问题研究［J］. 岩土工程学报，2011，33（S1）：56-60.

[21] 李全明，廖国礼，王云海，等. 尾矿坝防洪安全及开裂可能性的评价方法研究［J］. 中国安全生产科学技术，2007，3（5）：24-29.

[22] 郑欣，秦华礼，许开立. 导致尾矿坝溃坝的因素分析［J］. 中国安全生产科学技术，2008，4（1）：51-54.

[23] 李夕兵，蒋卫东，赵伏军. 汛期尾矿坝溃坝事故树分析［J］. 安全与环境学报，2001，1（5）：45-48.

[24] 傅联海，张阳. 尾矿库危险有害因素及安全管理对策和措施［J］. 黄金，2008，29（5）：49-52.

[25] 周科平，刘福萍，胡建华，等. 尾矿库溃坝灾害链及断链减灾控制技术研究［J］. 灾害学，2013，28（3）：24-29.

[26] 李兆东. 尾矿库致灾因素辨识与控制［D］. 沈阳：东北大学，2008.

[27] 门永生，柴建设. 我国尾矿库安全现状及事故防治措施［J］. 中国安全生产科学技术，2009，5（1）：48-52.

[28] 王涛. 尾矿库危险有害因素的分析及预防［J］. 矿业快报，2008（3）：54-57.

[29] 丁军明，黄德镛，李雄，等. 尾矿库危险源辨识及事故预防［J］. 矿业快报，2006（7）：24-27.

[30] 王树禾. 图论［M］. 北京：科学出版社，2004.

[31] Erdös P, Rényi A. On the Evolution of Random Graphs［J］. Publ. Math. Inst. Hung. Acad. Sci.，1960（5）：17-60.

[32] Erdös P, Rényi A. On the Strength of Connectedness of a Random Graph［J］. Acta Mathematica Scientia Hungary，1964，12（1-2）：261-267.

[33] Watts D J. Six Degrees：The science of a connected age［M］. Norton：New York，2003.

[34] Watts D J, Strogatz S H. Collective dynamics of "Small World" networks［J］. Nature，1998，393（6684）：440-442.

[35] Barabási A L, Albert R. Emergence of scaling in random networks［J］. Science，1999，286（5439）：509-512.

[36] Milgram S. The small-world problem［J］. Psychology Today，1967，2（1）：60-67.

[37] Bollobás B, Riordan O M. Mathematical results on scale-free random graphs［M］. Handbook of Graphs and Networks：Form the Genome to Internet，2003.

[38] Watts D J. Small world［M］. Princeton, New Jersey：Princeton University Press，1999.

[39] 吕金虎. 复杂动力网络的数学模型与同步准则［J］. 系统工程理论与实践，2004（4）：17-22，62.

[40] Moreno Y, Nekovee M, Pacheco A F. Dynamics of rumor spreading in complex networks［J］.

Physical Review E, 2004, 69 (6): 066130.

[41] Amaral L A N, Scala A, Barthélémy M, et al. Classes of small-world networks [C]. Proceedings of the National Academy of Sciences, 2000, 97 (21): 11149-11152.

[42] Newman M E J. Modularity and community structure in networks [C]. Proceedings of the National Academy of Sciences, 2006, 103 (23): 8577-8582.

[43] 王亚奇. 多传播因素的复杂网络病毒传播及免疫策略研究 [D]. 南京: 南京邮电大学, 2011.

[44] Sen P, Dasgupta S, Chatterjee A, et al. Small-world Properties of the Indian Railway Network [J]. Physical Review E, 2003, 67 (3): 36106.

[45] 王凯. 基于复杂网络理论的电网结构复杂性和脆弱性研究 [D]. 武汉: 华中科技大学, 2011.

[46] 朱涵, 王欣然, 朱建阳. 网络"建筑学"[J]. 物理, 2003, 32(6): 364-369.

[47] 吴金闪, 狄增如. 从统计物理学看复杂网络研究 [J]. 物理学进展, 2004, 24 (1): 18-46.

[48] 刘涛, 陈忠, 陈晓荣. 复杂网络理论及其应用研究概述 [J]. 系统工程, 2005, 23 (6): 1-7.

[49] 谭跃进, 吴俊. 网络结构熵及其在非标度网络中的应用 [J]. 系统工程理论与实践, 2004 (6): 1-3.

[50] 李昊, 山秀明, 任勇. 具有幂率度分布的因特网平均最短路径长度估计 [J]. 物理学报, 2004, 53 (11): 3695-3670.

[51] Li X, Chen G R. A local-world evolving network model [J]. Physica A: Statistics Mechanics and its Applications, 2003, 328 (1-2): 274-286.

[52] Chen Q H, Shi D H. The modeling of scale-free networks [J]. Physica A: Statistics Mechanics and its Applications, 2004, 335 (1-2): 240-248.

[53] 朱志. 基于复杂网络传播动力学的谣言传播研究 [J]. 东南传播, 2009 (12): 19-21.

[54] 王静, 孔令江, 刘慕仁. 小世界网络上的手机短信息传播模型 [J]. 广西师范大学学报(自然科学版), 2006, 24 (3): 1-4.

[55] 江可申, 田颖杰. 动态企业联盟的小世界网络模型 [J]. 世界经济研究, 2002 (5): 84-89.

[56] 邓丹, 李南, 田惠敏. 基于小世界网络的 NPD 团队交流网络分析 [J]. 研究与发展管理, 2005, 17 (4): 83-87.

[57] 周辉. 流言传播的小世界网络特性研究 [J]. 武汉科技学院学报, 2005, 18 (1): 108-111.

[58] 陈洁, 许田, 何大韧. 中国电力网的复杂网络共性 [J]. 科技导报, 2004 (4): 11-14.

[59] 陈永洲. 城市公交巴士复杂网络的实证与模拟研究 [D]. 南京: 南京航空航天大学, 2007.

[60] Buzna L, Peters K, Helbing D. Modeling the dynamics of disaster spreading in networks [J]. Physica A: Statistics Mechanics and its Applications, 2006, 363 (132): 132-140.

［61］翁文国，倪顺江，申世飞，等．复杂网络上灾害蔓延动力学研究［J］．物理学报，2007，
     56（4）：1938-1943.

［62］欧阳敏，费奇，余明晖．基于复杂网络的灾害蔓延模型评价及改进［J］．物理学报，
     2008，57（11）：6763-6770.

［63］Buzna L, Peters K, Hendrik A. Efficient response to cascading disaster spreading［J］. Physical
     review. E, Statistical, nonlinear, and soft matter physics, 2007, 75（5）：056107.

［64］张振文，谭欣，欧阳敏，等．无标度网络中灾害蔓延的应急响应分析［J］．数学的实践
     与认识，2011，40（5）：75-84.

［65］李泽荃，张瑞新，杨曌，等．复杂网络中心性对灾害蔓延的影响［J］．物理学报，2012，
     61（23）：238902.

［66］李智．基于复杂网络的灾害时间演化与控制模型研究［D］．长沙：中南大学，2010.

［67］赵怡晴，唐良勇，李仲学，等．基于过程——致因网格法的尾矿库事故隐患识别［J］.
     中国安全生产科学技术，2013（4）：91-98.

［68］魏作安，沈楼燕，李东伟．探讨尾矿库设计领域中存在的问题［J］．中国矿业，2003，
     12（3）：60-65.

［69］徐宏达．我国尾矿库病害事故统计分析［J］．工业建筑，2001，31（1）：69-71.

［70］王军．尾矿库主要危险有害因素辨识与分析［J］．现代矿业，2011（1）：106-108.

［71］王军．尾矿库闭库治理对策探讨［J］．矿业快报，2005（3）：45-46.

［72］王军，徐晓春，陈芳．铜陵林冲尾矿库复垦土壤的重金属污染评价［J］．合肥工业大学
     学报（自然科学版），2005，28（2）：142-145.

［73］颜学宏．尾矿库复垦利用方式初探［J］．冶金矿山设计与建设，1998，30（2）：61-64.

［74］赵怡晴，覃璇，李仲学，等．尾矿库隐患及风险演化系统动力学模拟与仿真［J］．北京
     科技大学学报，2014，36（9）：1158-1165.

［75］Freeman L C. Centrality in social networks conceptual clarification［J］. Social networks, 1979,
     1（3）：215-239.

［76］Watts D J. Small worlds：the dynamics of networks between order and randomness［M］. Prince-
     ton university press, 1999.

［77］Latora V, Marchiori M. Efficient behavior of small-world networks［J］. Physical review letters,
     2001, 87（19）：198701.

［78］Latora V, Marchiori M. Economic small-world behavior in weighted networks［J］. The
     European Physical Journal B-Condensed Matter and Complex Systems, 2003, 32（2）：249-263.

［79］Watts D J, Strogatz S H. Collective dynamics of 'small-world' networks［J］. nature, 1998,
     393（6684）：440-442.

［80］Latora V, Marchiori M. Vulnerability and protection of infrastructure networks［J］. Physical
     Review E, 2005, 71（1）：015103.

［81］Holme P, Kim B J, Yoon C N, et al. Attack vulnerability of complex networks［J］. Physical
     Review E, 2002, 65（5）：056109.

［82］MIL-STD-882A System Safety Program Requirements［S］. Washington D C：Department of

Defense, United States of America, 1977.

［83］ International Strategy for Disaster Reduction. Living with Risk: a Global Review of Disaster Reduction Initiatives ［M］. Geneva: United Nations Publications, 2002.

［84］ Shoaf K I, Seligson H A, Stratton S J, et al. Hazard Risk Assessment Instrument ［M］. 1st Ed. Los Angeles: UCLA Center for Public Health and Disasters, 2006.

［85］ 闪淳昌, 张振东, 钟开斌, 等. 襄汾 "9·8" 特别重大尾矿库溃坝事故处置过程回顾与总结 ［J］. 中国应急管理, 2011 (10): 13-18.

［86］ 国家安全监管总局关于山西省襄汾县新塔矿业公司 "9·8" 特别重大尾矿库溃坝事故结案的通知 ［EB/OL］. (2009-04-03) ［2015-12-12］. http://zfxxgk. chinasafety. gov. cn/userfiles/infoopen/20090801/48e4e417232cca4d01232ce6159d0394/content. html? c=iroot-190001000510006&i=48e4e417232cca4d01232ce6159d0394

［87］ 9·8 山西襄汾新塔矿业尾矿库溃坝事故 ［EB/OL］. (2013-03-19) ［2015-12-12］. http://baike. baidu. com/view/4445866. htm

［88］ 企业安全生产费用提取和使用管理办法 ［EB/OL］. (2012-03-01) ［2015-12-12］. http://www. china. com. cn/policy/txt/2012-03-01/content_ 24768491. htm